駿台受験シリーズ

数学 II・B
BASIC 125

桐山宣雄・小寺智也・小松崎和子　共著

はじめに

　数学を教えていて，入試数学の基礎が身についていない人に出会うと，教科書に戻って基本を見直してほしいと思うのですが，当人にとってはそれがなかなか難しいことのようです．

　入試問題は教科書からすればかなり高度に見えますが，教科書以上の知識が必要なわけではなく，教科書にあることをイメージ豊かに思い浮かべ，論理的に把握し，さらにそれを具体的に応用し，論理的に発展させることが主要な勉強となります．

　とはいえ教科書に書かれていることがすべての出発点であることは言うまでもありません．出発点を見失うと，目的が見えなくなります．またその一方で教科書と入試問題の間には大きなギャップがあるようにも見えます．教科書は高校数学の基礎ではあっても，入試数学の基本にはならないようにも見えます．

　そこをどのようにして埋めるべきかが学習の最大ポイントであると言えるでしょう．

　本書は入試に向けた実践的学習と教科書にある基本を結ぶことを目的にしています．基本の知識と計算技術と思考方法を確認するための問題集です．BASICと言っていますが，少し難しく感じるところがあるかもしれません．ここでBASICとよんでいるのは入試に必要な基本的な考え方のことです．基本と実践の間に橋を渡すときにはある種の難しさを感じながらもそれに動ぜず先へ進んでいくことも大事だと思います．

　例題を解いてみて，解けずに解答を読んだときは必ずすぐに復習問題を解いてみてください．答えを見たら必ず自力で類題を解くことが大切です．そうすることで方法を手で覚えてほしいのです．（初歩的な計算練習が足りないと思ったら，教科書の例題に戻ってやってみるのもよいでしょう．）必要や疑問を感じたときには，*Assist* などにある解法の意図や公式の考え方を見てください．解けて疑問がなければ，とりあえず先に進み，最後まで最短距離で進んでほしいと思います．知識が少しずつ整理されると明確な疑問も

生じてくるものです．そうしたら再び元に戻って解説を読むとか，教科書に戻ることをお勧めします．（教科書ではあまり触れていない，「どうしてそうなるのか」，「どうしてそうするのか」を説明した部分も随所に入れておきました．）*シェーマ* というのは，心理学の用語としては，経験の中で積み上げられた知識の構造を言います．これは物事を認識するための枠組みとなるもので，この本でもシェーマという言葉で数学の学習において認識の枠組みとして機能する，問題の見方，考え方を整理してみました．解法を見定めるうえで参考になると思います．また，この問題集では復習問題の他に発展的な問題も適宜つけておきました．（これは **TRIAL** としてあります．）分野ごとの基礎的，段階的な修練をした後に，前後のつながりや分野間のつながりが大事になります．他の場所で出てきた方法と関連する問題を中心に，学習をさらに進化させるための助けになる問題を選びました．余裕が出てきたところで「トライ」してみてください．

最後に，当初議論に加わり貴重なご意見をいただいた手島史夫先生，校正段階で原稿に目を通し有益なコメントをよせていただき，相談相手にもなってくれた小沢英雄先生に感謝の意を表します．そして，編集に携わってくれた文庫編集部の方々，松永正則さん，大坂美緒さん，中越邁さんにお礼申し上げます．大坂さんには著者の雑な原稿とあいまいなイメージに忍耐強く付き合っていただき，小冊子ながらもいま発刊にこぎつけたのは大坂さんのおかげです．そして松永さんには短い間でしたが感謝の言葉もないほどお世話になりました．ほんとうにありがとうございました．

もちろんこの小冊子に見出しうる欠点については著者の一人であり，最終的に校正の任に当たった桐山がその責任を負うものであります．未熟な部分についてはご助言をいただければ幸いです．

今回も多くの先生方に議論に付き合っていただきました．いちいち名前を挙げることはできませんが，感謝の思いでいっぱいです．

著者を代表して　　桐山宣雄

本書の特長と利用法

実際の使い方としては

1. まず 例題 を解いてみてください．
2. それから 解答 を確認し，自分の今いる地点(実力)を確認してください．(問題は解けたか，言葉の意味は知っていたか，公式は覚えていたか，公式は使えたか，計算はできたか，などなど．)
3. 例題が解けず，解答を読んだものについては，間をあけず 復習問題 を紙の上で解いてみてください．(そのため多くの復習問題は例題と同程度の類題にとどめてあります．)真似て解いてみることも基礎を定着させるにはとても大切なことです．
4. 疑問がわいたら，計算については 傍注，理論的な事については Assist を見ること．公式 は基礎として重要な定理はおおよそ載せてあります．必要に応じて，概念の約束である定義も傍注や公式の中にちりばめておきました．(より詳しい説明が知りたくなったら，面倒がらずに教科書に戻ってください．)
5. シェーマ は推論の仕方を思い出しやすいように，みじかい言葉(こういう時はこう考えるという図式)で示したものです．各自，自分なりの言葉でやり方を整理するのもいいでしょう．

　数学においては，理論のもつ意味に注意しながら，**論理的思考力**と**思考の柔軟性**を養うことが大切です．そのために，この問題集で基礎を確認し，そこから，さらなる実戦的な問題に挑戦し，つねに未知なる世界をめざしてほしいと思います．その途上でくりかえし立ち返る土台として，この問題集を使っていただければさいわいです．

目次

§1. 複素数と方程式・式と証明 (数Ⅱ)

- 001. 3次式の展開, 因数分解 …… 8
- 002. 二項定理とその応用 ………… 9
- 003. 二項係数の性質 ……………… 10
- 004. 整式の割り算 ………………… 11
- 005. 分数式 ………………………… 12
- 006. 恒等式, 等式の証明① ……… 13
- 007. 等式の証明②, 式の値 ……… 14
- 008. 不等式の証明 ………………… 15
- 009. 相加平均と相乗平均 ………… 16
- 010. 2次方程式の複素数解 ……… 17
- 011. 2次方程式の解と係数の関係… 18
- 012. 余りの計算 …………………… 19
- 013. 剰余の定理, 因数定理 ……… 20
- 014. 1の3乗根 …………………… 21
- 015. 因数定理による3次方程式の解法 …………………………… 22
- 016. 3次方程式の解と係数の関係… 23
- 017. 3次方程式が解をもつ条件 … 24
- 018. 「相反」方程式 ……………… 25

§2. 図形と方程式 (数Ⅱ)

- 019. 2点間の距離と分点 ………… 26
- 020. 直線の平行・垂直 …………… 27
- 021. 直線に関して対称な点 ……… 28
- 022. 3直線が三角形を作らない条件 …………………………… 29
- 023. 点と直線の距離 ……………… 30
- 024. 円の方程式 …………………… 31
- 025. 円と直線 ……………………… 32
- 026. 円の接線 ……………………… 33
- 027. 2円の位置関係 ……………… 34
- 028. 2円の共有点を通る図形 …… 35
- 029. 不等式の表す領域 …………… 36
- 030. 線分と直線が共有点をもつ条件 …………………………… 37
- 031. 領域における最大・最小 …… 38
- 032. $AP:BP = m:n$ をみたす点Pの軌跡 …………………………… 39
- 033. $x = f(t), y = g(t)$ をみたす (x,y) の軌跡 ………………………… 40
- 034. 2交点の中点の軌跡 ………… 41
- 035. 2直線の交点の軌跡 ………… 42
- 036. 通過領域 ……………………… 43
- 037. 点の存在範囲 ………………… 44

§3. 三角関数 (数Ⅱ)

- 038. 三角関数の基本 ……………… 45
- 039. 三角関数の計算 ……………… 46
- 040. 三角関数のグラフ …………… 47
- 041. 1次の三角方程式 …………… 48
- 042. 三角関数の2次式① ………… 49
- 043. 加法定理 ……………………… 50
- 044. 2倍角・半角の公式 ………… 51
- 045. 3倍角 ………………………… 52
- 046. 三角関数の合成 ……………… 53
- 047. 三角関数の2次式② ………… 54

5

048.	三角関数の2次式③	55
049.	三角方程式の解の個数	56
050.	2直線のなす角	57
051.	和と積の公式	58
052.	図形と最大最小	59

§4. 指数関数と対数関数 (数Ⅱ)

053.	累乗の計算	60
054.	指数方程式・不等式	61
055.	対数の計算	62
056.	対数方程式	63
057.	対数不等式	64
058.	桁数と最高位の数	65
059.	最大最小に関する問題	66
060.	領域に関する問題	67
061.	対数方程式の解の個数	68
062.	a^x+a^{-x} に関する問題	69
063.	無理数となる対数の証明	70

§5. 微分法と積分法 (数Ⅱ)

064.	極限, 微分係数	71
065.	微分の計算	72
066.	3次関数の接線	73
067.	3次関数のグラフ	74
068.	3次関数の極値	75
069.	3次関数の最大最小①	76
070.	3次関数の最大最小②	77
071.	3次方程式の解	78
072.	3次方程式の解の個数	79
073.	接線が一致する	80
074.	接線の本数	81
075.	不等式の証明	82
076.	図形問題への微分の応用	83
077.	4次関数のグラフ	84
078.	積分の計算①	85
079.	積分の計算②	86
080.	定積分で表された関数	87
081.	面積①	88
082.	絶対値を含む積分	89
083.	面積②	90
084.	面積の変化	91
085.	面積③	92
086.	3次関数の接線と囲む面積	93

§6. ベクトル (数B)

087.	ベクトルの演算	94
088.	一直線上にある3点	95
089.	重心のベクトル	96
090.	内心のベクトル	97
091.	三角形 ABC に対する点 P の位置	98
092.	2直線の交点の位置ベクトル	99
093.	ベクトルの内積	100
094.	内積の計算	101
095.	成分の平行条件, 内積計算	102
096.	三角形の外心の位置ベクトル	103
097.	平面上の点の存在範囲	104
098.	直線のベクトル方程式①	105
099.	円のベクトル方程式	106
100.	図形の応用	107
101.	空間のベクトル・同一直線上にある条件	108
102.	直線のベクトル方程式②	109

103. 平面と直線の交点……………110
104. 空間ベクトルの位置ベクトルによる内積計算……………111
105. 空間ベクトルの成分による内積計算……………112
106. 成分による四面体の体積………113
107. 2直線上の2点の距離…………114
108. 球面と平面の交わりの円………115

§7. 数　列　　　（数B）

109. 等差数列………………………116
110. 等比数列………………………117
111. 和の計算………………………118
112. 階差数列………………………119
113. 和の計算の応用①……………120
114. 和の計算の応用②……………121
115. 群数列…………………………122
116. 2項間漸化式①………………123
117. 2項間漸化式②………………124
118. 2項間漸化式③………………125
119. 2項間漸化式④………………126
120. 和と一般項……………………127
121. 3項間漸化式…………………128
122. 連立漸化式……………………129
123. 数学的帰納法…………………130
124. 格子点…………………………131
125. 確率漸化式……………………132

復習の答(結果のみ)………………133
自己チェック表………………………142

例題 001　3次式の展開，因数分解

(1) $(3x+2)^3$ を展開せよ．
(2) $8x^3+125y^3$ を因数分解せよ．
(3) x^6-1 を因数分解せよ．

解
(1) $(3x+2)^3 = (3x)^3+3(3x)^2\cdot 2+3(3x)\cdot 2^2+2^3$
$= 27x^3+54x^2+36x+8$

(2) $8x^3+125y^3 = (2x)^3+(5y)^3$
$= \{(2x)+(5y)\}\{(2x)^2-(2x)(5y)+(5y)^2\}$
$= (2x+5y)(4x^2-10xy+25y^2)$

(3) $x^6-1 = (x^3)^2-1$
$= (x^3+1)(x^3-1)$
$= (x+1)(x^2-x+1)(x-1)(x^2+x+1)$

Assist (3)は次のようにしてもよい．
$x^6-1 = (x^2)^3-1 = (x^2-1)\{(x^2)^2+x^2+1\}$
$= (x+1)(x-1)(x^4+x^2+1) = (x+1)(x-1)\{(x^2+1)^2-x^2\}$
$= (x+1)(x-1)\{(x^2+1)+x\}\{(x^2+1)-x\}$
$= (x+1)(x-1)(x^2+x+1)(x^2-x+1)$

《3次の展開公式》　　$(a+b)^3 = a^3+3a^2b+3ab^2+b^3$
　　　　　　　　　　　　$(a-b)^3 = a^3-3a^2b+3ab^2-b^3$

《3次の因数分解公式》　$a^3+b^3 = (a+b)(a^2-ab+b^2)$
　　　　　　　　　　　　$a^3-b^3 = (a-b)(a^2+ab+b^2)$

シェーマ

3次式 ⟹ $\begin{cases} (\square\pm\triangle)^3 \\ \square^3\pm\triangle^3 \end{cases}$ の形とみなす

復習 001

(1) $(3x^3-4)^3$ を展開せよ．
(2) $(2x+3y)(4x^2-6xy+9y^2)$ を展開せよ．
(3) a^6-64b^9 を因数分解せよ．
(4) x^6-7x^3-8 を因数分解せよ．

例題 002　二項定理とその応用

(1) $(3x+2)^6$ の展開式で x^4 の係数を求めよ．

(2) $\left(2x^2+\dfrac{1}{x}\right)^8$ の展開式で x の係数を求めよ．

(3) $(a+b+c)^7$ を展開したときの $a^3b^2c^2$ の係数を求めよ．

解 (1) $(3x+2)^6$ の展開式の一般項は ${}_6C_r(3x)^{6-r}2^r$ $(r=0, 1, 2, \cdots, 6)$，
つまり，${}_6C_r 2^r 3^{6-r}x^{6-r}$ であるから，x^4 の項となるのは $6-r=4$ ∴ $r=2$
よって，x^4 の係数は ${}_6C_2 2^2\cdot 3^{6-2}=15\cdot 4\cdot 81=\mathbf{4860}$

(2) $\left(2x^2+\dfrac{1}{x}\right)^8$ の展開式の一般項は ${}_8C_r(2x^2)^{8-r}\left(\dfrac{1}{x}\right)^r$ $(r=0, 1, 2, \cdots, 8)$，つまり
${}_8C_r 2^{8-r} x^{16-3r}$ であるから，x の項となるのは $16-3r=1$ ∴ $r=5$
よって　x の係数は ${}_8C_5 2^{8-5}={}_8C_3 2^3=\dfrac{8\cdot 7\cdot 6}{3\cdot 2\cdot 1}\cdot 8=\mathbf{448}$

(3) $(a+b+c)^7=\{(a+b)+c\}^7$ より $(a+b+c)^7$ の展開式のそれぞれの項は
$$\quad {}_7C_r(a+b)^{7-r}c^r \quad (r=0, 1, 2, \cdots, 7) \quad \cdots ①$$
をさらに展開して得られる．$a^3b^2c^2$ の項は，c の 2 乗の項なので，$r=2$ のときの①の展開式の一つの項である．このとき①は ${}_7C_2(a+b)^5c^2\cdots ②$ であり，このうち $(a+b)^5$ の展開式の一般項は ${}_5C_k a^{5-k}b^k$ $(k=0, 1, \cdots, 5)$ であるから，②の展開式の一般項は ${}_7C_2({}_5C_k a^{5-k}b^k)c^2$ である．つまり ${}_7C_2 \, {}_5C_k \, a^{5-k}\, b^k\, c^2$ であるから，$a^3b^2c^2$ の項はこのうち $k=2$ のときで $a^3b^2c^2$ の係数は ${}_7C_2\cdot {}_5C_2=\mathbf{210}$

Assist (3)は次のように考えることもできる．
$(a+b+c)^7=(a+b+c)(a+b+c)\cdots(a+b+c)$ を展開したとき，$a^3b^2c^2$ の項は 7 個の因数のうち，3 個から a，2 個から b，2 個から c をとり出すことによって得られる．このとり出し方は，a を 3 個，b を 2 個，c を 2 個ならべる方法と同じだけあり，$\dfrac{7!}{3!2!2!}=210$ 通り．$a^3b^2c^2$ の項がこれだけあることになり，これが $a^3b^2c^2$ の係数である．一般に，$(a+b+c)^n$ の展開式の一般項は $\dfrac{n!}{p!q!r!}a^pb^qc^r$ $(p+q+r=n)$ である．

《二項定理》 $(a+b)^n={}_nC_0 a^n+{}_nC_1 a^{n-1}b+{}_nC_2 a^{n-2}b^2+\cdots$
$\cdots +{}_nC_r a^{n-r}b^r+\cdots +{}_nC_{n-1}ab^{n-1}+{}_nC_n b^n$

シェーマ　$(a+b)^n$ の展開式　➡　一般項は ${}_nC_r a^{n-r}b^r$ $(r=0, 1, 2, \cdots, n)$

復習 002　次の項の係数を求めよ．

(1) $(2x^2-3)^8$ の x^6　(2) $\left(3x^3-\dfrac{2}{x^2}\right)^7$ の x　(3) $\left(1+\dfrac{2}{x}+x^2\right)^8$ の定数項

例題 003　二項係数の性質

次のそれぞれの等式を証明せよ．
(1) ${}_nC_0 + {}_nC_1 + {}_nC_2 + \cdots + {}_nC_n = 2^n$
(2) $r \cdot {}_nC_r = n \cdot {}_{n-1}C_{r-1}$ （ただし $r = 1, 2, 3, \cdots, n$ とする．）
(3) ${}_nC_1 + 2 \cdot {}_nC_2 + 3 \cdot {}_nC_3 + \cdots + n \cdot {}_nC_n = n 2^{n-1}$

解 (1) 二項定理より

$$(1+x)^n = {}_nC_0 \cdot 1^n + {}_nC_1 \cdot 1^{n-1} \cdot x + {}_nC_2 \cdot 1^{n-2} \cdot x^2 + \cdots$$
$$+ {}_nC_{n-2} \cdot 1^2 \cdot x^{n-2} + {}_nC_{n-1} \cdot 1^1 \cdot x^{n-1} + {}_nC_n \cdot x^n$$

ここで $x = 1$ を代入すると

$$2^n = {}_nC_0 + {}_nC_1 + {}_nC_2 + \cdots + {}_nC_n \qquad 終$$

(2) ${}_nC_r = \dfrac{{}_nP_r}{r!} = \dfrac{n!}{r!(n-r)!} = \dfrac{n \cdot (n-1)!}{r \cdot (r-1)!(n-r)!}$

$= \dfrac{n}{r} \cdot \dfrac{(n-1)!}{(r-1)!(n-r)!} = \dfrac{n}{r} \cdot \dfrac{{}_{n-1}P_{r-1}}{(r-1)!} = \dfrac{n}{r} \cdot {}_{n-1}C_{r-1}$

$\therefore\ r \cdot {}_nC_r = n \cdot {}_{n-1}C_{r-1} \qquad 終$

> ${}_nC_r \left(= \dfrac{n!}{r!(n-r)!} \right)$ を
> ${}_{n-1}C_{r-1} \left(= \dfrac{(n-1)!}{(r-1)!(n-r)!} \right)$
> で表そうとする

(3) (2)より　$1 \cdot {}_nC_1 = n \cdot {}_{n-1}C_0$, $2 \cdot {}_nC_2 = n \cdot {}_{n-1}C_1$, $\cdots$, $n \cdot {}_nC_n = n \cdot {}_{n-1}C_{n-1}$

よって　左辺 $= n \cdot {}_{n-1}C_0 + n \cdot {}_{n-1}C_1 + n \cdot {}_{n-1}C_2 + \cdots + n \cdot {}_{n-1}C_{n-1}$

$= n \left({}_{n-1}C_0 + {}_{n-1}C_1 + {}_{n-1}C_2 + \cdots + {}_{n-1}C_{n-1} \right)$

$= n \cdot 2^{n-1}$ （(1)より）

$=$ 右辺 　　　　終

Assist　(2)は「組合せ」で示すこともできる．
異なる n 個のものから r 個をとり出して作る組の総数（${}_nC_r$）を次の様に計算する．つまり，n 個のものからまず 1 個とり，そのあとで残りの $n-1$ 個から $r-1$ 個をとり出す．このとき同じ組が r 通りずつ含まれる．よって ${}_nC_r = \dfrac{n \times {}_{n-1}C_{r-1}}{r}$ 　$\therefore\ r \cdot {}_nC_r = n \cdot {}_{n-1}C_{r-1}$

シェーマ
二項係数の問題　▶▶▶　$(1+x)^n$ の展開式に着目し，x に数値を代入

復習 003 次のそれぞれの問に答えよ．
(1) ${}_nC_0 - {}_nC_1 + {}_nC_2 - \cdots + (-1)^n {}_nC_n = 0$ を示せ．
(2) ${}_nC_0 + {}_nC_1 \cdot 2 + {}_nC_2 \cdot 2^2 + \cdots + {}_nC_n \cdot 2^n$ の値を求めよ．
(3) ${}_nC_r = {}_{n-1}C_r + {}_{n-1}C_{r-1}$ を示せ．

例題 004　整式の割り算

次のそれぞれの問に答えよ。
(1) $x^4-x^3+2x^2-x+1$ を x^2-4x-1 で割ったときの商と余りを求めよ。
(2) $x=2+\sqrt{5}$ のとき $x^4-x^3+2x^2-x+1$ の値を求めよ。

解 (1) $x^4-x^3+2x^2-x+1=(x^2-4x-1)(x^2+3x+15)+62x+16$ …①
より，商は $x^2+3x+15$　余りは $62x+16$．

(2) $x=2+\sqrt{5}$ より $x-2=\sqrt{5}$　両辺2乗して $(x-2)^2=5$　∴ $x^2-4x-1=0$

よって，①より
$$x^4-x^3+2x^2-x+1=62x+16$$
よって，求める値は，$x=2+\sqrt{5}$ をこの式の右辺に代入して
$$62(2+\sqrt{5})+16=\mathbf{140+62\sqrt{5}}$$

Assist　(2)の解答にあるように，$x=2+\sqrt{5}$ のとき $x^2-4x-1=0$ であるから
$$x^2=4x+1\cdots(*)$$
この式をくりかえし用いると
$$x^3=x\cdot x^2=x(4x+1)=4x^2+x=4(4x+1)+x=17x+4$$
$$\therefore\ x^4=x\cdot x^3=x(17x+4)=17x^2+4x=17(4x+1)+4x=72x+17$$
以上より
$$x^4-x^3+2x^2-x+1=(72x+17)-(17x+4)+2(4x+1)-x+1=62x+16$$
このように，x が $(*)$ をみたすとすると，x の高次式はすべて x の1次式に直すことができる．これによって得られる1次式は元の高次式を x^2-4x-1 で割った余りと等しい．

《整式の除法の商と余り》
整式 A を 0 でない整式 B で割ったときの商を Q，余りを R とすると，
$$A=BQ+R\quad ((R\text{の次数})<(B\text{の次数}))$$

シェーマ

$x=a+b\sqrt{c}$ に対する式の値　⟹　$a+b\sqrt{c}$ を1解とする x の2次方程式を作り，割り算をする

復習 004　次のそれぞれの問に答えよ。
(1) $x^5-x^4+2x^2+x+3$ を x^2-4x+2 で割った余りを求めよ。
(2) $x=2-\sqrt{2}$ のとき，$x^5-x^4+2x^2+x+3$ の値を求めよ。
TRIAL　$x-1=t$ とおき，二項定理を用いて，x^{10} を $(x-1)^3$ で割った余りを求めよ。

§1　複素数と方程式・式と証明

例題 005　分数式

(1) 次の式を簡単にせよ．(i) $\dfrac{2x-3}{x^2-3x+2} - \dfrac{3x-2}{x^2-4}$　(ii) $\dfrac{1}{1-\dfrac{1}{1-\dfrac{1}{1-x}}}$

(2) 実数 x が $x+\dfrac{1}{x}=4$ をみたすとき，次の値を求めよ．

　(i) $x^2+\dfrac{1}{x^2}$　(ii) $x^3+\dfrac{1}{x^3}$　(iii) $x^4+\dfrac{1}{x^4}$　(iv) $x-\dfrac{1}{x}$

解

(1)(i) 与式 $= \dfrac{2x-3}{(x-1)(x-2)} - \dfrac{3x-2}{(x+2)(x-2)} = \dfrac{(2x-3)(x+2)-(3x-2)(x-1)}{(x-1)(x-2)(x+2)}$

$= \dfrac{-x^2+6x-8}{(x-1)(x-2)(x+2)} = \dfrac{-(x-2)(x-4)}{(x-1)(x-2)(x+2)} = \dfrac{-x+4}{(x-1)(x+2)}$

(ii) 与式 $= \dfrac{1}{1-\dfrac{1}{\dfrac{(1-x)-1}{1-x}}} = \dfrac{1}{1-\dfrac{x-1}{x}} = \dfrac{1}{\dfrac{x-(x-1)}{x}} = x$

(2)(i) $x+\dfrac{1}{x}=4$ の両辺を2乗して　$x^2+2x\cdot\dfrac{1}{x}+\dfrac{1}{x^2}=16$　∴ $x^2+\dfrac{1}{x^2}=\mathbf{14}$

(ii) $x^3+\dfrac{1}{x^3} = x^3+\left(\dfrac{1}{x}\right)^3 = \left(x+\dfrac{1}{x}\right)\left\{x^2-x\left(\dfrac{1}{x}\right)+\left(\dfrac{1}{x}\right)^2\right\}$

$= \left(x+\dfrac{1}{x}\right)\left\{\left(x^2+\dfrac{1}{x^2}\right)-1\right\} = 4(14-1) = \mathbf{52}$

(iii) $x^4+\dfrac{1}{x^4} = \left(x^2+\dfrac{1}{x^2}\right)^2 - 2x^2\cdot\dfrac{1}{x^2} = 14^2-2 = \mathbf{194}$

(iv) $\left(x-\dfrac{1}{x}\right)^2 = x^2-2x\cdot\dfrac{1}{x}+\dfrac{1}{x^2} = 14-2 = 12$　∴ $x-\dfrac{1}{x}=\pm 2\sqrt{3}$

《約分》 $\dfrac{AC}{BC}=\dfrac{A}{B}$　　《通分》 $\dfrac{B}{A}+\dfrac{D}{C}=\dfrac{BC+DA}{AC}$

シェーマ

$x^n+\dfrac{1}{x^n}$　⟹　$x+\dfrac{1}{x}$ で表せる

復習 005

(1) $\dfrac{-3x-2}{x^3-1} + \dfrac{3}{x^2+3x-4}$ を簡単にせよ．

(2) 実数 x が $x-\dfrac{1}{x}=3$ をみたすとき，次の値を求めよ．

　(i) $x^2+\dfrac{1}{x^2}$　(ii) $x+\dfrac{1}{x}$　(iii) $x^3-\dfrac{1}{x^3}$　(iv) $x^4+\dfrac{1}{x^4}$

例題 006 恒等式，等式の証明①

(1) 以下の式が x についての恒等式となるように，定数 a, b, c の値を求めよ．

(i) $\dfrac{2x^2+x-1}{x^3+x} = \dfrac{a}{x} + \dfrac{bx+c}{x^2+1}$

(ii) $x^2+x+4 = a(x-1)(x-2) + b(x-2)(x-4) + c(x-4)(x-1)$

(2) $(x+y+z)(x^2+y^2+z^2-xy-yz-zx) + 3xyz = x^3+y^3+z^3$ を証明せよ．

解 (1)(i) 分母を払って
$2x^2+x-1 = a(x^2+1) + (bx+c)x$ ∴ $2x^2+x-1 = (a+b)x^2 + cx + a$
題意をみたすとき，この式も x についての恒等式となるので，両辺の係数を比較して $a+b=2$, $c=1$, $a=-1$ ∴ $b=3$

(ii) $x=1$, 2, 4 を代入して $6=3b$, $10=-2c$, $24=6a$ ∴ $a=4$, $b=2$, $c=-5$
このとき，(右辺) $= 4(x-1)(x-2) + 2(x-2)(x-4) + (-5)(x-4)(x-1) = x^2+x+4$
となり，与式の左辺と一致するのでたしかに恒等式になる．したがって
$$a=4, \ b=2, \ c=-5$$

(2) 左辺 $= x(x^2+y^2+z^2-xy-yz-zx) + y(x^2+y^2+z^2-xy-yz-zx)$
$\qquad\qquad\qquad + z(x^2+y^2+z^2-xy-yz-zx) + 3xyz$
$= (x^3+xy^2+z^2x-x^2y-xyz-zx^2) + (x^2y+y^3+yz^2-xy^2-y^2z-zxy)$
$\qquad\qquad\qquad + (zx^2+y^2z+z^3-xyz-yz^2-z^2x) + 3xyz$
$= x^3+y^3+z^3 =$ 右辺 ■

Assist (1)(ii) では，3つの数値を代入して，a, b, c を求めた段階で，与式は2次以下の整式であることから，与式が恒等式になることが言える．

《恒等式の性質》
$ax^2+bx+c = a'x^2+b'x+c' \cdots (*)$ が x についての恒等式である
$\qquad\qquad$ (すべての実数 x に対して $(*)$ が成り立つ)
$\Leftrightarrow$ $x=x_1$, x_2, x_3 が $(*)$ をみたす (x_1, x_2, x_3 は相異なる実数)
$\Leftrightarrow$ $a=a'$, $b=b'$, $c=c'$ ($(*)$ の両辺が式として一致している)

シェーマ 　恒等式　▶▶　係数比較か数値代入

復習 006

(1) $\dfrac{3x^2-1}{x^3-x^2-2x} = \dfrac{a}{x} + \dfrac{b}{x-2} + \dfrac{c}{x+1}$ が x についての恒等式であるとき，定数 a, b, c の値を求めよ．

(2) $x^4+7x^3-3x^2+23x-14 = ax(x+1)(x+2)(x+3) + bx(x+1)(x+2) + cx(x+1) + dx + e$ が x についての恒等式となるように定数 a, b, c, d, e を求めよ．

(3) $(a^2+b^2+c^2)(x^2+y^2+z^2) = (ax+by+cz)^2 + (bx-ay)^2 + (cy-bz)^2 + (az-cx)^2$ を証明せよ．

§1　複素数と方程式・式と証明

例題 007 等式の証明②，式の値

(1) $a+b=c$ のとき，$a^3+b^3+3abc=c^3$ が成り立つことを証明せよ．

(2) $\dfrac{x+y}{2}=\dfrac{y+z}{3}=\dfrac{z+x}{4}$ $(\neq 0)$ をみたすとき，$\dfrac{xy+yz+zx}{x^2+y^2+z^2}$ の値を求めよ．

解 (1) $c=a+b$ を代入して c を消去すると

左辺 $= a^3+b^3+3abc = a^3+b^3+3ab(a+b) = a^3+3a^2b+3ab^2+b^3$

右辺 $= c^3 = (a+b)^3 = a^3+3a^2b+3ab^2+b^3$

よって，左辺 = 右辺となり，題意をみたす． ■

(2) $\dfrac{x+y}{2}=\dfrac{y+z}{3}=\dfrac{z+x}{4}=k$ とおくと

$$\begin{cases} x+y=2k \\ y+z=3k \quad (k\neq 0) \quad \cdots(\ast) \\ z+x=4k \end{cases}$$

辺々足して $2(x+y+z)=9k$ ∴ $x+y+z=\dfrac{9}{2}k$

この式から $(\ast)$ の各式を引いて $z=\dfrac{5}{2}k$, $x=\dfrac{3}{2}k$, $y=\dfrac{1}{2}k$

よって

$$\dfrac{xy+yz+zx}{x^2+y^2+z^2} = \dfrac{\left(\dfrac{3}{2}k\right)\left(\dfrac{1}{2}k\right)+\left(\dfrac{1}{2}k\right)\left(\dfrac{5}{2}k\right)+\left(\dfrac{5}{2}k\right)\left(\dfrac{3}{2}k\right)}{\left(\dfrac{3}{2}k\right)^2+\left(\dfrac{1}{2}k\right)^2+\left(\dfrac{5}{2}k\right)^2}$$

$$= \dfrac{3\cdot 1+1\cdot 5+5\cdot 3}{3^2+1^2+5^2} = \dfrac{23}{35}$$

シェーマ

$\dfrac{A}{p}=\dfrac{B}{q}=\dfrac{C}{r}$ などの比例式の形 ▶▶ 「$=k$」とおく

復習 007

(1) $a+b+c=0$ のとき

$\dfrac{a^5+b^5+c^5}{5}=\dfrac{a^2+b^2+c^2}{2}\cdot\dfrac{a^3+b^3+c^3}{3}$ が成り立つことを証明せよ．

(2) $abc\neq 0$ で $\dfrac{(a+b)c}{ab}=\dfrac{(b+c)a}{bc}=\dfrac{(c+a)b}{ca}$ が成り立つとき

$\dfrac{(b+c)(c+a)(a+b)}{abc}$ の値を求めよ．

例題008 不等式の証明

x, y, z, a, b は実数とする．
(1) $x^2-xy+y^2 \geqq 0$ を証明せよ．また，等号が成り立つのはどのようなときか．
(2) $x^2+y^2+z^2-xy-yz-zx \geqq 0$ を証明せよ．また，等号が成り立つのはどのようなときか．
(3) $a \geqq b$, $x \geqq y$ のとき，$(a+2b)(x+2y) \leqq 3(ax+2by)$ を証明せよ．

解 (1) 左辺 $= x^2-xy+y^2 = \left(x-\dfrac{y}{2}\right)^2 - \dfrac{y^2}{4}+y^2 = \left(x-\dfrac{y}{2}\right)^2 + \dfrac{3}{4}y^2 \geqq 0$

よって $x^2-xy+y^2 \geqq 0$

等号が成り立つのは $x-\dfrac{y}{2}=0$ かつ $y=0$ ∴ $x=y=0$ のとき． 終

(2) 左辺 $= \dfrac{1}{2}(2x^2+2y^2+2z^2-2xy-2yz-2zx)$

$= \dfrac{1}{2}\{(x-y)^2+(y-z)^2+(z-x)^2\} \geqq 0$

よって $x^2+y^2+z^2-xy-yz-zx \geqq 0$

等号が成り立つのは $x-y=0$ かつ $y-z=0$ かつ $z-x=0$

∴ $x=y=z$ のとき． 終

(3) 右辺 $-$ 左辺 $= 3(ax+2by)-(a+2b)(x+2y) = 2(ax-ay-bx+by)$

$= 2\{a(x-y)-b(x-y)\} = 2(a-b)(x-y)$ …①

$a \geqq b$, $x \geqq y$ より①の右辺は 0 以上．

よって $(a+2b)(x+2y) \leqq 3(ax+2by)$ 終

Assist
すべての実数 x に対して $x^2 \geqq 0$ である．(1)，(2)は，この実数の基本性質を用いて証明している．

シェーマ
文字に条件のない不等式の証明 ▶ $(\ )^2+(\ )^2+\cdots+(\ )^2$ の形にする．

復習 008
(1) 次の不等式を証明せよ．また等号が成り立つのはどんなときか．ただし，x, y, z, a, b, c は実数である．
　(i) $(ax+by)^2 \leqq (a^2+b^2)(x^2+y^2)$　(ii) $(ax+by+cz)^2 \leqq (a^2+b^2+c^2)(x^2+y^2+z^2)$
(2) $a<b<c$, $a+b+c=0$ のとき，$3(a^2+b^2+c^2) < 2(c-a)^2$ を証明せよ．

TRIAL 復習 008 の(1)の(ii)を用いて，$x+y+z=1$ のとき，$x^2+y^2+z^2$ の最小値を求めよ．

§1　複素数と方程式・式と証明

例題 009 相加平均と相乗平均

(1) 正の実数 a, b, c に対して次の不等式を証明せよ．また，等号が成り立つのはどのようなときか．

(i) $\dfrac{b}{a}+\dfrac{a}{b} \geqq 2$ (ii) $(a+b+c)\left(\dfrac{1}{a}+\dfrac{1}{b}+\dfrac{1}{c}\right) \geqq 9$

(2) $y=x+\dfrac{2}{x}\ (x>0)$ の最小値を求めよ．

解 (1) (i) 相加・相乗平均の関係より 左辺 $=\dfrac{b}{a}+\dfrac{a}{b} \geqq 2\sqrt{\dfrac{b}{a}\cdot\dfrac{a}{b}}=2$ ($=$右辺)

よって，与式が成り立つ．

等号が成り立つのは $\dfrac{b}{a}=\dfrac{a}{b}$ $\therefore$ $a^2=b^2$ $\therefore$ **$a=b$** のとき． 終

(ii) 左辺 $=(a+b+c)\left(\dfrac{1}{a}+\dfrac{1}{b}+\dfrac{1}{c}\right)$

$=\left(\dfrac{a}{a}+\dfrac{a}{b}+\dfrac{a}{c}\right)+\left(\dfrac{b}{a}+\dfrac{b}{b}+\dfrac{b}{c}\right)+\left(\dfrac{c}{a}+\dfrac{c}{b}+\dfrac{c}{c}\right)$

$=3+\left(\dfrac{a}{b}+\dfrac{b}{a}\right)+\left(\dfrac{b}{c}+\dfrac{c}{b}\right)+\left(\dfrac{c}{a}+\dfrac{a}{c}\right)$

$\geqq 3+2\sqrt{\dfrac{a}{b}\cdot\dfrac{b}{a}}+2\sqrt{\dfrac{b}{c}\cdot\dfrac{c}{b}}+2\sqrt{\dfrac{c}{a}\cdot\dfrac{a}{c}}=3+2+2+2=9$ ($=$右辺)

よって，与式が成り立つ．

等号が成り立つのは $\dfrac{a}{b}=\dfrac{b}{a}$ かつ $\dfrac{b}{c}=\dfrac{c}{b}$ かつ $\dfrac{c}{a}=\dfrac{a}{c}$ $\therefore$ **$a=b=c$** のとき． 終

(2) 相加・相乗平均の関係より $x+\dfrac{2}{x} \geqq 2\sqrt{x\cdot\dfrac{2}{x}}$ $\therefore$ $y \geqq 2\sqrt{2}$

等号が成り立つのは $x=\dfrac{2}{x}$ $\therefore$ $x^2=2$ $\therefore$ $x=\sqrt{2}$ のとき．

よって y の最小値 **$2\sqrt{2}$** 終

《相加平均と相乗平均の関係》　　$a>0, b>0$ のとき

$$\dfrac{a+b}{2} \geqq \sqrt{ab}\ \text{（等号が成り立つのは，$a=b$ のときである．）}$$

シェーマ

$aX+\dfrac{b}{X}$ の形 (a, b, X は正) ▶▶▶ 相加平均と相乗平均の関係を利用

復習 009 (1) 正の実数 a, b, c に対して $\left(\dfrac{b+c}{a}\right)\left(\dfrac{c+a}{b}\right)\left(\dfrac{a+b}{c}\right) \geqq 8$ を証明せよ．

また，等号が成り立つのはどのようなときか．

(2) $y=\dfrac{1}{3}x+\dfrac{4}{x}\ (x>0)$ の最小値を求めよ．

例題 010 2次方程式の複素数解

(1) 2次方程式 $(2+i)x^2+(5+i)x-3(1+2i)=0$ の実数解を求めよ．
(2) $z^2=-5+12i$ をみたす複素数 z を求めよ．
(3) 2次方程式 $x^2-3x+8=0$ の解を求めよ．

解 (1) 与式より $(2x^2+5x-3)+(x^2+x-6)i=0$
ここで x が実数のとき，2つの（ ）内は実数．よって
$$2x^2+5x-3=0 \text{ かつ } x^2+x-6=0$$
$$\therefore (x+3)(2x-1)=0 \text{ かつ } (x+3)(x-2)=0 \quad \therefore \boldsymbol{x=-3}$$

(2) $z=x+yi$（x と y は実数）と表すと $z^2=-5+12i$ より
$$(x+yi)^2=-5+12i$$
$$\therefore x^2-y^2+2xyi=-5+12i$$
x と y が実数なので
$$x^2-y^2=-5 \cdots ① \text{ かつ } 2xy=12 \cdots ②$$
② より $y=\dfrac{6}{x}\cdots ②'$ これを① に代入して
$$x^2-\left(\dfrac{6}{x}\right)^2=-5 \quad \therefore x^4+5x^2-36=0$$
$$\therefore (x^2+9)(x^2-4)=0 \quad \therefore x^2=4 \quad \therefore x=\pm 2 \qquad \leftarrow x^2 \geqq 0$$
②′に代入して $(x, y)=(2, 3), (-2, -3) \quad \therefore \boldsymbol{z=2+3i, -2-3i}$

(3) 解の公式を適用すると
$$x=\dfrac{-(-3)\pm\sqrt{(-3)^2-4\cdot 1\cdot 8}}{2\cdot 1}=\dfrac{3\pm\sqrt{-23}}{2} \quad \therefore \boldsymbol{x=\dfrac{3\pm\sqrt{23}\,i}{2}}$$

《複素数の相等》 a, b, c, d が実数のとき
$\quad a+bi=0 \ \Rightarrow \ a=b=0$
$\quad a+bi=c+di \ \Rightarrow \ a=c, \ b=d$
《負数の平方根》 $a>0$ のとき $\sqrt{-a}=\sqrt{a}\,i$ （とくに $\sqrt{-1}=i$）

 複素数の等式 ⟹ 実$+$実$i=0$ の形にして □$=$△$=0$

復習 010

(1) 2次方程式 $(1+i)x^2+(i-1)x+ai=0$ が実数解をもつように実数の定数 a の値を定めよ．
(2) $z^2=i$ をみたす複素数 z を求めよ．
(3) 2次方程式 $3x^2-2x+5=0$ の解を求めよ．

§1 複素数と方程式・式と証明

例題 011　2次方程式の解と係数の関係

(1) 2次方程式 $x^2+2x+4=0$ の2解を $\alpha,\ \beta$ とする．
　(i) $\alpha^2+\beta^2$ を求めよ．　(ii) $\alpha^3+\beta^3$ を求めよ．
　(iii) α^2 と β^2 を2解とする2次方程式を1つ求めよ．

(2) 2次方程式 $x^2+ax+3a-1=0$ の2解の比が $1:3$ のとき，その2解と定数 a の値を求めよ．

(3) $x,\ y$ に関する次の連立方程式を解け．
　　$x+y-xy=6\cdots$①，$x^2+y^2-4x-4y+2xy+4=0\cdots$②

解 (1) $x^2+2x+4=0$ の2解を $\alpha,\ \beta$ とすると，解と係数の関係より
$$\alpha+\beta=-2,\ \alpha\beta=4$$
　(i) $\alpha^2+\beta^2=(\alpha+\beta)^2-2\alpha\beta=(-2)^2-2\cdot 4=\mathbf{-4}$
　(ii) $\alpha^3+\beta^3=(\alpha+\beta)^3-3\alpha\beta(\alpha+\beta)=(-2)^3-3\cdot 4\cdot(-2)=\mathbf{16}$
　(iii) (i)より $\alpha^2+\beta^2=-4$ であり $\alpha^2\beta^2=(\alpha\beta)^2=4^2=16$ であるから
　　α^2 と β^2 を2解とする2次方程式の1つは，$\mathbf{x^2+4x+16=0}$

(2) 2解の比が $1:3$ のとき，2解は α と 3α と表せ，解と係数の関係より
$$\alpha+3\alpha=-a,\ \alpha\cdot 3\alpha=3a-1$$
α を消去して　$3\left(-\dfrac{a}{4}\right)^2=3a-1$　$\therefore\ 3a^2-48a+16=0$

$\therefore\ a=\dfrac{24\pm\sqrt{24^2-3\cdot 16}}{3}=\dfrac{4(6\pm\sqrt{33})}{3}$，$x=-2\mp\dfrac{\sqrt{33}}{3}$，$-6\mp\sqrt{33}$（複号同順）

(3) ②より　$(x+y)^2-4(x+y)+4=0$　$\therefore\ (x+y-2)^2=0$　$\therefore\ x+y-2=0$
　　$\therefore\ x+y=2\cdots$③　　①に代入して $xy=-4\cdots$④
　③と④より，x と y は X の方程式 $X^2-2X-4=0\cdots$⑤の2解．
　⑤$\Leftrightarrow X=1\pm\sqrt{5}$ より　$(x,\ y)=(1+\sqrt{5},\ 1-\sqrt{5}),\ (1-\sqrt{5},\ 1+\sqrt{5})$

《2次方程式の解と係数の関係》
「α と β は2次方程式 $ax^2+bx+c=0$ の2つの解」$\Leftrightarrow\ \alpha+\beta=-\dfrac{b}{a},\ \alpha\beta=\dfrac{c}{a}$

シェーマ

$\begin{cases} x+y=p \\ xy=q \end{cases}$　⇒　$x,\ y$ は X の方程式 $X^2-pX+q=0$ の2解

復習 011

(1) 2次方程式 $2x^2-3x+1=0$ の2解を $\alpha,\ \beta$ とするとき，$\alpha+\beta$，$\alpha^2+\beta^2$，$\alpha^3+\beta^3$ の値を求めよ．また $\alpha^2\beta$ と $\alpha\beta^2$ を2解にもつ2次方程式を1つ求めよ．

(2) $x^2+y^2=3,\ x^2+y^2+xy=5$ のとき，$x,\ y$ の値を求めよ．

例題 012 余りの計算

(1) x^n を x^2-5x+6 で割った余りを求めよ．ただし n は自然数の定数である．
(2) $3x^{13}+7x^6$ を x^2+1 で割った余りを求めよ．
(3) x の整式 $f(x)$ を $(x-1)^2$ および $(x+1)^2$ で割ったときの余りが，それぞれ $2x-1$, $3x-4$ であるとする．$f(x)$ を $(x-1)^2(x+1)$ で割ったときの余りを求めよ．

解 (1) 求める余りを $ax+b$，商を $P(x)$ とすると，割り算の式は
$$x^n=(x^2-5x+6)P(x)+ax+b \cdots ① \text{と表せる．}$$
ここで $x^2-5x+6=(x-2)(x-3)$ より，①に $x=2, 3$ を代入すると
$$\begin{cases} 2^n=2a+b \\ 3^n=3a+b \end{cases} \therefore a=3^n-2^n, \ b=3\cdot2^n-2\cdot3^n$$
よって，求める余りは $(3^n-2^n)x+3\cdot2^n-2\cdot3^n$

(2) 求める余りを $ax+b$，商を $P(x)$ とすると，割り算の式は
$$3x^{13}+7x^6=(x^2+1)P(x)+ax+b\ (a, \ b \text{は実数})\text{と表せる．} \ x=i \text{を代入して}$$
$$3i^{13}+7i^6=ai+b \quad \therefore ai+b=3i-7$$
a, b は実数であるから $a=3, \ b=-7$ よって求める余りは $3x-7$

(3) $f(x)$ を $(x-1)^2(x+1)$ で割ったときの商を $P(x)$，余りを ax^2+bx+c とすると
$$f(x)=(x-1)^2(x+1)P(x)+ax^2+bx+c$$
$f(x)$ を $(x-1)^2$ で割ったときの余りが $2x-1$ であるから，ax^2+bx+c を $(x-1)^2$ で割った余りも $2x-1$．よって，$ax^2+bx+c=a(x-1)^2+2x-1$ と表せるので
$$f(x)=(x-1)^2(x+1)P(x)+a(x-1)^2+2x-1$$
ここで $x=-1$ を代入すると $f(-1)=4a-3$ である．また条件より
$f(x)=(x+1)^2Q(x)+3x-4 (Q(x)$ は商) と表せ，$f(-1)=-7$ であるから
$$4a-3=-7 \quad \therefore a=-1$$
よって 求める余りは $-(x-1)^2+2x-1=-x^2+4x-2$

| $f(x)$ を $g(x)$ で割った余り | ▶ | 割り算の式 $f(x)=g(x)Q(x)+R(x)$ を作り $g(x)=0$ となる x の値を代入 |

復習 012

(1) x^n を x^2-3x-4 で割った余りを求めよ．ただし，n は自然数の定数である．
(2) $x^{12}-x^4+x^2$ を x^2-2x+2 で割った余りを求めよ．
(3) $f(x)$ を $(x-2)^2$ で割ると余りが $2x-4$，$(x-3)^2$ で割ると余りが $-4x-4$ になるという．このとき，$f(x)$ を $(x-2)^2(x-3)$ で割った余りを求めよ．

例題 013　剰余の定理，因数定理

(1) x の整式 $f(x)$ を $x-2$ で割った余りが 1，$x+1$ で割った余りが 4 のとき，$f(x)$ を $(x-2)(x+1)$ で割った余りを求めよ．

(2) x の 3 次式 $f(x)=x^3+(a+b)x^2+(2a-b-1)x+b-5$ が x^2-1 で割り切れるとき，定数 a，b の値を求めよ．このとき，方程式 $f(x)=0$ の解を求めよ．

解 (1) 剰余の定理より $f(2)=1$ かつ $f(-1)=4$ …①

いま $f(x)$ を $(x-2)(x+1)$ で割った余りを $ax+b$ (a，b は定数) とすると
$$f(x)=(x-2)(x+1)P(x)+ax+b \quad (P(x) \text{ は商})$$
と表せる．ここで $x=2$，-1 を代入すると
$$f(2)=2a+b, \quad f(-1)=-a+b$$
これと①より
$$2a+b=1 \text{ かつ } -a+b=4 \quad \therefore \ a=-1, \ b=3$$
よって，求める余りは $-x+3$

(2) $f(x)$ が x^2-1 で割り切れるので，$f(x)$ は $x-1$ と $x+1$ で割り切れ，因数定理より
$$f(1)=3a+b-5=0, \quad f(-1)=-a+3b-5=0$$
$$\therefore \ a=1, \ b=2$$
よって $f(x)=x^3+3x^2-x-3=(x^2-1)(x+3)=(x+1)(x-1)(x+3)$
したがって，$f(x)=0$ の解は，$x=\pm 1, \ -3$

《剰余の定理》　整式 $P(x)$ を 1 次式 $x-\alpha$ で割った余りは $P(\alpha)$ である
《因数定理》　整式 $P(x)$ が $x-\alpha$ を因数にもつ $\Leftrightarrow P(\alpha)=0$

Assist　(剰余の定理の証明) $P(x)$ を $x-\alpha$ で割った商を $Q(x)$，余りを r とすると
$$P(x)=(x-\alpha)Q(x)+r \quad (Q(x) \text{ は整式}，r \text{ は実数})$$
ここで $x=\alpha$ を代入すると $P(\alpha)=r$　つまり，余りは $P(\alpha)$

シェーマ

$f(x)$ が $(x-\alpha)(x-\beta)$ で割り切れる $(\alpha \neq \beta)$ ≫ $f(\alpha)=f(\beta)=0$

復習 013

(1) 因数定理「整式 $f(x)$ に対して $f(\alpha)=0$(α は定数) をみたすとき，$f(x)$ は $x-\alpha$ で割り切れること」を証明せよ．

(2) 整式 $f(x)$ を $x+2$ で割ると -5 余り，$x-1$ で割ると 4 余る．このとき，$f(x)$ を $(x+2)(x-1)$ で割った余りを $ax+b$ とするとき，定数 a，b の値を求めよ．

例題 014　1の3乗根

1の3乗根のうち虚数であるものの一つをωとする．
(1) 3次方程式$x^3=1$の解は1, ω, ω^2であることを示せ．
(2) $\omega^2+\omega^4+\omega^6$の値を求めよ．
(3) $\omega^5+2\omega^2+1=a\omega+b$をみたす実数$a$, bの値を求めよ．

解 (1) $x^3=1 \Leftrightarrow x^3-1=0 \Leftrightarrow (x-1)(x^2+x+1)=0$
$\Leftrightarrow x=1$ または $x^2+x+1=0$

よって，ωは$x^2+x+1=0 \cdots$①の解の一つである．
したがって　$\omega^2+\omega+1=0 \cdots$②
また①のω以外の解をω'とすると解と係数の関係より
$\omega+\omega'=-1$　∴　$\omega'=-\omega-1 \cdots$②$'$
ここで②より　$-\omega-1=\omega^2$であるから②$'$に代入して　$\omega'=\omega^2$
よって，$x^3=1$の解は1, ω, ω^2である． ■

> ωは$\dfrac{-1+\sqrt{3}i}{2}$か
> $\dfrac{-1-\sqrt{3}i}{2}$のいずれか

(2) ここでωは$x^3=1$の解なので　$\omega^3=1 \cdots$③
③より　$\omega^4=\omega^3\cdot\omega=\omega$, $\omega^6=(\omega^3)^2=1^2=1$である．
これと②より　$\omega^2+\omega^4+\omega^6=\omega^2+\omega+1=\boldsymbol{0}$

(3) ③より　$\omega^5=\omega^3\omega^2=\omega^2$であり，②より$\omega^2=-\omega-1$であるから
$\omega^5+2\omega^2+1=\omega^2+2\omega^2+1=3\omega^2+1=3(-\omega-1)+1=-3\omega-2$
よって　$\omega^5+2\omega^2+1=a\omega+b \Leftrightarrow -3\omega-2=a\omega+b$
ここでa, bは実数，ωは虚数なので　$\boldsymbol{a=-3, b=-2}$

Assist

1° (1)では，ωが$\dfrac{-1+\sqrt{3}i}{2}$か$\dfrac{-1-\sqrt{3}i}{2}$なので，2乗してもう一方になることを確認してもよい．

2° a, b, c, dが実数のとき「$a+b\omega=0\cdots$(ア)ならば$a=b=0$」$\cdots$(*)が成り立ち，これより
「$a+b\omega=c+d\omega\cdots$(イ)ならば$a=c$かつ$b=d$」$\cdots$(**)が成り立つ．(3)ではこのことを用いた．
(*)の証明：(ア)を仮定する．このとき$b\neq 0$とすると(ア)より$\omega=-\dfrac{a}{b}$となり，ωが実数となり，
仮定に反する．よって$b=0$　これを(ア)に代入して$a=0$．つまり$a=b=0$
(**)の証明：(イ)を仮定すると$a-c+(b-d)\omega=0$　ここで$a-c$と$b-d$は実数なので(*)
より$a-c=b-d=0$　∴　$a=c$かつ$b=d$

シェーマ

1の3乗根ω（虚数）　▶　$\omega^3=1$であり$x^2+x+1=0$の解

復習 014　2次方程式$x^2+x+1=0$の1つの解をωとする．
(1) $\omega^3=1$を示せ．　(2) $\omega^{100}+\omega^{200}+\omega^{300}$の値を求めよ．
(3) $(1+2\omega)(a+b\omega)=1$をみたす実数a, bの値を求めよ．

TRIAL　$x^{11}-2x^{10}$をx^2+x+1で割った余りを求めよ．

§1　複素数と方程式・式と証明

例題 015　因数定理による 3 次方程式の解法

(1) 方程式 $x^3-4x^2-x+12=0$ を解け．
(2) 方程式 $2x^3-3x^2-6x-2=0$ を解け．

解 (1) 定数項の値より整数解 x は，存在するならば，12 の約数．

よって，$x=\pm 1$，± 2，± 3，± 4，± 6，± 12 を順に代入すると，$x=3$ で成り立つことがわかる．

よって，与式の左辺は因数定理より $x-3$ で割り切れる．つまり
$$x^3-4x^2-x+12=(x-3)(x^2-x-4)$$
したがって，与式は
$$(x-3)(x^2-x-4)=0 \quad \therefore \quad x=3,\ \frac{1\pm\sqrt{17}}{2}$$

(2) 定数項が -2，最高次の係数が 2 であるから，$x=\pm 1$，± 2，$\pm\dfrac{1}{2}$ を順に代入すると

与式は $x=-\dfrac{1}{2}$ を代入したとき成り立つことがわかる．よって，与式の左辺は $2x+1$ で割り切れ，与式は
$$(2x+1)(x^2-2x-2)=0 \quad \therefore \quad x=-\frac{1}{2},\ 1\pm\sqrt{3}$$

Assist　整数係数の 3 次方程式 $ax^3+bx^2+cx+d=0$ において，整数解を p とすると
$$ap^3+bp^2+cp+d=0 \quad \therefore \quad d=-p(ap^2+bp+c)$$
ここで右辺の ap^2+bp+c は整数であるから，整数解 p は定数項である整数 d の約数である．

また，有理数解を $\dfrac{r}{q}$（r は整数，q は自然数，r と q は互いに素）とすると
$$a\left(\frac{r}{q}\right)^3+b\left(\frac{r}{q}\right)^2+c\left(\frac{r}{q}\right)+d=0 \quad \therefore \quad ar^3+br^2q+crq^2+dq^3=0$$
$$\therefore \quad ar^3=-q(br^2+crq+dq^2)$$
ここで $br^2+crq+dq^2$ は整数であり，r と q が互いに素なので r^3 と q は互いに素．よって，最高次の係数 a は q で割り切れなくてはならない．つまり，q は a の約数．このことは 4 次以上の方程式においても成り立つ．

シェーマ

| 整数係数の高次方程式　▶▶　有理数の解 $=\pm\dfrac{\text{定数項の約数}}{\text{最高次の約数}}$ |

復習 015

(1) 方程式 $x^3-2x^2-13x+6=0$ を解け．
(2) 方程式 $3x^3-5x^2-5x-1=0$ を解け．
TRIAL 方程式 $2x^3+px^2-x-p-1=0$ が異なる 3 個の実数解をもつ条件を求めよ．

例題 016　3次方程式の解と係数の関係

(1) 方程式 $x^3-8x-2=0$ の3個の解を α, β, γ とするとき，
$\alpha+\beta+\gamma, \alpha\beta+\beta\gamma+\gamma\alpha, \alpha\beta\gamma, \alpha^2+\beta^2+\gamma^2$ の値をそれぞれ求めよ．

(2) $x+y+z=8, x^2+y^2+z^2=26, xyz=12$ のとき，x, y, z を求めよ．

解 (1) $x^3-8x-2=0$ の3個の解を α, β, γ とするとき，解と係数の関係より
$$\alpha+\beta+\gamma=0, \quad \alpha\beta+\beta\gamma+\gamma\alpha=-8, \quad \alpha\beta\gamma=2$$
よって　$\alpha^2+\beta^2+\gamma^2=(\alpha+\beta+\gamma)^2-2(\alpha\beta+\beta\gamma+\gamma\alpha)=0^2-2(-8)=\mathbf{16}$

(2) $x+y+z=8\cdots①\quad x^2+y^2+z^2=26\cdots②\quad xyz=12\cdots③$

①②より　$xy+yz+zx=\dfrac{1}{2}\{(x+y+z)^2-(x^2+y^2+z^2)\}=\dfrac{1}{2}(8^2-26)=19\cdots④$

①④③より，解と係数の関係から x, y, z は X の方程式
$$X^3-8X^2+19X-12=0\cdots⑤$$
の3つの解．⑤は $X=1$ を代入すると成り立つので因数定理より⑤の左辺は $X-1$ で割り切れ，⑤は $(X-1)(X^2-7X+12)=0$　さらに $(X-1)(X-3)(X-4)=0$ と変形されるので，求める解は $(x, y, z)=(1, 3, 4), (1, 4, 3), (3, 1, 4), (3, 4, 1), (4, 1, 3), (4, 3, 1)$．

《3次方程式の解と係数の関係》
α, β, γ が3次方程式 $ax^3+bx^2+cx+d=0$ の3つの解…(∗)
$\Leftrightarrow \alpha+\beta+\gamma=-\dfrac{b}{a}, \quad \alpha\beta+\beta\gamma+\gamma\alpha=\dfrac{c}{a}, \quad \alpha\beta\gamma=-\dfrac{d}{a}\cdots(**)$

Assist　(∗)を仮定すると，因数定理より $ax^3+bx^2+cx+d=a(x-\alpha)(x-\beta)(x-\gamma)$
が成り立ち，両辺の係数を比較すると(∗∗)となる．よって，(∗)⇒(∗∗)
また(∗∗)を仮定すると $b=-a(\alpha+\beta+\gamma), c=a(\alpha\beta+\beta\gamma+\gamma\alpha), d=-a\alpha\beta\gamma$ であるから
$ax^3+bx^2+cx+d=ax^3-a(\alpha+\beta+\gamma)x^2+a(\alpha\beta+\beta\gamma+\gamma\alpha)x+(-a\alpha\beta\gamma)=a(x-\alpha)(x-\beta)(x-\gamma)$
が成り立ち，$ax^3+bx^2+cx+d=0$ の3つの解は α, β, γ で(∗)が成り立つ．
よって(∗∗)⇒(∗)

$$\begin{cases} x+y+z=p \\ xy+yz+zx=q \\ xyz=r \end{cases} \implies \begin{matrix} x, y, z \text{ は } X \text{ の方程式} \\ X^3-pX^2+qX-r=0 \text{ の3解} \end{matrix}$$

復習 016

(1) 方程式 $2x^3-3x^2+2x-4=0$ の3個の解を α, β, γ とするとき，
$$\dfrac{3}{\dfrac{1}{1+\alpha}+\dfrac{1}{1+\beta}+\dfrac{1}{1+\gamma}}$$
の値を求めよ．

(2) $x+y+z=3, x^2+y^2+z^2=9, xyz=-4$ のとき，x, y, z を求めよ．

例題 017　3次方程式が解をもつ条件

$f(x)=x^3+x^2+px+q$ に対して，3次方程式 $f(x)=0$ が $x=1$ を解にもつとする．
(1)　q を p で表せ．
(2)　3次方程式 $f(x)=0$ が3つの異なる実数解をもつ定数 p の条件を求めよ．

解 (1)　$x=1$ を解にもつので，
$$f(1)=p+q+2=0 \quad \therefore \quad q=-p-2$$
(2)　(1)の結果を代入し，因数定理より $f(x)$ が $x-1$ で割り切れることに注意すると
$$f(x)=x^3+x^2+px-p-2=(x-1)\{x^2+2x+(p+2)\}$$
よって　$f(x)=0 \iff (x-1)(x^2+2x+p+2)=0$
$\iff x=1$ または $x^2+2x+p+2=0 \cdots \text{①}$
したがって，与式が異なる3つの実数解をもつ条件は①が1以外の異なる2実数解をもつことである．$g(x)=x^2+2x+p+2$ とおくと，$g(x)=0$ の判別式を D とすると
$$\frac{D}{4}=1-(p+2)>0 \text{ かつ } g(1)=p+5 \neq 0$$
$$\therefore \quad p<-1 \ (p \neq -5)$$

Assist　(2)において，(1)の結果を代入せず，$f(x)$ を $x-1$ で実際に割ると
$$f(x)=x^3+x^2+px+q=(x-1)(x^2+2x+p+2)+p+q+2$$
より，余りが $p+q+2$ と表せ，因数定理より $f(x)$ は $x-1$ で割り切れるので，
$p+q+2=0$．
これより
$\quad f(x)=0 \iff (x-1)(x^2+2x+p+2)=0$
と変形してもよい．

シェーマ

| $f(x)=0$ が α を解にもつ
（$f(x)$ は整式） | | $f(x)$ は $x-\alpha$ で割り切れる |

復習 017　$f(x)=x^3-px^2+qx+1$ に対して，3次方程式 $f(x)=0$ が $x=-2$ を解にもつとき，重解（2重解または3重解）をもつ定数 p の値を求めよ．

例題 018 「相反」方程式

次のそれぞれの問に答えよ．

(1) $t = x + \dfrac{1}{x}$ とおくとき，$x^2 + 2x + \dfrac{2}{x} + \dfrac{1}{x^2}$ を t の式で表せ．

(2) 方程式 $x^4 + 2x^3 - 13x^2 + 2x + 1 = 0$ を解け．

解 (1) $t = x + \dfrac{1}{x}$ …① より $t^2 = x^2 + 2 + \dfrac{1}{x^2}$ ∴ $x^2 + \dfrac{1}{x^2} = t^2 - 2$

よって $x^2 + 2x + \dfrac{2}{x} + \dfrac{1}{x^2} = \left(x^2 + \dfrac{1}{x^2}\right) + 2\left(x + \dfrac{1}{x}\right)$

$\qquad\qquad\qquad\qquad = (t^2 - 2) + 2t = \boldsymbol{t^2 + 2t - 2}$

(2) $x^4 + 2x^3 - 13x^2 + 2x + 1 = 0$ …②

$x = 0$ は解ではないので，$x \neq 0$ としてよい．　　← $x=0$ を代入すると
このとき，②の両辺を x^2 で割ると　　　　　　　　　　　　左辺 $=1$ より不成立

$$x^2 + 2x - 13 + \dfrac{2}{x} + \dfrac{1}{x^2} = 0$$

(1)の結果よりこれは

$\qquad (t^2 + 2t - 2) - 13 = 0$ ∴ $t^2 + 2t - 15 = 0$ $(t+5)(t-3) = 0$ ∴ $t = -5, 3$

①より $tx = x^2 + 1$ ∴ $x^2 - tx + 1 = 0$ ∴ $x^2 + 5x + 1 = 0, x^2 - 3x + 1 = 0$

∴ $x = \boldsymbol{\dfrac{-5 \pm \sqrt{21}}{2}, \dfrac{3 \pm \sqrt{5}}{2}}$

シェーマ

$$ax^4 + bx^3 + cx^2 + bx + a = 0 \quad \Longrightarrow \quad x^2 \text{で割り } x + \dfrac{1}{x} = t \text{ とおく}$$

復習 018 次のそれぞれの問に答えよ．

(1) $x - \dfrac{1}{x} = t$ とおくとき，$2x^2 - x + \dfrac{1}{x} + \dfrac{2}{x^2}$ を t の式で表せ．

(2) 方程式 $2x^4 - x^3 - 4x^2 + x + 2 = 0$ を解け．

TRIAL 方程式 $x^5 - 2x^4 - 5x^3 - 5x^2 - 2x + 1 = 0$ が $x = -1$ を解にもつことに注意して，この方程式を解け．

例題 019　2点間の距離と分点

(1) 2点 A(1, 3), B(4, −1) 間の距離 AB を求めよ．
(2) 2点 A(2, 4), B(−1, 1) から等距離にある x 軸上の点 P の座標を求めよ．
(3) A(2, 8), B(7, −2), C(−3, 3) がある．線分 AB を $2:3$ に内分する点 D の座標，△ACD の重心 G の座標をそれぞれ求めよ．

解　(1)　$AB = \sqrt{(4-1)^2 + (-1-3)^2} = \sqrt{9+16} = \mathbf{5}$

(2) $P(x, 0)$（x は実数）と表され，$AP = BP$ より $AP^2 = BP^2$
$\therefore (x-2)^2 + (0-4)^2 = (x-(-1))^2 + (0-1)^2$
$\therefore x^2 - 4x + 20 = x^2 + 2x + 2 \quad \therefore x = 3 \quad \therefore \mathbf{P(3, 0)}$

(3) D は線分 AB を $2:3$ に内分するので $D\left(\dfrac{3\cdot 2 + 2\cdot 7}{2+3}, \dfrac{3\cdot 8 + 2\cdot(-2)}{2+3}\right) \quad \therefore \mathbf{D(4, 4)}$

よって，△ACD の重心 G は $G\left(\dfrac{2+(-3)+4}{3}, \dfrac{8+3+4}{3}\right) \quad \therefore \mathbf{G(1, 5)}$

《2点間の距離》　2点 $A(x_1, y_1)$, $B(x_2, y_2)$ 間の距離 AB は
$$AB = \sqrt{(x_2 - x_1)^2 + (y_2 - y_1)^2}$$

《内分点・外分点》　2点 $A(x_1, y_1)$, $B(x_2, y_2)$ に対して線分 AB を

$m:n$ に内分する点の座標は　　　　$m:n$ に外分する点の座標は

$\left(\dfrac{nx_1 + mx_2}{m+n}, \dfrac{ny_1 + my_2}{m+n}\right)$　　　　$\left(\dfrac{-nx_1 + mx_2}{m-n}, \dfrac{-ny_1 + my_2}{m-n}\right)$

特に線分 AB の中点の座標は $\left(\dfrac{x_1 + x_2}{2}, \dfrac{y_1 + y_2}{2}\right)$

《三角形の重心》　3点 $A(x_1, y_1)$, $B(x_2, y_2)$, $C(x_3, y_3)$ を頂点とする三角形 ABC の重心の座標は $\left(\dfrac{x_1 + x_2 + x_3}{3}, \dfrac{y_1 + y_2 + y_3}{3}\right)$

シェーマ

$A(\square, \square)$　$B(\triangle, \triangle)$ を $m:n$ に分ける　⟹　内分は $\dfrac{n\square + m\triangle}{m+n}$ の形　外分は $\dfrac{-n\square + m\triangle}{m-n}$ の形

復習 019

(1) 2点 A(−1, 2), B(−4, −3) 間の距離 AB を求めよ．
(2) 2点 A(1, 1), B(2, 4) がある．y 軸上にあり，△ABP が ∠APB = 90° の直角三角形となるような点 P の座標を求めよ．
(3) 3点 A(−3, 1), B(2, −4), C(2, 3) がある．AB を $4:1$ に内分する点 D, $4:1$ に外分する点 E の座標をそれぞれ求めよ．また △CDE の重心 G の座標を求めよ．

TRIAL　3つの頂点が A(3, 3), B(−4, 4), C(−1, 5) である三角形の外接円の中心の座標と半径を求めよ．

例題 020　直線の平行・垂直

(1) 点 A(2, 1) を通り，直線 $l : 3x+4y=2$ と平行な直線，垂直な直線の方程式をそれぞれ求めよ．

(2) 2直線 $l : (a+2)x-ay=10$　$m : (a-1)x-3y=5$ が平行であるときの a の値，垂直であるときの a の値をそれぞれ求めよ．

解 (1) 直線 l の傾きは $-\dfrac{3}{4}$ であるから，A を通り l に平行な直線の方程式は

$$y=-\frac{3}{4}(x-2)+1 \quad \therefore \quad y=-\frac{3}{4}x+\frac{5}{2} \quad \therefore \quad 3x+4y=10$$

A を通り l に垂直な直線の方程式は $y=\dfrac{4}{3}(x-2)+1$　$\therefore$　$y=\dfrac{4}{3}x-\dfrac{5}{3}$　$\therefore$　$4x-3y=5$

(2) 直線 m の傾きは $\dfrac{a-1}{3}$．$a=0$ とすると2直線は平行にも垂直にもならないので，$a \neq 0$ としてよく，このとき，l の傾きは $\dfrac{a+2}{a}$．よって l と m が平行となる条件は

$$\frac{a+2}{a}=\frac{a-1}{3} \quad \therefore \quad 3(a+2)=a(a-1) \quad \therefore \quad a^2-4a-6=0 \quad \therefore \quad a=2\pm\sqrt{10}$$

(このとき，l と m の y 切片は異なるので l と m は一致しない．)

l と m が垂直となる条件は

$$\left(\frac{a+2}{a}\right)\left(\frac{a-1}{3}\right)=-1 \quad \therefore \quad (a+2)(a-1)=-3a \quad \therefore \quad a^2+4a-2=0 \quad \therefore \quad a=-2\pm\sqrt{6}$$

《直線の方程式 I 》　点 (x_1, y_1) を通り，傾き m の直線の方程式は $y-y_1=m(x-x_1)$
　　　　　　　　　点 (x_1, y_1) を通り，x 軸に垂直な直線の方程式は $x=x_1$
《2直線の平行・垂直》　2直線 $y=m_1x+n_1$，$y=m_2x+n_2$ について
　2直線が平行 $\Leftrightarrow$ $m_1=m_2$　　2直線が垂直 $\Leftrightarrow$ $m_1m_2=-1$
　(2直線が一致する場合も平行であると考えることにする．)

Assist　一般に次の公式が成り立つのでこれを用いて(2)を解いてもよい．
　2直線 $ax+by+c=0$，$a'x+b'y+c'=0$ について
　　2直線が平行 $\Leftrightarrow$ $ab'-a'b=0$　　2直線が垂直 $\Leftrightarrow$ $aa'+bb'=0$ $\cdots(*)$

シェーマ　2直線が平行　➡　傾きが等しい　　2直線が垂直　➡　傾きの積が -1

復習 020　(1) 点 A$(-3, -1)$ を通り，直線 $l : 5x-2y=1$ と平行な直線，垂直な直線の方程式をそれぞれ求めよ．

(2) 2点 A$(1, 5)$，C$(7, 3)$ に対して，四角形 ABCD が正方形のとき，原点を通り AC に平行な直線，2点 B，D を通る直線の方程式を求めよ．

TRIAL　(1) Assist の $(*)$ を証明せよ．　　(2) $(*)$ を用いて(例題 020)(2)を解け．

例題 021　直線に関して対称な点

2点 A(3, 2), B(−1, 2) と直線 $l: x+y+1=0$ がある．また，点 P は直線 l 上を動くとする．

(1) 直線 l に関して点 A と対称な点 A′ の座標を求めよ．
(2) AP+BP が最小になるような点 P の座標を求めよ．

解 (1) A′(a, b) とすると AA′ の中点 $\left(\dfrac{3+a}{2}, \dfrac{2+b}{2}\right)$ が l 上より

$$\dfrac{3+a}{2} + \dfrac{2+b}{2} + 1 = 0 \quad \therefore a+b = -7 \cdots ①$$

また AA′ と l が垂直なので，(l の傾き)$=-1$ より

$$\dfrac{b-2}{a-3} \times (-1) = -1 \quad \therefore b-2 = a-3 \quad \therefore a-b = 1 \cdots ②$$

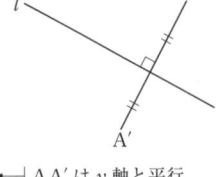

← AA′ は y 軸と平行ではないので $a-3 \neq 0$
AA′ の傾きは $\dfrac{b-2}{a-3}$

①②より　$a=-3, b=-4$　$\therefore$ **A′$(-3, -4)$**

(2) A と A′ が l に関して対称なので

$$AP+PB = A'P+PB$$

よって，AP+PB が最小となるのは A′P+PB が最小となるときで，これは A′, P, B が一直線上にあるとき．
つまり，点 P が A′B と l の交点のとき．

直線 A′B の方程式は $y = \dfrac{-4-2}{-3-(-1)}(x+3) - 4$　$\therefore y = 3x+5$

これと l の式を連立して，$x = -\dfrac{3}{2}, y = \dfrac{1}{2}$

求める点 P の座標は $\left(-\dfrac{3}{2}, \dfrac{1}{2}\right)$

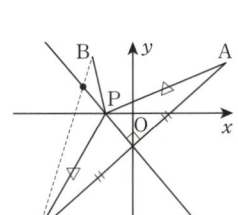

《直線の方程式Ⅱ》　異なる2点 $A(x_1, y_1), B(x_2, y_2)$ を通る直線の方程式は

$$x_1 \neq x_2 \text{ のとき}\quad y-y_1 = \dfrac{y_1-y_2}{x_1-x_2}(x-x_1)$$

シェーマ

2点 A と B が直線 l に関し対称　≫　AB の中点が l 上　かつ　AB⊥l

復習 021　直線 $l: y = \dfrac{1}{2}x+1$ と2点 A(1, 4), B(5, 6) がある．

(1) 直線 l に関して点 A と対称な点 C の座標を求めよ．
(2) l 上の点で，AP+PB が最小になるような点 P の座標を求めよ．

TRIAL　直線 $l: y = 2x+3$ に関して，直線 $3x+y=0$ と対称な直線の方程式を求めよ．

例題 022　3直線が三角形を作らない条件

3直線 $l: x+y=6$, $m: 2x-y=k+1$, $n: x-ky=1-2k$
が三角形を作らないような定数 k の値を求めよ．

解　三角形を作らないのは
(i)　l, m, n のうちどれか2つが平行であるか
(ii)　l, m, n が1点で交わるとき

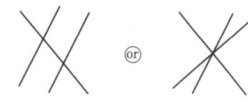

(i)のとき
　(ア)　l の傾きは -1，m の傾きは 2 なので $l \not\parallel m$．
　(イ)　$m \parallel n$ となるのは $\dfrac{1}{k}=2$　∴ $k=\dfrac{1}{2}$
　(ウ)　$n \parallel l$ となるのは $\dfrac{1}{k}=-1$　∴ $k=-1$

← $m \parallel n$ となるとき $k \neq 0$ であり，このとき n の傾きは $\dfrac{1}{k}$

(ii)のとき
　l と m の交点は2式を連立して $\left(\dfrac{k+7}{3}, \dfrac{-k+11}{3}\right)$
　1点で交わる条件はこれが n 上にあることで n の式に代入して
　$$\dfrac{k+7}{3} - k\left(\dfrac{-k+11}{3}\right) = 1-2k$$
　∴ $k^2-4k+4=0$　∴ $(k-2)^2=0$　∴ $k=2$

以上より $k=-1, \dfrac{1}{2}, 2$

3直線が三角形を作らない　　$\begin{cases} 2\text{直線が平行} \\ \text{or} \\ 3\text{直線が1点で交わる} \end{cases}$

互いに平行でない直線
l, m, n が1点で交わる　　l と m の交点が n 上

復習 022　3直線 $x+2y=1$, $3x-4y=1$, $ax+(a-25)y=1$ がある．
(1) この3直線が三角形を作るような定数 a の条件を求めよ．
(2) この3直線が直角三角形を作るような定数 a の値を求めよ．

例題 023 点と直線の距離

3点 A(1, 1), B(3, 7), C(4, 5) がある.
(1) 2点 A, B を通る直線の方程式を求めよ.
(2) 点 C から直線 AB に下した垂線の長さを求めよ.
(3) △ABC の面積を求めよ.

解 (1) 直線 AB の方程式は
$$y = \frac{7-1}{3-1}(x-1) + 1 \quad \therefore \quad y = 3x - 2$$

← 直線 AB: $3x - y - 2 = 0$

(2) 垂線の長さを d とすると, d は点 C から直線 AB までの距離であり
$$d = \frac{|3 \cdot 4 - 5 - 2|}{\sqrt{3^2 + (-1)^2}} = \frac{5}{\sqrt{10}} = \frac{\sqrt{10}}{2}$$

(3) 2点 A, B 間の距離は $AB = \sqrt{(3-1)^2 + (7-1)^2} = 2\sqrt{10}$
よって
$$\triangle ABC = \frac{1}{2} \cdot AB \cdot d = \frac{1}{2} \cdot 2\sqrt{10} \cdot \frac{\sqrt{10}}{2} = 5$$

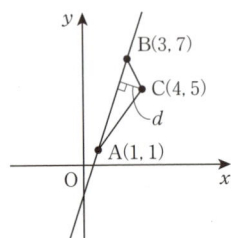

《点と直線の距離》 点 $P(x_1, y_1)$ と直線 $ax + by + c = 0$ の距離 d は
$$d = \frac{|ax_1 + by_1 + c|}{\sqrt{a^2 + b^2}}$$

シェーマ 直線に下した垂線の長さ ▶ 点と直線の距離の公式を利用

復習 023 原点と異なる2点 $A(x_1, y_1)$, $B(x_2, y_2)$ がある. ただし O, A, B は一直線上にはない.
(1) 点 A から直線 OB におろした垂線の長さ d を x_1, x_2, y_1, y_2 で表せ.
(2) 三角形 OAB の面積を S とするとき, $S = \frac{1}{2}|x_1 y_2 - x_2 y_1|$ であることを示せ.

TRIAL 2直線 $8x - y = 0$ と $4x + 7y - 2 = 0$ からの距離が等しい点の集合を求めよ.

例題 024　円の方程式

次の円の方程式を求めよ．
(1) 2点 $A(2, 1)$, $B(-6, 5)$ を直径の両端とする円
(2) 3点 $A(0, -3)$, $B(8, -1)$, $C(9, 0)$ を通る円
(3) 点 $A(-1, 2)$ を通り x 軸，y 軸に接する円

解 (1) 円の中心はABの中点で $\left(\dfrac{2+(-6)}{2}, \dfrac{1+5}{2}\right)$ ∴ $(-2, 3)$

半径は $\dfrac{1}{2}AB$ であり，$AB=\sqrt{(2-(-6))^2+(1-5)^2}=4\sqrt{5}$ より $2\sqrt{5}$

よって　$(x+2)^2+(y-3)^2=20$

(2) 円の方程式を $x^2+y^2+ax+by+c=0$ とおくと，3点 A, B, C を通るので代入して
$-3b+c=-9$ …① かつ $8a-b+c=-65$ …② かつ $9a+c=-81$ …③

①より $c=3b-9$

②③に代入して　$4a+b=-28$, $3a+b=-24$　∴ $a=-4$, $b=-12$　∴ $c=-45$

よって　$x^2+y^2-4x-12y-45=0$

(3) 円の半径を r とすると，条件より円の中心は第2象限にあり，$(-r, r)$ である．
よって，円の方程式は $(x+r)^2+(y-r)^2=r^2$ と表され
この円が点Aを通るので　$(-1+r)^2+(2-r)^2=r^2$
∴ $r^2-6r+5=0$　∴ $(r-1)(r-5)=0$　∴ $r=1, 5$
よって　$(x+1)^2+(y-1)^2=1$, $(x+5)^2+(y-5)^2=25$

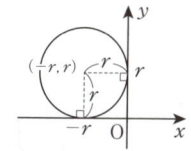

Assist
一般に次の公式が成り立つので，これを用いて(1)を解いてもよい．
2点 $A(x_1, y_1)$, $B(x_2, y_2)$ を直径の両端とする円の方程式は
$(x-x_1)(x-x_2)+(y-y_1)(y-y_2)=0$ …(*) である．
これより(1)の円の方程式は $(x-2)(x+6)+(y-1)(y-5)=0$
これを展開すると上の解の式と一致する．

《円の方程式》　点 $A(a, b)$ を中心とし，半径が r の円の方程式は
$$(x-a)^2+(y-b)^2=r^2$$

| x 軸，y 軸に接する円 ≫ | 半径を r とすると中心は $(\pm r, \pm r)$ のいずれか |

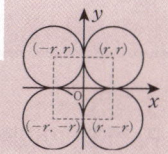

復習 024　次の円の方程式を求めよ．
(1) 2点 $(2, 3)$, $(-8, 5)$ を直径の両端とする円　(2) 3点 $(-5, 3)$, $(0, 4)$, $(1, -1)$ を通る円
(3) 点 $(-1, -8)$ を通り x 軸，y 軸に接する円　(4) 2点 $(1, 4)$, $(2, 5)$ を通り，y 軸に接する円

TRIAL　Assist の (*) を証明せよ．

例題 025 円と直線

方程式 $x^2+y^2-2kx+4y+12=0$ …① が円を表すとする.
(1) 実数 k の値の範囲を求めよ.
(2) 円①が直線 $x+y=1$ と共有点をもつような実数 k の値の範囲を求めよ.
(3) $k=4$ のとき, 直線 $3x+4y+1=0$ が円①によって切りとられてできる線分の長さを求めよ.

解 (1) ① $\Leftrightarrow (x-k)^2+(y+2)^2=k^2-8$ …①' より
円を表す条件は $k^2-8>0$ ∴ $k<-2\sqrt{2}$, $2\sqrt{2}<k$

(2) ①' より①で表される円の中心は $(k, -2)$, 半径 $\sqrt{k^2-8}$
よって, 円①が直線 $x+y-1=0$ と共有点をもつ条件は
$$\frac{|k+(-2)-1|}{\sqrt{1^2+1^2}} \leq \sqrt{k^2-8}$$
←(中心から直線までの距離)≦(半径)
∴ $(k-3)^2 \leq 2(k^2-8)$ ∴ $k^2+6k-25 \geq 0$ ∴ $k \leq -3-\sqrt{34}$, $-3+\sqrt{34} \leq k$

(3) $k=4$ のとき①で表される円の中心は A(4, -2), 半径は $\sqrt{8}$.
この中心から直線 $3x+4y+1=0$ におろした垂線を AH, 切り取られてできる線分を PQ とすると
$$AH=\frac{|3\cdot4+4(-2)+1|}{\sqrt{3^2+4^2}}=1$$
∴ $PQ=2PH=2\sqrt{AP^2-AH^2}=2\sqrt{8-1}=2\sqrt{7}$

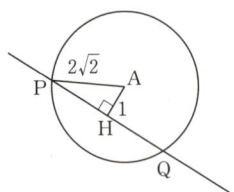

《円を表す方程式》 $(x-a)^2+(y-b)^2=K$ の表す図形は
 $K>0$ のとき中心 (a, b) 半径 $\sqrt{K}$ の円
 $K=0$ のとき点 (a, b)
 $K<0$ のとき方程式が表す図形はない

《円と直線の関係》
 円の中心から直線までの距離を d, 円の半径を r とすると
 交わる $\Leftrightarrow d<r$ 接する $\Leftrightarrow d=r$ 共有点なし $\Leftrightarrow d>r$

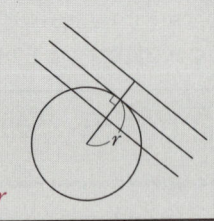

シェーマ
円と直線の位置関係 ▶▶▶ 「中心と直線の距離」と「半径」の大小で決まる
切り取られる線分の長さ ▶▶▶ 「距離」と「半径」で「三平方」

復習 025 直線 $ax+y-a=0$ と円 $x^2+y^2-y=0$ が異なる2点P, Qで交わるとする.
(1) 円の中心と半径を求めよ. (2) 実数 a の値の範囲を求めよ.
(3) 線分PQの長さが $\dfrac{1}{\sqrt{2}}$ となるような実数 a の値を求めよ.

例題 026 円の接線

円 $C: x^2+y^2=4$ について考える.
(1) 円 C 上の点 $(1, -\sqrt{3})$ における接線の方程式を求めよ.
(2) 点 $(2, 4)$ を通り, 円 C に接する直線の方程式を求めよ.

解 (1) 接線の方程式は公式より
$$1 \cdot x + (-\sqrt{3}) \cdot y = 4 \quad \therefore \quad x - \sqrt{3}y = 4$$

(2) 円 C 上の接点を $P(a, b)$ とすると, 点 P における接線の方程式は $ax + by = 4 \cdots ①$
これが点 $(2, 4)$ を通るので
$$2a + 4b = 4 \quad \therefore \quad a = 2 - 2b \cdots ②$$
一方, 点 P は円 C 上なので $a^2 + b^2 = 4 \cdots ③$
② と ③ を連立して $b(5b - 8) = 0 \quad \therefore \quad b = 0, \dfrac{8}{5}$
$$\therefore \quad (a, b) = (2, 0), \left(-\dfrac{6}{5}, \dfrac{8}{5}\right)$$ 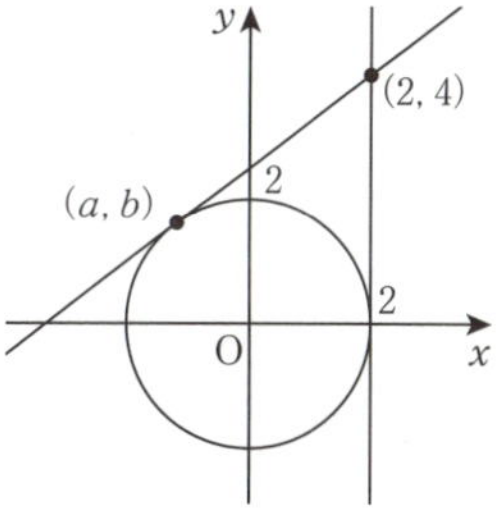
① に代入して $x = 2, \ 3x - 4y = -10$

(別解) (i) 直線が y 軸に平行なとき $x = 2$ が題意をみたす.
(ii) 直線が y 軸に平行でないとき, 点 $(2, 4)$ を通るものは
$$y = m(x - 2) + 4 \quad (m は実数)$$
と表せる. この直線が円 C と接する条件は, C の中心が O, 半径が 2 であるから
$$\dfrac{|m \cdot 0 - 0 - 2m + 4|}{\sqrt{m^2 + (-1)^2}} = 2$$
$$\therefore \quad |2m - 4| = 2\sqrt{m^2 + 1}$$
$$\therefore \quad (m - 2)^2 = m^2 + 1$$
$$\therefore \quad m = \dfrac{3}{4}$$
以上より $x = 2, \ y = \dfrac{3}{4}x + \dfrac{5}{2}$

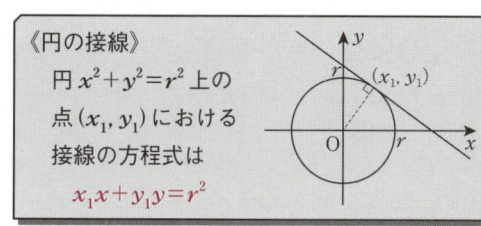

《円の接線》
円 $x^2 + y^2 = r^2$ 上の点 (x_1, y_1) における接線の方程式は
$$x_1 x + y_1 y = r^2$$

シェーマ 曲線外の点を通る接線 ≫ まず接点を (a, b) とおいて接線の方程式を書く

復習 026
(1) 円 $x^2 + y^2 = 6$ 上の点 $(\sqrt{2}, -2)$ における接線の方程式を求めよ.
(2) 点 $P(-1, 3)$ を通り, 円 $x^2 + y^2 = 2$ に接する直線の方程式を求めよ.
TRIAL 円 $C: (x-1)^2 + (y-1)^2 = 1$ の接線のうちで点 $(0, 3)$ を通るものを求めよ. また, この接線と x 軸, y 軸に接する円で, 第 1 象限にあり, C と異なるものを求めよ.

例題 027　2円の位置関係

円 $C_1: (x+1)^2+(y-2)^2=4$ と円 $C_2: (x-3)^2+(y+1)^2=r^2$ を考える.
(1) 円 C_1 と円 C_2 が接するように定数 r の値を定めよ. ただし $r>0$ とする.
(2) (1)のとき, 接点の座標を求めよ.

解 (1) 円 C_1 の中心は A$(-1, 2)$, 半径は 2, 円 C_2 の中心は B$(3, -1)$, 半径は r.
2円が接するとき, 外接と内接の2種類がある.

(i) C_1 と C_2 が外接するとき
$$AB = 2 + r$$
$AB = \sqrt{(-1-3)^2+(2+1)^2} = 5$ より　$5 = 2+r$　∴　$r = 3$ ←（中心間距離）＝（半径の和）

(ii) C_1 と C_2 が内接するとき
$$AB = |2 - r| \quad \therefore \quad |r-2| = 5 \quad \therefore \quad r-2 = \pm 5$$ ←（中心間距離）＝（半径の差）
$r > 0$ より　$r = 7$

(2) (i) C_1 と C_2 が外接するとき, 半径の比が 2:3 であるから, 接点は AB を 2:3 に内分する点で
$$\left(\frac{3\cdot(-1)+2\cdot 3}{2+3},\ \frac{3\cdot 2+2\cdot(-1)}{2+3} \right) \quad \therefore \quad \left(\frac{3}{5},\ \frac{4}{5} \right)$$

(ii) C_1 と C_2 が内接するとき, 半径の比が 2:7 であるから 接点は AB を 2:7 に外分する点で
$$\left(\frac{(-7)\cdot(-1)+2\cdot 3}{2-7},\ \frac{(-7)\cdot 2+2\cdot(-1)}{2-7} \right) \quad \therefore \quad \left(-\frac{13}{5},\ \frac{16}{5} \right)$$

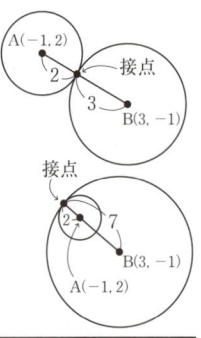

《2円の位置関係》　2円の半径を r と r', 中心の間の距離を d とする

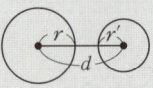 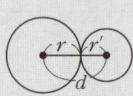 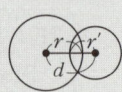 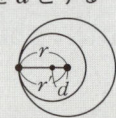 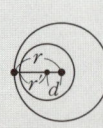

1° 外部	2° 外接	3° 交わる	4° 内接	5° 内部
$d > r+r'$	$d = r+r'$	$\|r-r'\| < d < r+r'$	$d = \|r-r'\|$	$d < \|r-r'\|$

(ただし, 4°, 5° では $r \neq r'$ とする.)

シェーマ

2円が接する　⟹　中心間距離 ＝ 半径の和（または差）
2円が交わる　⟹　中心間距離が「外接」と「内接」の間

復習 027　k を正の定数とする. 円 $x^2+y^2=k$ が円 $x^2+y^2-x-3y-20=0$ と相異なる2点で交わるために, k がみたすべき条件を求めよ. また, この2つの円が接するとき, k の値と接点の座標を求めよ.

TRIAL　$x^2+(y-2)^2=9$ と $(x-4)^2+(y+4)^2=1$ に外接し, 直線 $x=6$ に接する円を求めよ.

例題 028　2円の共有点を通る図形

円 $C_1: x^2+y^2-9=0\cdots$① と円 $C_2: x^2+y^2-2x-6y-7=0\cdots$② は2点で交わっている．
(1) 円 C_1 と円 C_2 の2交点を通る直線の方程式を求めよ．
(2) 円 C_1 と円 C_2 の2交点と $(0,0)$ を通る円の方程式を求めよ．

解 (1) ①-②より $2x+6y-2=0$　∴ $x+3y-1=0\cdots$③
③は2円 C_1, C_2 の2交点を通る直線の方程式である．

(2) ②+k×①の式
$$x^2+y^2-2x-6y-7+k(x^2+y^2-9)=0\cdots④\quad (k は実数の定数)$$
は2円 C_1, C_2 の2交点を通る図形の方程式である．
これが $(0,0)$ を通る k の値を求めると，代入して
$$-7-9k=0\quad ∴\ k=-\frac{7}{9}$$
よって，求める円の方程式は　$x^2+y^2-2x-6y-7-\dfrac{7}{9}(x^2+y^2-9)=0$
∴ $x^2+y^2-9x-27y=0$

Assist

1°　(①かつ②) ならば③であるから，円①と円②の交点は直線③上．
同様に，(①かつ②) ならば④であるから，円①と円②の交点は曲線④上．
具体的に言うと，①と②の交点の1つを (x_1, y_1) とするとき，①②より
$$x_1^2+y_1^2-9=0\cdots①'\ \text{かつ}\ x_1^2+y_1^2-2x_1-6y_1-7=0\cdots②'$$
よって①'-②'より　$x_1+3y_1-1=0$　よって交点 (x_1, y_1) は直線③上．
②'+k×①'より　$x_1^2+y_1^2-2x_1-6y_1-7+k(x_1^2+y_1^2-9)=0$
よって交点 (x_1, y_1) は曲線④上．

2°　より一般に
$$j(x^2+y^2-2x-6y-7)+k(x^2+y^2-9)=0\cdots⑤$$
(j, k は実数の定数で $(j,k)\neq(0,0)$) で表される曲線は，必ず円 C_1 と円 C_2 の交点を通る．
(ここで $j=0$ とすると，⑤は円 C_1 を表す．) 求めるものが円 C_1 自身でないとわかるときは，あらかじめ $j=1$ とおいて④のようにして求めればよい．

シェーマ

2円の交点を通る直線　➡　2円の方程式を辺々引く
円 C と円 D の交点を通る円の方程式　➡　(円 C の式)＋k(円 D の式) の形

復習 028 2円 $x^2+y^2-2x-4y-11=0$, $x^2+y^2-3x-5y-4=0$ は2点で交わっている．
(1) 2交点を通る直線の方程式を求めよ．
(2) 2交点と点 $(1,0)$ を通る円の方程式を求めよ．
(3) 2交点を通る円で中心が直線 $x+y=0$ 上にあるものを求めよ．

TRIAL　a を実数の定数とする．円 $x^2+y^2+(3a+1)x-(a+3)y-7a-10=0$ は，a の値にかかわらず，つねに定点を通る．その定点を求めよ．

例題 029 不等式の表す領域

次の不等式または連立不等式で表される領域を図示せよ．

(1) $y \geq x^2$ (2) $\begin{cases} y \geq x^2 \\ y \leq x+2 \end{cases}$ (3) $(x^2+y^2-4)(y-2x) < 0$

解 (1) $y \geq x^2$ で表される領域は
放物線 $y = x^2$ およびその上側．

(2) $y \leq x+2$ で表される領域は
直線 $y = x+2$ およびその下側
この領域と(1)の領域の共通部分
が求める領域

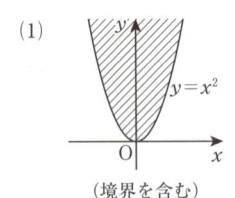

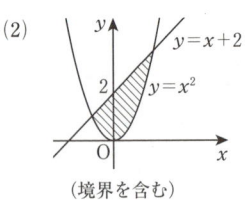

(3) 与式より $\begin{cases} x^2+y^2-4 > 0 \\ y-2x < 0 \end{cases}$ または $\begin{cases} x^2+y^2-4 < 0 \\ y-2x > 0 \end{cases}$

∴ $\begin{cases} x^2+y^2 > 4 \\ y < 2x \end{cases}$ または $\begin{cases} x^2+y^2 < 4 \\ y > 2x \end{cases}$ …(∗)

よって，求める領域は右図の通り．

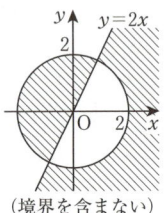

Assist

1° (3)は(∗)より $x^2+y^2=4$ で表される円を C，$y=2x$ で表される直線を l とすると，(C の外部と l の下側の共通部分)と(C の内部と l の上側の共通部分)の和集合

2° (3)で不等号を等号に直すと
$(x^2+y^2-4)(y-2x) = 0$ ∴ $x^2+y^2-4=0$ または $y-2x=0$
つまり，円 C または直線 l である．これが不等式の表す領域の境界線になっており，平面はこれによって4つに分けられる．いま平面上の点 (x, y) が円 C を越えると x^2+y^2-4 の符号が変わり，直線 l を越えると $y-2x$ の符号が変わる．よって求める領域はこの4つに分けられた部分の隣り合わない2つの部分であることがわかる．そこで，たとえば境界線上にない1点の座標を $(x^2+y^2-4)(y-2x)$ に代入することで，求める領域を決定することができる．

《曲線の上側・下側》 $y > f(x)$ の表す領域は曲線 $y = f(x)$ の上側
$y < f(x)$ の表す領域は曲線 $y = f(x)$ の下側

《円の内部・外部》 円 $(x-a)^2+(y-b)^2 = r^2$ を C とする．
$(x-a)^2+(y-b)^2 < r^2$ の表す領域は円 C の内部
$(x-a)^2+(y-b)^2 > r^2$ の表す領域は円 C の外部

シェーマ

p かつ q の表す領域 ➡ p と q のみたす点集合の共通部分
p または q の表す領域 ➡ p と q のみたす点集合の和集合

復習 029 次の不等式または連立不等式で表される領域を図示せよ．

(1) $y \leq x^2 - x - 2$ (2) $\begin{cases} x+y > 0 \\ x^2+y^2 \leq 2 \end{cases}$ (3) $(x^2+2x+y-4)(y+2x) \geq 0$

例題 030　線分と直線が共有点をもつ条件

2点 $A(-1, 2)$, $B(1, 3)$ を結ぶ線分（両端を除く）を L とする。
直線 $m : y = ax + b$ が L と共有点をもつような実数の組 (a, b) の集合を ab 平面上に図示せよ。

解　題意をみたすのは (i) A と B が直線 m に関して反対側にあるときか (ii) 線分 L と直線 m が重なるとき

(i) のとき

題意をみたす条件は A と B のうち，一方が m の上側にあり，もう一方が m の下側にあること．
よって，$f(x, y) = ax - y + b$ とおくと，条件は

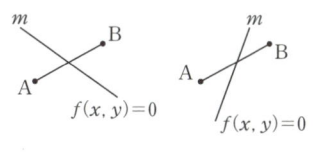

$$f(-1, 2) \cdot f(1, 3) < 0$$
$$\therefore (-a - 2 + b)(a - 3 + b) < 0 \cdots (*)$$

(ii) のとき

2点 A，B が直線 m 上ということより

$$f(-1, 2) = 0 \text{ かつ } f(1, 3) = 0$$
$$\therefore -a - 2 + b = 0 \text{ かつ } a - 3 + b = 0$$
$$\therefore (a, b) = \left(\frac{1}{2}, \frac{5}{2}\right)$$

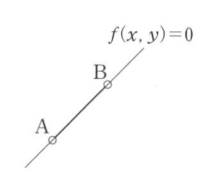

(i)(ii) より存在範囲は下図の斜線部分．ただし，境界は点 $\left(\frac{1}{2}, \frac{5}{2}\right)$ のみ含む．

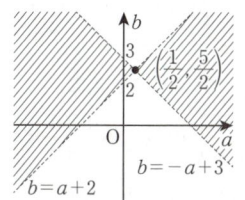

(ii) のときの点 $\left(\frac{1}{2}, \frac{5}{2}\right)$ は
$(*)$ で表される領域の境界線
$b = a + 2$ と $b = -a + 3$
の交点である．

Assist　$f(x, y) = ax - y + b$ とおくと直線 m の上側の領域は $y > ax + b$　$\therefore f(x, y) < 0$ と表され，m の下側の領域は $y < ax + b$　$\therefore f(x, y) > 0$ と表される．よって，点 (x_1, y_1) と点 (x_2, y_2) が直線 m に関し反対側にある条件は，$f(x_1, y_1)$ と $f(x_2, y_2)$ が異符号．
つまり $\begin{cases} f(x_1, y_1) > 0 \\ f(x_2, y_2) < 0 \end{cases}$ または $\begin{cases} f(x_1, y_1) < 0 \\ f(x_2, y_2) > 0 \end{cases}$

$$\therefore f(x_1, y_1) \cdot f(x_2, y_2) < 0$$

シェーマ

直線と線分 AB が端点以外で交わる　➡　点 A と点 B が直線の両側に分かれる

復習 030　2点 $A(3, 4)$, $B(2, -4)$ を結ぶ線分（両端を含む）と直線 $mx + y - m^2 + 2 = 0$ が共有点をもつような実数 m の値の範囲を求めよ。

例題 031　領域における最大・最小

4つの不等式 $x \geqq 0$, $y \geqq 0$, $2x+y \leqq 8$, $x+3y \leqq 9$ をみたす x, y に対し，次の関数の最大値をそれぞれ求めよ．

(1)　$x+y$　　　(2)　$\dfrac{y+1}{x+1}$

解　(1)　4つの不等式 $x \geqq 0$, $y \geqq 0$, $2x+y \leqq 8$, $x+3y \leqq 9$ で表される領域を D とする．これは 3 点 A$(4,0)$, B$(3,2)$, C$(0,3)$ をとると，四角形 OABC の周および内部である．
$x+y=k$ (k は実数)…① とおくと，実数 k のとりうる値の範囲は座標平面上で領域 D と直線①が共有点をもつ実数 k の集合である．

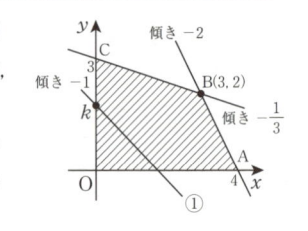

$$① \Leftrightarrow y=-x+k$$

より，直線①は，傾きが -1，y 切片が k の直線を表す．
よって，実数 k が最大となるのは，直線①が領域 D と共有点をもつ範囲で y 切片が最大のとき．これは (AB の傾き) $<$ (①の傾き) $<$ (BC の傾き) より直線①が点 B$(3,2)$ を通るとき．したがって $x=3$, $y=2$ のとき

$$x+y \text{ の最大値}　3+2=\mathbf{5}$$

(2)　$\dfrac{y+1}{x+1}=l$ (l は実数) とおく．ここで点 P(x,y)，点 E$(-1,-1)$ をとると

$$l=\dfrac{y-(-1)}{x-(-1)}=(\text{EP の傾き})　　\leftarrow x\neq-1 \text{ である}$$

点 P は領域 D 上なので，l が最大となるのは EP の傾きが最大のときで，点 P が点 C$(0,3)$ のとき．よって $x=0$, $y=3$ のとき $\dfrac{y+1}{x+1}$ の最大値 $\dfrac{3+1}{0+1}=\mathbf{4}$

Assist　(1) で 4つの不等式 $x \geqq 0$, $y \geqq 0$, $2x+y \leqq 8$, $x+3y \leqq 9$ …(ア) をみたしながら x, y が動くときの 2 変数関数 $k=x+y$ …(イ) のとりうる値の範囲は，「(ア)と(イ)をみたす実数 x, y が存在する実数 k の集合」である．よって座標平面上で，「領域(ア)と直線(イ)が共有点をもつ実数 k の集合」となる．

シェーマ

| (x,y) が条件 P をみたすときの $f(x,y)$ の値の範囲 | ⇒ | P の表す領域と $f(x,y)=k$ で表される曲線(直線)が共有点をもつ実数 k の集合 |

復習 031　連立不等式 $y \leqq \dfrac{1}{2}x+3$, $y \leqq -5x+25$, $x \geqq 0$, $y \geqq 0$ の表す領域を点 (x,y) が動くとき，次の値をそれぞれ求めよ．

(1)　$x+3y$ の最大値　　(2)　$x-y$ の最大値　　(3)　$\dfrac{y+1}{2x-14}$ の最小値

(4)　x^2+y^2 の最大値

例題 032　AP:BP=m:n をみたす点Pの軌跡

2点 A$(-12, -2)$, B$(4, 6)$ に対して次の各条件をみたす点Pの軌跡をそれぞれ求めよ．
(1)　AP:BP=1:1　　(2)　AP:BP=3:1

解 (1) 点Pの座標を (x, y) とすると
$$AP:BP=1:1 \Leftrightarrow AP=BP \Leftrightarrow AP^2=BP^2$$
$$\Leftrightarrow (x+12)^2+(y+2)^2=(x-4)^2+(y-6)^2$$
$$\Leftrightarrow y=-2x-6$$

よって，点Pの軌跡は　**直線 $y=-2x-6$**

(別解)　AP:BP=1:1　∴　AP=BP をみたす点Pは2点 A, B から等距離の点であるから，求める点Pの軌跡は線分 AB の垂直二等分線．これは線分 AB の中点 $(-4, 2)$ を通り，AB $\left(傾き\dfrac{1}{2}\right)$ に垂直な直線なので傾きは -2 であるから

$$y-2=-2(x+4) \quad ∴ \quad y=-2x-6$$

よって，点Pの軌跡は　**直線 $y=-2x-6$**

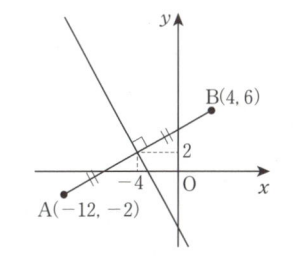

(2) 点Pの座標を (x, y) とすると
$$AP:BP=3:1 \Leftrightarrow AP=3BP \Leftrightarrow AP^2=9BP^2$$
$$\Leftrightarrow (x+12)^2+(y+2)^2=9\{(x-4)^2+(y-6)^2\}$$
$$\Leftrightarrow x^2+y^2-12x-14y+40=0 \Leftrightarrow (x-6)^2+(y-7)^2=45$$

点Pの軌跡は　**円 $(x-6)^2+(y-7)^2=45$**

Assist

1°　「条件Fをみたす点Pの軌跡」とは「条件Fをみたす点Pの集合」である．点Pの軌跡を求める問題では，点Pの座標を (x, y) とおき，問題文の条件をみたす x, y の条件式を求める．ただし(1)のように (x, y) とおかずにPの条件式から図形的にPの軌跡がわかるときもある．

2°　(2)では点Pの軌跡は2点 A, B を 3:1 に内分する点 $(0, 4)$ と外分する点 $(12, 10)$ を直径の両端とする円になっている．一般に，m, n を正の数とするとき，2点 A, B からの距離の比が $m:n$ である点の軌跡は $m \ne n$ ならば，線分 AB を $m:n$ に内分する点と外分する点を直径の両端とする円である．この円をアポロニウスの円という．$m=n$ ならば，点の軌跡は，線分 AB の垂直二等分線である．

シェーマ

点Pの軌跡　≫　P(x, y) とおき x と y の条件式を求める

復習 032　a を正の定数とするとき，2点 A$(-a, 0)$, B$(a, 0)$ に対して点Pの軌跡をそれぞれ求めよ．
(1)　AP:BP=1:1　　(2)　AP:BP=3:2

TRIAL　2直線 $3x-4y=2$, $5x+12y=22$ のなす角の二等分線の方程式を求めよ．

§2　図形と方程式

例題 033 $x=f(t)$, $y=g(t)$ をみたす (x, y) の軌跡

$x=t-1$, $y=2t^2+t$ で定まる点 $P(x, y)$ がある．
(1) t がすべての実数値をとって変化するとき，点 P の軌跡を求めよ．
(2) t が $-1 \leqq t \leqq 1$ をみたして変化するとき，点 P の軌跡を求めよ．

解 (1) $x=t-1 \cdots$ ① $y=2t^2+t \cdots$ ②
①より $t=x+1 \cdots$ ①′
これを②に代入して $y=2(x+1)^2+(x+1)$ ∴ $y=2x^2+5x+3 \cdots$ ③
t がすべての実数値をとるので，①より x はすべての実数値をとる．
よって，点 P の軌跡は 放物線 $y=2x^2+5x+3$

(2) ①′を $-1 \leqq t \leqq 1$ にも代入して $-1 \leqq x+1 \leqq 1$ ∴ $-2 \leqq x \leqq 0 \cdots$ ④
点 P の軌跡の式は③かつ④
よって，点 P の軌跡は 放物線 $y=2x^2+5x+3$ のうち $-2 \leqq x \leqq 0$ の部分．

Assist

1° (1)において，例えば，点 $(1, 10)$ は，①かつ②に $x=1$, $y=10$ を代入した式 $1=t-1$ かつ $10=2t^2+t$ が $t=2$ で成り立つので，軌跡上の点であり，点 $(1, 0)$ は $x=1$, $y=0$ を代入した式 $1=t-1$ かつ $0=2t^2+t$ をみたす実数 t が存在しないので，軌跡上の点ではない．このように考えると，点 P の軌跡は「①かつ②をみたす実数 t が存在する」ような点 (x, y) の集合である，といえる．(①かつ②)⇔(①′かつ③)であり，「①′かつ③をみたす実数 t が存在する」ような (x, y) の集合を求めることになるが，③をみたせば①′をみたす実数 t が存在するので，③が点 P の軌跡の方程式となる．

2° (1)と同様に考えると，(2)において，①かつ②かつ $-1 \leqq t \leqq 1(\cdots$⑤)で定まる点 P の軌跡は「①かつ②かつ⑤をみたす実数 t が存在する」ような点 (x, y) の集合である，といえる．(①かつ②かつ⑤)⇔(①′かつ③かつ④)であり，③と④をみたせば①′をみたす実数 t が存在するので，③かつ④が点 P の軌跡の方程式となる．

シェーマ

$x=f(t)$, $y=g(t)$ で与えられる (x, y) の軌跡 ➡ $t=\boxed{x, y \text{ の式}}$ の形の式を作り，代入して x と y の条件式を導く．

復習 033

(1) t がすべての実数値をとって変化するとき，$x=t^2$, $y=t^4+t^2$ で定まる点 P の軌跡を求めよ．
(2) t が $0 \leqq t \leqq 2$ をみたす実数値をとって変化するとき，$x=t+2$, $y=2t^2+t-3$ で定まる点 P の軌跡を求めよ．
TRIAL t がすべての実数値をとって変化するとき，$x=1+2\cos t$, $y=3-2\sin t$ で定まる点 P の軌跡を求めよ．

例題 034　2 交点の中点の軌跡

座標平面上に直線 $l: y = mx - 4m \cdots$ ① と放物線 $C: y = \dfrac{1}{4}x^2 \cdots$ ② があり，l と C が異なる 2 点 P，Q で交わるとする．
(1) m の値の範囲を求めよ．　　(2) 線分 PQ の中点 M の軌跡を求めよ．

解　①②より y を消去して　　$mx - 4m = \dfrac{1}{4}x^2$　$\therefore$　$x^2 - 4mx + 16m = 0 \cdots$ ③

l と C が 2 点で交わるので，③は異なる 2 実数解をもつ．③の判別式を D とすると
$$\dfrac{D}{4} = 4m^2 - 16m > 0 \quad \therefore \quad 4m(m-4) > 0 \quad \therefore \quad m < 0, \ 4 < m \cdots \text{④}$$

(2) ③の 2 つの実数解を α, β とすると，これらは P，Q の x 座標であるから，PQ の中点を M(x, y) とすると　　$x = \dfrac{\alpha + \beta}{2} \cdots$ ⑤

中点 M も直線 l 上なので　　$y = mx - 4m \cdots$ ⑥

ここで α, β は③の解なので解と係数の関係より $\alpha + \beta = 4m$ であるから，

⑤より　　$x = 2m$　$\therefore$　$m = \dfrac{1}{2}x \cdots$ ⑦

これを⑥と④に代入して　　$y = \left(\dfrac{1}{2}x\right)x - 4\left(\dfrac{1}{2}x\right)$　$\therefore$　$y = \dfrac{1}{2}x^2 - 2x \cdots$ ⑧

$\dfrac{1}{2}x < 0, \ 4 < \dfrac{1}{2}x$　$\therefore$　$x < 0, \ 8 < x \cdots$ ⑨

⑧と⑨より点 M の軌跡は　　放物線 $y = \dfrac{1}{2}x^2 - 2x$ のうち $x < 0, \ 8 < x$ の部分．

Assist

1° 例題 033 のときと同様に考えると，
(④かつ⑤かつ⑥) $\Leftrightarrow$ (④かつ⑦かつ⑥) $\Leftrightarrow$ ⑦かつ⑧かつ⑨　であるから，
「⑦かつ⑧かつ⑨をみたす実数 m が存在する」ような (x, y) を求めればよい．ここで⑧と⑨をみたせば⑦をみたす実数 m は必ず存在するので，⑧かつ⑨が軌跡の方程式となる．

2° P，Q は直線 l 上にあるので P$(\alpha, m\alpha - 4m)$，Q$(\beta, m\beta - 4m)$ と表せ
$$y = \dfrac{(m\alpha - 4m) + (m\beta - 4m)}{2}$$
であり，$\alpha + \beta = 4m$ より $y = 2m^2 - 4m$ として
これと⑦より x, y の式を求めてもよい．

シェーマ

| 曲線と直線の 2 交点の中点 (x, y) の軌跡 | ▶ | まず 2 交点の x 座標を α, β とし，x と y の条件式を作る |

復習 034　座標平面上に円 $(x-4)^2 + y^2 = 4 \cdots$ ① と直線 $y = px \cdots$ ② がある．
(1) ①と②が異なる 2 点で交わるような p の値の範囲を求めよ．
(2) ①と②によって切り取られる弦 PQ の中点 M の軌跡を求めよ．

§2　図形と方程式

例題 035 2直線の交点の軌跡

a がすべての実数値をとって変化するとき,2直線 $l: ax-y+a=0$, $m: x+ay-a=0$ の交点 P の軌跡を求めよ.

解 $ax-y+a=0\cdots$① $x+ay-a=0\cdots$②
　　　　①$\Leftrightarrow a(x+1)=y\cdots$①′

(ⅰ) $x=-1$ のとき①,②より $y=0$,$a=-1$
　　つまり,$a=-1$ のとき交点が $(-1,0)$

(ⅱ) $x\neq -1$ のとき①′より $a=\dfrac{y}{x+1}\cdots$③

　　これを②に代入すると

　　　　$x+\dfrac{y}{x+1}(y-1)=0$ 　∴ $x(x+1)+y(y-1)=0\cdots$④

　　以上より $(x,y)=(-1,0)$ または $(x\neq -1$ かつ ④$)$

　　よって点 P の軌跡は　円 $\left(x+\dfrac{1}{2}\right)^2+\left(y-\dfrac{1}{2}\right)^2=\dfrac{1}{2}$　ただし点 $(-1,1)$ を除く.

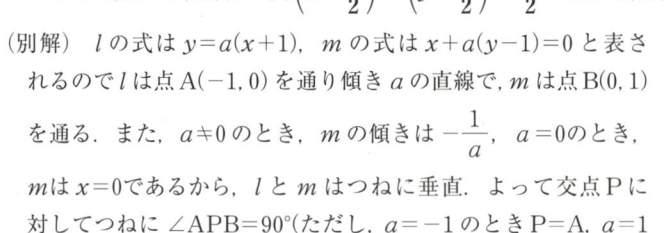

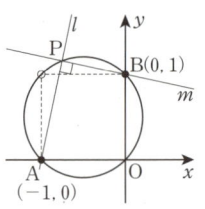

(別解) l の式は $y=a(x+1)$, m の式は $x+a(y-1)=0$ と表されるので l は点 A$(-1,0)$ を通り傾き a の直線で,m は点 B$(0,1)$ を通る.また,$a\neq 0$ のとき,m の傾きは $-\dfrac{1}{a}$, $a=0$ のとき,m は $x=0$ であるから,l と m はつねに垂直.よって交点 P に対してつねに $\angle \text{APB}=90°$(ただし,$a=-1$ のとき P=A,$a=1$ のとき P=B)であるから,点 P は 2点 A,B を直径の両端とする円上.a が実数値をとって変化するとき,l は点 A を通る直線のうち $x=-1$ 以外の直線を表す.同様に m は点 B を通る直線のうち $x=-1$ と垂直な $y=1$ 以外の直線を表す.よって点 P の軌跡は 2点 A,B を直径の両端とする円.

$\left(x+\dfrac{1}{2}\right)^2+\left(y-\dfrac{1}{2}\right)^2=\dfrac{1}{2}$　ただし直線 $x=-1$ と $y=1$ の交点 $(-1,1)$ を除く.

Assist 点 P(x,y) の軌跡は,ある実数 a に対して①かつ②をみたす点 (x,y) の集合であるから「①かつ②をみたす実数 a が存在する」ような点 (x,y) の集合である,といえる.そこで,例題 033 と同様に,$a=□$ の形にして代入したいので,(ⅰ) $x=-1$ と (ⅱ) $x\neq -1$ に分けて考える.

シェーマ

媒介変数 a を含む式で表される
2直線の交点の軌跡
⇒ $a=\boxed{x と y の式}$ の形の式を作り,
a を消去して x, y の条件式を作る

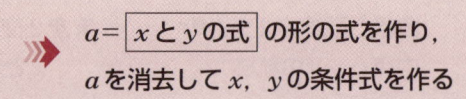

復習 035 2直線 $(t-1)x-y+1=0$, $tx+(t-2)y+2=0$ があり,次のそれぞれの場合に2直線の交点 P の軌跡を求めよ.

(1) t がすべての実数値をとる.　(2) t が $t\geq 0$ をみたす.

例題 036　通過領域

m がすべての実数値をとって変化するとき，直線 $y=-2mx-m^2$ …① を考える．
(1) 点 $A(1,-3)$，点 $B(1,2)$ はそれぞれ①が通り得る範囲に含まれるか．
(2) 直線①が通り得る範囲を図示せよ．

解 (1) (i) $(x, y)=(1,-3)$ を①に代入すると
$-3=-2m\cdot 1-m^2$　∴　$m^2+2m-3=0$　∴　$(m-1)(m+3)=0$　∴　$m=1, -3$
よって $m=1, -3$ のとき点Aは直線①上にあり，点Aは①が通り得る範囲に含まれる．

(ii) $(x, y)=(1, 2)$ を①に代入すると
$2=-2m\cdot 1-m^2$　∴　$m^2+2m+2=0$
この m の2次方程式の判別式を D とすると $D=2^2-4\cdot 2=-4(<0)$ であり，これをみたす実数 m は存在しない．
よって点Bは①が通り得る範囲に含まれない．

(2) (1)より考えて，直線①の通り得る範囲は，
「$y=-2mx-m^2$ …①をみたす実数 m が存在する」…(＊)
ような (x, y) の集合である．
①$\Leftrightarrow m^2+2xm+y=0$ …①′
(＊) は m の2次方程式と見た①′ が実数解をもつことなので①′ の判別式を D とすると
$\dfrac{D}{4}=x^2-y\geq 0$　∴　$y\leq x^2$ …②
よって①が通り得る範囲は $y\leq x^2$ であり，右図の斜線部分である．ただし境界を含む．

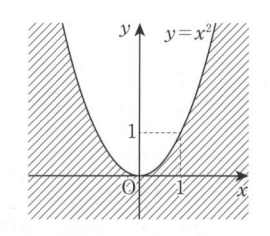

Assist　直線①が「通り得る範囲」とは，m がすべての実数値をとって変化するときの直線①が通る点 (x, y) の全体であり，「①をみたす実数 m が存在する」ような (x, y) の集合である，といえる．

シェーマ

| 媒介変数 m を含む式で表された図形の通過領域 | ▶▶ | 式をみたす実数 m が存在する条件を求める |

復習 036　以下の場合において直線 $y=4tx-t^2$ …①の通り得る範囲を求め，それを図示せよ．
(1) t がすべての実数値をとって変化する．
(2) t が $t\geq 0$ の範囲を動く．

TRIAL　k がいかなる実数値をとっても直線 $2kx+(k^2-1)y+(k-1)^2=0$ が通らない点の集合を求め，それを図示せよ．

§2　図形と方程式

例題 037　点の存在範囲

点 $P(x, y)$ が $x^2+y^2 \leqq 4$ をみたす範囲にあるとき，$X=x+y$，$Y=xy$ で定まる点 $Q(X, Y)$ の存在範囲を求め，XY 平面上に図示せよ．

解

$x^2+y^2 \leqq 4 \cdots$ ①

$X=x+y \cdots$ ②　$Y=xy \cdots$ ③

②③より

x と y は t の 2 次方程式 $t^2-Xt+Y=0 \cdots$ ④ の 2 解

x と y は実数なので，④の判別式を D とすると

$$D=X^2-4Y \geqq 0 \quad \therefore \quad Y \leqq \frac{1}{4}X^2 \cdots ⑤$$

また，②③より　$x^2+y^2=(x+y)^2-2xy=X^2-2Y$ であるから，①より

$$X^2-2Y \leqq 4 \quad \therefore \quad Y \geqq \frac{1}{2}X^2-2 \cdots ⑥$$

よって，点 $Q(X, Y)$ の存在範囲は⑤かつ⑥であり右図の斜線部分である．ただし，境界を含む．

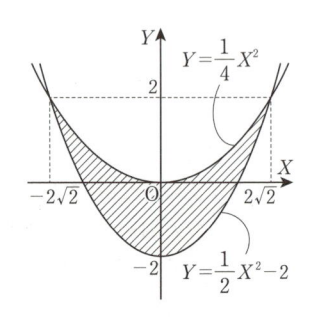

Assist

$1°$　①をみたす (x, y) の各々に対して，②と③で (X, Y) が定まるが，軌跡の問題と同様に，点 (X, Y) の存在範囲は，ある実数 x，y に対して①かつ②かつ③をみたす (X, Y) の全体であり，「①かつ②かつ③をみたす実数 x，y が存在する」(X, Y) の集合を求めればよい．

$2°$　②と③によって (x, y) に対して (X, Y) を定めるとき，任意の実数 x，y に対して，X，Y は必ず実数になるが，任意の実数 X，Y に対して②，③をみたす実数 x，y がとれるとはかぎらない．そこで「解と係数の関係」を用いて「x，y の実数条件」を⑤のように表す．

シェーマ

$\begin{cases} x+y=X \\ xy=Y \end{cases}$　（x と y は実数）　⟹　（$t^2-Xt+Y=0$ の判別式）$\geqq 0$

復習 037　点 $P(x, y)$ が $xy>0$ をみたす範囲にあるとき，$X=x+y$，$Y=x^2+y^2$ で定まる点 $Q(X, Y)$ の存在範囲を求め，XY 平面上に図示せよ．

例題 038　三角関数の基本

次のそれぞれをみたす $\theta\,(0\leqq\theta<2\pi)$ を求めよ．

(1) $\sin\theta=\dfrac{\sqrt{3}}{2}$　　(2) $\cos\left(\theta+\dfrac{\pi}{5}\right)=-\dfrac{1}{2}$　　(3) $\tan\theta<\dfrac{1}{\sqrt{3}}$

解 (1) $\theta=\dfrac{\pi}{3},\ \dfrac{2\pi}{3}$

(2) $0\leqq\theta<2\pi$ より $\dfrac{\pi}{5}\leqq\theta+\dfrac{\pi}{5}<\dfrac{11}{5}\pi$

であるから

$\theta+\dfrac{\pi}{5}=\dfrac{2}{3}\pi,\ \dfrac{4}{3}\pi$　$\therefore\ \theta=\dfrac{7}{15}\pi,\ \dfrac{17}{15}\pi$

(3) $0\leqq\theta<\dfrac{\pi}{6},\ \dfrac{\pi}{2}<\theta<\dfrac{7}{6}\pi,\ \dfrac{3}{2}\pi<\theta<2\pi$

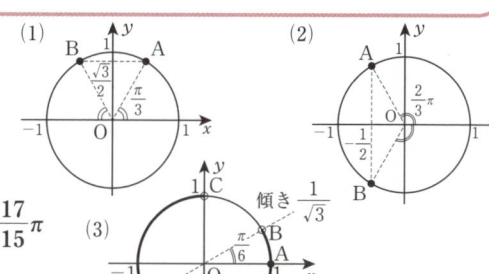

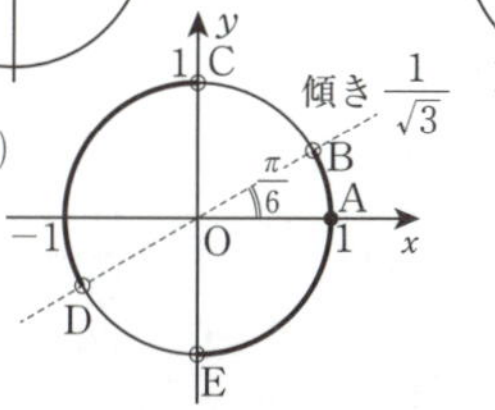

《弧度法》　$180°=\pi$ ラジアン

《三角関数の定義》

円 $x^2+y^2=1$ 上の点 P で，x 軸から半直線 OP までの角を θ とするとき，
$\begin{cases} \text{P の } x \text{ 座標を } \cos\theta \\ \text{P の } y \text{ 座標を } \sin\theta \\ \text{OP の傾きを } \tan\theta \end{cases}$ と定める．

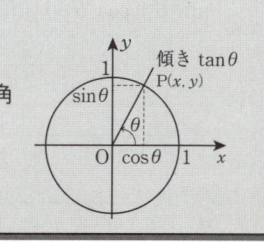

Assist　解答の説明　（点 P は円 $x^2+y^2=1$ 上の点とする）

(1) x 軸から半直線 OP までの角を θ とすると，与式は，P の y 座標が $\dfrac{\sqrt{3}}{2}$ という条件であり，点 P が図の A か B ということ．$0\leqq\theta<2\pi$ のとき，$\theta=\dfrac{\pi}{3},\ \dfrac{2\pi}{3}$

(2) x 軸から半直線 OP までの角を $\theta+\dfrac{\pi}{5}$ とすると，与式は，P の x 座標が $-\dfrac{1}{2}$ という条件であり，点 P が図の A か B ということ．$0\leqq\theta<2\pi$ のとき，$\theta+\dfrac{\pi}{5}=\dfrac{2}{3}\pi,\ \dfrac{4}{3}\pi$

(3) x 軸から半直線 OP までの角を θ とすると，与式は，OP の傾きが $\dfrac{1}{\sqrt{3}}$ 未満という条件であり，点 P が図の弧 CD，EB（端点を除く）のどちらかの上にあるということ．（$\theta=0$ のとき，P＝A）

シェーマ　　$\sin\theta$ と $\cos\theta$　▶▶▶　単位円上の点の座標と考える

復習 038　次のそれぞれをみたす $\theta\,(0\leqq\theta<2\pi)$ を求めよ．

(1) $\tan\theta=-\sqrt{3}$　　(2) $\sin\left(2\theta-\dfrac{1}{4}\pi\right)=-\dfrac{1}{2}$　　(3) $\cos\theta\leqq-\dfrac{\sqrt{3}}{2}$

§3　三角関数

例題 039　三角関数の計算

(1) $\sin\theta + \cos\theta = \dfrac{\sqrt{2}}{2}$ $(0<\theta<\pi)$ のとき，$\sin\theta\cos\theta$，$\sin\theta - \cos\theta$，$\sin^3\theta + \cos^3\theta$ の値をそれぞれ求めよ．

(2) $\tan\theta = 5$ のとき，$\dfrac{1}{1+\sin\theta} + \dfrac{1}{1+\cos\theta} + \dfrac{1}{1-\sin\theta} + \dfrac{1}{1-\cos\theta}$ の値を求めよ．

解 (1) $\sin\theta + \cos\theta = \dfrac{\sqrt{2}}{2}$ より　両辺2乗して $\sin^2\theta + 2\sin\theta\cos\theta + \cos^2\theta = \dfrac{1}{2}$

$\therefore\ 1 + 2\sin\theta\cos\theta = \dfrac{1}{2}$　$\therefore\ \boldsymbol{\sin\theta\cos\theta = -\dfrac{1}{4}} \cdots ①$　　←$\sin^2\theta + \cos^2\theta = 1$ より

よって　$(\sin\theta - \cos\theta)^2 = \sin^2\theta - 2\sin\theta\cos\theta + \cos^2\theta = 1 - 2\left(-\dfrac{1}{4}\right) = \dfrac{3}{2}$

$0<\theta<\pi$ より $\sin\theta > 0$　これと①より $\cos\theta < 0$ であるから $\sin\theta - \cos\theta > 0$

よって　$\boldsymbol{\sin\theta - \cos\theta = \sqrt{\dfrac{3}{2}} = \dfrac{\sqrt{6}}{2}}$

$\sin^3\theta + \cos^3\theta = (\sin\theta + \cos\theta)(\sin^2\theta - \sin\theta\cos\theta + \cos^2\theta)$　　←$x^3 + y^3$
$= \dfrac{\sqrt{2}}{2}\cdot\left\{1 - \left(-\dfrac{1}{4}\right)\right\} = \boldsymbol{\dfrac{5\sqrt{2}}{8}}$　　$= (x+y)(x^2-xy+y^2)$

(2) 与式 $= \left(\dfrac{1}{1+\sin\theta} + \dfrac{1}{1-\sin\theta}\right) + \left(\dfrac{1}{1+\cos\theta} + \dfrac{1}{1-\cos\theta}\right)$

$= \dfrac{2}{1-\sin^2\theta} + \dfrac{2}{1-\cos^2\theta} = \dfrac{2}{\cos^2\theta} + \dfrac{2}{\sin^2\theta} \cdots ①$　　$\sin\theta = \tan\theta\cos\theta$ より $\sin^2\theta$ を求めてもよい

$\tan\theta = 5$ より $\cos^2\theta = \dfrac{1}{1+\tan^2\theta} = \dfrac{1}{1+5^2} = \dfrac{1}{26}$　$\therefore\ \sin^2\theta = 1 - \cos^2\theta = \dfrac{25}{26}$

①に代入して　与式 $= 2\cdot 26 + 2\cdot\dfrac{26}{25} = 2\dfrac{26^2}{25} = \boldsymbol{\dfrac{1352}{25}}$

《三角関数の基本公式》

$\cos^2\theta + \sin^2\theta = 1$　　$\tan\theta = \dfrac{\sin\theta}{\cos\theta}$　　$1 + \tan^2\theta = \dfrac{1}{\cos^2\theta}$

シェーマ　　$\sin\theta$ と $\cos\theta$ の計算　　≫　「$\cos^2\theta + \sin^2\theta = 1$」が基本

復習 039

(1) $\sin x - \cos x = \dfrac{1}{3}$ $(0<x<\pi)$ のとき，

$\sin x\cos x$，$\sin x + \cos x$，$\sin^3 x - \cos^3 x$ の値をそれぞれ求めよ．

(2) $\sin\theta = \dfrac{1}{3}$ のとき，$\cos\theta$，$\tan\theta$ の値をそれぞれ求めよ．

例題 040　三角関数のグラフ

(1) $y=2\sin 2\theta$ のグラフをかけ．また，その周期のうち正の最小のものを求めよ．

(2) $y=-\cos\left(\theta-\dfrac{\pi}{3}\right)+1$ のグラフをかけ．

解　(1) $y=2\sin 2\theta$ のグラフは $y=\sin\theta$ のグラフを θ 軸方向に $\dfrac{1}{2}$ 倍に縮小し，y 軸方向に 2 倍に拡大したもの．正の最小の周期は π

(2) $y=-\cos\left(\theta-\dfrac{\pi}{3}\right)+1$ のグラフは，

$y=-\cos\theta$ のグラフを θ 軸方向に $\dfrac{\pi}{3}$，y 軸方向に 1 だけ平行移動したもの．

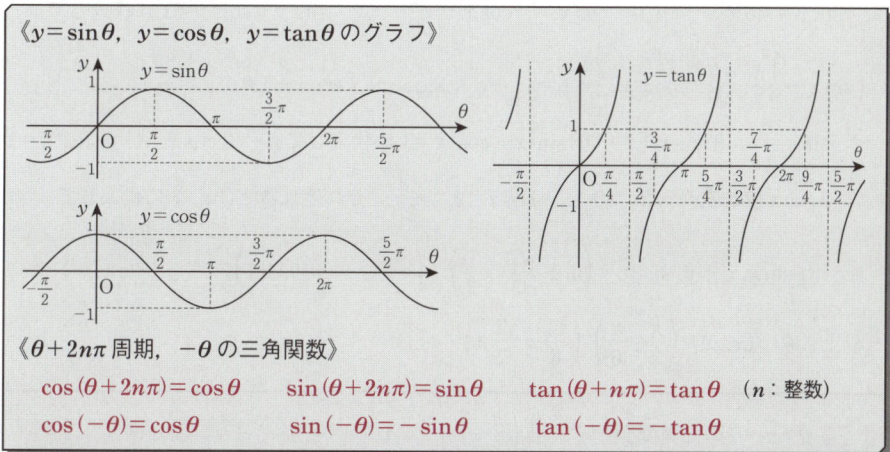

《$y=\sin\theta$, $y=\cos\theta$, $y=\tan\theta$ のグラフ》

《$\theta+2n\pi$ 周期，$-\theta$ の三角関数》

$\cos(\theta+2n\pi)=\cos\theta$ 　　$\sin(\theta+2n\pi)=\sin\theta$ 　　$\tan(\theta+n\pi)=\tan\theta$ 　　(n：整数)

$\cos(-\theta)=\cos\theta$ 　　$\sin(-\theta)=-\sin\theta$ 　　$\tan(-\theta)=-\tan\theta$

Assist

1°　(関数の周期) 関数 $f(\theta)$ において，任意の実数 θ に対して $f(\theta+\alpha)=f(\theta)$ (α は実数の定数) が成り立つとき，実数 α を $f(\theta)$ の周期という．

2°　$y=kf(\theta)$ のグラフは $y=f(\theta)$ のグラフを y 軸方向に k 倍したものである．

$y=f(l\theta)$ のグラフは $y=f(\theta)$ のグラフを θ 軸方向に $\dfrac{1}{l}$ 倍したものである．

シェーマ

$y-\beta=f(\theta-\alpha)$ のグラフ　➡　$y=f(\theta)$ のグラフを θ 軸方向に α，y 軸方向に β 平行移動したもの

復習 040　次の関数のグラフをかけ．また，正の最小の周期を求めよ．

(1) $y=-\dfrac{1}{2}\cos\dfrac{\theta}{2}$　　(2) $y=3\sin\left(\theta+\dfrac{\pi}{3}\right)+1$

§3　三角関数

例題 041　1次の三角方程式

(1) $0 \leq \theta \leq \pi$ において方程式 $\cos 3\theta = \sin 2\theta$ を解け.

(2) $0 \leq x \leq 2\pi$, $0 \leq y \leq 2\pi$ のとき連立方程式
$\sin x - \sin y = \dfrac{1}{2}$, $\cos x + \cos y = \dfrac{\sqrt{3}}{2}$ を解け.

解 (1) 与式より　$\cos 3\theta = \cos\left(\dfrac{\pi}{2} - 2\theta\right)$　∴　$3\theta = \pm\left(\dfrac{\pi}{2} - 2\theta\right) + 2n\pi$　（n：整数）

∴　$5\theta = \dfrac{\pi}{2} + 2n\pi$ または $\theta = -\dfrac{\pi}{2} + 2n\pi$　∴　$\theta = \underline{\dfrac{\pi}{10} + \dfrac{2}{5}n\pi}_{(ア)}$, $\underline{-\dfrac{\pi}{2} + 2n\pi}_{(イ)}$

$0 \leq \theta \leq \pi$ より，(ア)の方は $n=0, 1, 2$　∴　$\theta = \dfrac{\pi}{10}, \dfrac{5}{10}\pi, \dfrac{9}{10}\pi$

(イ)の方は不適．よって　$\theta = \dfrac{\pi}{10}, \dfrac{1}{2}\pi, \dfrac{9}{10}\pi$

(2) $\sin y = \sin x - \dfrac{1}{2}$ …①　$\cos y = -\cos x + \dfrac{\sqrt{3}}{2}$ …②　$\sin^2 y + \cos^2 y = 1$ に代入して

$\left(\sin x - \dfrac{1}{2}\right)^2 + \left(-\cos x + \dfrac{\sqrt{3}}{2}\right)^2 = 1$　∴　$-\sin x - \sqrt{3}\cos x + 1 = 0$

∴　$\sin x = -\sqrt{3}\cos x + 1$ …③　$\sin^2 x + \cos^2 x = 1$ に代入して $(-\sqrt{3}\cos x + 1)^2 + \cos^2 x = 1$

∴　$2\cos x(2\cos x - \sqrt{3}) = 0$　∴　$\cos x = 0, \dfrac{\sqrt{3}}{2}$　それぞれ③と①，②に代入して

$(\cos x, \sin x, \cos y, \sin y) = \left(0, 1, \dfrac{\sqrt{3}}{2}, \dfrac{1}{2}\right), \left(\dfrac{\sqrt{3}}{2}, -\dfrac{1}{2}, 0, -1\right)$

以上より　$(x, y) = \left(\dfrac{\pi}{2}, \dfrac{\pi}{6}\right), \left(\dfrac{11}{6}\pi, \dfrac{3}{2}\pi\right)$

《$\dfrac{\pi}{2} - \theta$, $\pi - \theta$ の三角関数》　　$\cos\left(\dfrac{\pi}{2} - \theta\right) = \sin\theta$　　$\sin\left(\dfrac{\pi}{2} - \theta\right) = \cos\theta$

$\cos(\pi - \theta) = -\cos\theta$　　$\sin(\pi - \theta) = \sin\theta$

《三角比の値と角の値の関係》　$\cos\theta = \cos\alpha \Leftrightarrow \theta = \pm\alpha + 2n\pi$　（n：整数）　…(*)

$\sin\theta = \sin\alpha \Leftrightarrow \theta = \alpha + 2n\pi, (\pi - \alpha) + 2n\pi$

シェーマ　　方程式 $\cos A = \sin B$ の形　≫　両辺を $\cos$ か $\sin$ にそろえる

復習 041　(1) $0 \leq \theta \leq \dfrac{\pi}{2}$ のとき，$\sin 4\theta = \cos\theta$ をみたす θ の値を求めよ．

(2) $0 \leq x \leq 2\pi$, $0 \leq y \leq 2\pi$ のとき，連立方程式 $\cos y - \sin x = 1$, $\cos x + \sin y = -\sqrt{3}$ を解け．

(3) 《三角比の値と角の値の関係》の(*)が成り立つことを示せ．

例題 042　三角関数の 2 次式 ①

(1) 方程式 $2\cos^2\theta = 3\sin\theta\ (0 \leqq \theta < 2\pi)$ の解を求めよ．

(2) $y = \sin\theta - \cos^2\theta\ (0 \leqq \theta \leqq 2\pi)$ の最大値，最小値を求めよ．また，そのときの θ の値を求めよ．

(3) 不等式 $2\cos^2\theta + 3\cos\theta - 2 \leqq 0$ をみたす θ の値の範囲を求めよ．ただし，$0 \leqq \theta < 2\pi$ とする．

解　(1) 与式より　$2(1-\sin^2\theta) = 3\sin\theta$　∴　$2\sin^2\theta + 3\sin\theta - 2 = 0$

∴　$(2\sin\theta - 1)(\sin\theta + 2) = 0$　∴　$\sin\theta = -2,\ \dfrac{1}{2}$

$-1 \leqq \sin\theta \leqq 1$ より　$\sin\theta = \dfrac{1}{2}$

$0 \leqq \theta < 2\pi$ より　$\theta = \dfrac{\pi}{6},\ \dfrac{5}{6}\pi$

(2) $y = \sin\theta - (1-\sin^2\theta) = \sin^2\theta + \sin\theta - 1 = \left(\sin\theta + \dfrac{1}{2}\right)^2 - \dfrac{5}{4}$

$0 \leqq \theta \leqq 2\pi$ より，$-1 \leqq \sin\theta \leqq 1$ であるから

(i) $\sin\theta = 1$　∴　$\theta = \dfrac{\pi}{2}$ のとき　最大値　1

(ii) $\sin\theta = -\dfrac{1}{2}$　∴　$\theta = \dfrac{7}{6}\pi,\ \dfrac{11}{6}\pi$ のとき　最小値　$-\dfrac{5}{4}$

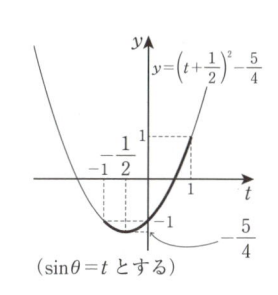

($\sin\theta = t$ とする)

(3) 与式より　$(2\cos\theta - 1)(\cos\theta + 2) \leqq 0$

$\cos\theta + 2 > 0$ より　$2\cos\theta - 1 \leqq 0$　∴　$\cos\theta \leqq \dfrac{1}{2}$

$0 \leqq \theta < 2\pi$ より　$\dfrac{\pi}{3} \leqq \theta \leqq \dfrac{5}{3}\pi$

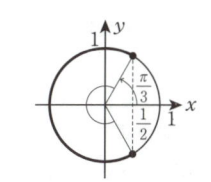

シェーマ

$\sin\theta$ と $\cos\theta$ の 2 次式
（$\sin\theta\cos\theta$ の項を含まない）
　⟹　$a\sin^2\theta + b\sin\theta + c$ の形にする．
（or $a\cos^2\theta + b\cos\theta + c$）

復習 042

(1) 方程式 $2\sin^2 2\theta + \cos 2\theta - 1 = 0\ (0 \leqq \theta \leqq \pi)$ を解け．

(2) $y = \sqrt{3}\cos\theta + \sin^2\theta + 1\ (0 \leqq \theta \leqq 2\pi)$ の最大値，最小値を求めよ．また，そのときの θ の値を求めよ．

(3) $0 \leqq \theta < \pi$ のとき，θ に関する次の不等式を解け．

　(i) $\cos\theta\sin\theta + \sin^2\theta < 1$　(ii) $\cos^3\theta - \sin^3\theta < 0$

§3　三角関数

例題 043　加法定理

(1) $\sin 15°$ の値を求めよ．
(2) $0° \leqq A \leqq 90°$, $0° \leqq B \leqq 90°$ として $\sin A = \dfrac{1}{7}$, $\cos B = \dfrac{11}{14}$ のとき，$\cos(A+B)$ の値を求めよ．
(3) 三角形 ABC は3辺の長さがそれぞれ $AB=5$, $AC=3$, $BC=4$ である．$\alpha = \angle CAB$, $\beta = \angle CBA$ とおくとき，$\tan(\alpha - \beta)$ の値を求めよ．

解　(1) $\sin 15° = \sin(45° - 30°) = \sin 45° \cos 30° - \cos 45° \sin 30°$

$$= \dfrac{\sqrt{2}}{2} \cdot \dfrac{\sqrt{3}}{2} - \dfrac{\sqrt{2}}{2} \cdot \dfrac{1}{2} = \dfrac{\sqrt{6} - \sqrt{2}}{4}$$

(2) $0° \leqq A \leqq 90°$ より　$\cos A = \sqrt{1 - \sin^2 A} = \sqrt{1 - \left(\dfrac{1}{7}\right)^2} = \dfrac{4\sqrt{3}}{7}$

$0° \leqq B \leqq 90°$ より　$\sin B = \sqrt{1 - \cos^2 B} = \sqrt{1 - \left(\dfrac{11}{14}\right)^2} = \dfrac{5\sqrt{3}}{14}$

よって　$\cos(A+B) = \cos A \cos B - \sin A \sin B = \dfrac{4\sqrt{3}}{7} \cdot \dfrac{11}{14} - \dfrac{1}{7} \cdot \dfrac{5\sqrt{3}}{14} = \dfrac{39\sqrt{3}}{98}$

(3) 条件より ABC は $\angle ACB = 90°$ の直角三角形．よって
$\tan \alpha = \dfrac{4}{3}$, $\tan \beta = \dfrac{3}{4}$ であるから

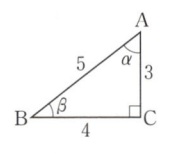

$$\tan(\alpha - \beta) = \dfrac{\tan \alpha - \tan \beta}{1 + \tan \alpha \tan \beta} = \dfrac{\dfrac{4}{3} - \dfrac{3}{4}}{1 + \dfrac{4}{3} \cdot \dfrac{3}{4}} = \dfrac{7}{24}$$

《加法定理》

$\sin(\alpha + \beta) = \sin \alpha \cos \beta + \cos \alpha \sin \beta$　　$\cos(\alpha + \beta) = \cos \alpha \cos \beta - \sin \alpha \sin \beta$

$\sin(\alpha - \beta) = \sin \alpha \cos \beta - \cos \alpha \sin \beta$　　$\cos(\alpha - \beta) = \cos \alpha \cos \beta + \sin \alpha \sin \beta$

$\tan(\alpha + \beta) = \dfrac{\tan \alpha + \tan \beta}{1 - \tan \alpha \tan \beta}$　　$\tan(\alpha - \beta) = \dfrac{\tan \alpha - \tan \beta}{1 + \tan \alpha \tan \beta}$

シェーマ

$A+B$，$A-B$ の三角比の値　⟹　加法定理より A と B の三角比の値から求まる

復習 043　(1) $\cos 165°$ の値を求めよ．

(2) $0° \leqq A \leqq 90°$, $90° \leqq B \leqq 180°$, $\sin A = \dfrac{8}{17}$, $\sin B = \dfrac{4}{5}$ のとき $\sin(A-B)$ を求めよ．

TRIAL　$\sin \alpha - \sin \beta = \dfrac{5}{4}$, $\cos \alpha + \cos \beta = \dfrac{5}{4}$ のとき，$\cos(\alpha + \beta)$ の値を求めよ．

例題 044　2倍角・半角の公式

(1) $\tan\theta = \dfrac{1}{3}$ のとき $\sin 2\theta$ の値を求めよ．

(2) $\tan^2\dfrac{\theta}{2}$ を $\cos\theta$ で表し，また，これより $\tan\dfrac{7\pi}{8}$ の値を求めよ．

(3) $0 < \theta < \dfrac{\pi}{2}$ とする．$\sin\theta = \dfrac{3\sqrt{5}}{7}$ のとき $\sin\dfrac{\theta}{2}$ を求めよ．

解　(1) $1 + \tan^2\theta = \dfrac{1}{\cos^2\theta}$ であるから　$\cos^2\theta = \dfrac{1}{1+\tan^2\theta} = \dfrac{1}{1+\left(\dfrac{1}{3}\right)^2} = \dfrac{9}{10}$

よって　$\sin 2\theta = 2\sin\theta\cos\theta = 2\tan\theta\cos^2\theta = 2\cdot\dfrac{1}{3}\cdot\dfrac{9}{10} = \dfrac{\mathbf{3}}{\mathbf{5}}$

(2) $\tan^2\dfrac{\theta}{2} = \dfrac{\sin^2\dfrac{\theta}{2}}{\cos^2\dfrac{\theta}{2}} = \dfrac{\dfrac{1-\cos\theta}{2}}{\dfrac{1+\cos\theta}{2}} = \dfrac{\mathbf{1}-\cos\boldsymbol{\theta}}{\mathbf{1}+\cos\boldsymbol{\theta}}$

よって　$\tan^2\dfrac{7\pi}{8} = \dfrac{1-\cos\dfrac{7\pi}{4}}{1+\cos\dfrac{7\pi}{4}} = \dfrac{1-\dfrac{1}{\sqrt{2}}}{1+\dfrac{1}{\sqrt{2}}} = \dfrac{\sqrt{2}-1}{\sqrt{2}+1} = (\sqrt{2}-1)^2$ ← $\dfrac{\theta}{2} = \dfrac{7\pi}{8}$ とする

$\tan\dfrac{7\pi}{8} < 0$ より $\tan\dfrac{7\pi}{8} = -(\sqrt{2}-1) = \mathbf{1}-\sqrt{\mathbf{2}}$

(3) $0 < \theta < \dfrac{\pi}{2}$ より $\cos\theta = \sqrt{1-\left(\dfrac{3\sqrt{5}}{7}\right)^2} = \dfrac{2}{7}$　よって　$\sin^2\dfrac{\theta}{2} = \dfrac{1-\cos\theta}{2} = \dfrac{1-\dfrac{2}{7}}{2} = \dfrac{5}{14}$

$\sin\dfrac{\theta}{2} > 0$ より $\sin\dfrac{\boldsymbol{\theta}}{\mathbf{2}} = \sqrt{\dfrac{5}{14}} = \dfrac{\sqrt{\mathbf{70}}}{\mathbf{14}}$

《2倍角の公式》　$\cos 2\alpha = 2\cos^2\alpha - 1 = 1 - 2\sin^2\alpha = \cos^2\alpha - \sin^2\alpha$

　　　　　　　$\sin 2\alpha = 2\sin\alpha\cos\alpha$　　　　　　　$\tan 2\alpha = \dfrac{2\tan\alpha}{1-\tan^2\alpha}$

《半角の公式》　$\sin^2\dfrac{\alpha}{2} = \dfrac{1-\cos\alpha}{2}$　　$\cos^2\dfrac{\alpha}{2} = \dfrac{1+\cos\alpha}{2}$　　$\tan^2\dfrac{\alpha}{2} = \dfrac{1-\cos\alpha}{1+\cos\alpha}$

シェーマ　角 2θ，$\dfrac{\theta}{2}$ の三角関数の値　▶▶▶　角 θ の三角関数の値より求まる

復習 044　$\pi < \alpha < 2\pi$ で $\cos\alpha = \dfrac{3}{5}$ のとき $\sin\alpha$，$\sin\left(\dfrac{\pi}{2} - \alpha\right)$，$\cos\dfrac{\alpha}{2}$ の値をそれぞれ求めよ．

TRIAL　$\tan\dfrac{\theta}{2} = t\,(t \neq 1$ とする$)$ とおくとき，$\sin\theta = \dfrac{2t}{1+t^2}$，$\cos\theta = \dfrac{1-t^2}{1+t^2}$，$\tan\theta = \dfrac{2t}{1-t^2}$ をそれぞれ示せ．

§3　三角関数

例題 045　3倍角

(1) $\alpha = 36°$ とするとき，$3\alpha = 180° - 2\alpha$ であることを用いて，$\cos 36°$ を求めよ．
(2) 1辺の長さが1の正五角形ABCDEの対角線ACの長さを求めよ．

解 (1) $3\alpha = 180° - 2\alpha$ より

$$\cos 3\alpha = \cos(180° - 2\alpha) = -\cos 2\alpha$$
$$4\cos^3\alpha - 3\cos\alpha = -(2\cos^2\alpha - 1)$$
$$4\cos^3\alpha + 2\cos^2\alpha - 3\cos\alpha - 1 = 0$$
$$(\cos\alpha + 1)(4\cos^2\alpha - 2\cos\alpha - 1) = 0$$

← $\cos\alpha = -1$ とおくと成り立つ

$$\therefore \cos\alpha = -1, \ \frac{1 \pm \sqrt{5}}{4}$$

$\cos 36° > 0$ より　$\cos 36° = \dfrac{1 + \sqrt{5}}{4}$

(2) 正五角形の内角はそれぞれ $\dfrac{180° \times (5-2)}{5} = 108°$

ACの中点をMとすると AB=BC より BM⊥AC であり

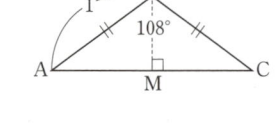

$$\angle BAM = \frac{1}{2}(180° - 108°) = 36°$$

よって，(1)の結果を用いて　$AC = 2AM = 2(AB\cos\angle BAM) = 2 \cdot 1 \cos 36° = \dfrac{1 + \sqrt{5}}{2}$

Assist

(1)で sin の3倍角の公式を用いると次の様な計算になる．

$3\alpha = 180° - 2\alpha$ より $\sin 3\alpha = \sin(180° - 2\alpha) = \sin 2\alpha$

$\therefore \ -4\sin^3\alpha + 3\sin\alpha = 2\sin\alpha\cos\alpha$

$\therefore \ \sin\alpha(-4\sin^2\alpha + 3 - 2\cos\alpha) = 0$

$\sin^2\alpha = 1 - \cos^2\alpha$ より

$$\sin\alpha(4\cos^2\alpha - 2\cos\alpha - 1) = 0$$

$0° < \alpha < 90°$ より　$\cos\alpha = \dfrac{1 + \sqrt{5}}{4}$

《3倍角の公式》
$$\cos 3\alpha = 4\cos^3\alpha - 3\cos\alpha$$
$$\sin 3\alpha = 3\sin\alpha - 4\sin^3\alpha$$

シェーマ

$\sin 3\alpha$ ⟹ $\sin\alpha$ の3次式
$\cos 3\alpha$ ⟹ $\cos\alpha$ の3次式

復習 045

(1) $\sin 18°$ を求めよ．また $\cos 18°$ を求めよ．
(2) $0° \leq x \leq 180°$ の範囲で方程式 $\cos x + \cos 2x + \cos 3x = 0$ の解を求めよ．

例題 046　三角関数の合成

関数 $f(\theta)=\sqrt{3}\sin\theta+\cos\theta+1$ ($0\leq\theta<2\pi$) について，次の問いに答えよ．
(1) $f(\theta)$ がとりうる値の範囲を求めよ．　　(2) $f(\theta)=0$ をみたす θ を求めよ．
(3) $f(\theta)<2$ をみたす θ の範囲を求めよ．

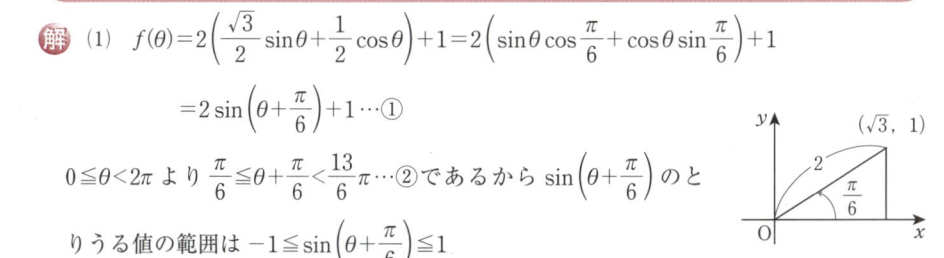

解　(1) $f(\theta)=2\left(\dfrac{\sqrt{3}}{2}\sin\theta+\dfrac{1}{2}\cos\theta\right)+1=2\left(\sin\theta\cos\dfrac{\pi}{6}+\cos\theta\sin\dfrac{\pi}{6}\right)+1$

$=2\sin\left(\theta+\dfrac{\pi}{6}\right)+1\cdots$①

$0\leq\theta<2\pi$ より $\dfrac{\pi}{6}\leq\theta+\dfrac{\pi}{6}<\dfrac{13}{6}\pi\cdots$② であるから $\sin\left(\theta+\dfrac{\pi}{6}\right)$ のと

りうる値の範囲は $-1\leq\sin\left(\theta+\dfrac{\pi}{6}\right)\leq 1$

よって $f(\theta)$ がとりうる値の範囲は $2\cdot(-1)+1\leq f(\theta)\leq 2\cdot 1+1$ ∴ $\boldsymbol{-1\leq f(\theta)\leq 3}$

(2) ①より $f(\theta)=0$ は

$\qquad 2\sin\left(\theta+\dfrac{\pi}{6}\right)+1=0$ ∴ $\sin\left(\theta+\dfrac{\pi}{6}\right)=-\dfrac{1}{2}$

②より $\theta+\dfrac{\pi}{6}=\dfrac{7}{6}\pi,\ \dfrac{11}{6}\pi$ ∴ $\boldsymbol{\theta=\pi,\ \dfrac{5}{3}\pi}$

(3) $f(\theta)<2$ は $2\sin\left(\theta+\dfrac{\pi}{6}\right)+1<2$ ∴ $\sin\left(\theta+\dfrac{\pi}{6}\right)<\dfrac{1}{2}$

②より $\dfrac{5}{6}\pi<\theta+\dfrac{\pi}{6}<\dfrac{13}{6}\pi$

∴ $\boldsymbol{\dfrac{2}{3}\pi<\theta<2\pi}$

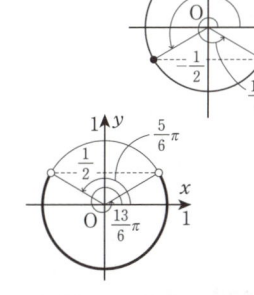

《三角関数の合成》　$(a,\ b)\neq(0,\ 0)$ のとき
$$a\sin\theta+b\cos\theta=\sqrt{a^2+b^2}\sin(\theta+\alpha)$$
（ただし α は $\cos\alpha=\dfrac{a}{\sqrt{a^2+b^2}},\ \sin\alpha=\dfrac{b}{\sqrt{a^2+b^2}}$ をみたす角）

シェーマ　$A\sin\theta+B\cos\theta+C$ の式　⟹　$\sqrt{A^2+B^2}\sin(\theta+\alpha)+C$ の形に

復習 046　関数 $f(\theta)=\sin\theta+\sqrt{3}\cos\theta$ について，次の問いに答えよ．
(1) $y=f(\theta)$ のグラフをかけ．　　(2) $-\pi<\theta<\pi$ のとき，方程式 $f(\theta)=1$ を解け．
(3) $-\pi<\theta<\pi$ のとき，不等式 $\sin\theta>-\sqrt{3}\cos\theta+\sqrt{3}$ を解け．

TRIAL　$0\leq\theta\leq\dfrac{\pi}{4}$ における $y=\sin\theta+2\cos\theta$ の最大値，最小値を求めよ．

§3　三角関数

例題 047　三角関数の2次式②

$0 \leqq \theta \leqq \dfrac{\pi}{2}$ のとき $f(\theta) = 2\cos^2\theta - \sqrt{3}\sin\theta\cos\theta + \sin^2\theta$ の最大値，最小値を求め，そのときの θ の値を求めよ．

解　2倍角の公式，半角の公式より　$\cos^2\theta = \dfrac{1+\cos 2\theta}{2}$，$\sin\theta\cos\theta = \dfrac{\sin 2\theta}{2}$，

$\sin^2\theta = \dfrac{1-\cos 2\theta}{2}$ であるから，代入すると

$$f(\theta) = 2 \cdot \dfrac{1+\cos 2\theta}{2} - \sqrt{3} \cdot \dfrac{\sin 2\theta}{2} + \dfrac{1-\cos 2\theta}{2}$$

$$= -\left(\dfrac{\sqrt{3}}{2}\sin 2\theta - \dfrac{1}{2}\cos 2\theta\right) + \dfrac{3}{2}$$

合成して

$$f(\theta) = -\left(\sin 2\theta \cos\dfrac{\pi}{6} - \cos 2\theta \sin\dfrac{\pi}{6}\right) + \dfrac{3}{2}$$

$$= -\sin\left(2\theta - \dfrac{\pi}{6}\right) + \dfrac{3}{2}$$

ここで $0 \leqq \theta \leqq \dfrac{\pi}{2}$ より　$-\dfrac{\pi}{6} \leqq 2\theta - \dfrac{\pi}{6} \leqq \dfrac{5}{6}\pi$ であるから

$2\theta - \dfrac{\pi}{6} = -\dfrac{\pi}{6}$ 　∴ $\boldsymbol{\theta = 0}$ のとき $f(\theta)$ の最大値 $= 2$

$2\theta - \dfrac{\pi}{6} = \dfrac{\pi}{2}$ 　∴ $\boldsymbol{\theta = \dfrac{\pi}{3}}$ のとき $f(\theta)$ の最小値 $= \dfrac{1}{2}$

Assist

半角，2倍角の公式を書き直すと正弦，余弦の2次式を2倍角の1次式に直す公式が得られる．

$$\cos^2\theta = \dfrac{1+\cos 2\theta}{2}, \quad \sin^2\theta = \dfrac{1-\cos 2\theta}{2}$$

$$\sin\theta\cos\theta = \dfrac{1}{2}\sin 2\theta$$

シェーマ

$a\sin^2\theta + b\sin\theta\cos\theta + c\cos^2\theta$ の形 　▶▶　$A\sin 2\theta + B\cos 2\theta + C$ の形に変形して「合成」

復習 047　$0 \leqq \theta < \pi$ のとき，関数 $f(\theta) = \sqrt{3}\sin^2\theta + 3\sin\theta\cos\theta - 2\sqrt{3}\cos^2\theta$ の最大値，最小値を求めよ．また，そのときの θ の値を求めよ．

TRIAL　実数 x，y が $x^2 + y^2 = 1$ をみたすとき，$4x^2 + 2xy + y^2$ の最小値を求めよ．

例題 048　三角関数の2次式③

$0 \leq \theta < 2\pi$ の範囲で関数 $y = \sin\theta + \cos\theta - \sin\theta\cos\theta + 1$ を考える．このとき次の問いに答えよ．

(1) $t = \sin\theta + \cos\theta$ とおくとき，y を t を用いて表せ．
(2) t のとりうる値の範囲を求めよ．
(3) y の最大値と最小値を求めよ．また，そのときの θ の値を求めよ．

解 (1) $t = \sin\theta + \cos\theta$ …① より　$t^2 = \sin^2\theta + 2\sin\theta\cos\theta + \cos^2\theta$

$\therefore\ t^2 = 1 + 2\sin\theta\cos\theta$　$\therefore\ \sin\theta\cos\theta = \dfrac{t^2-1}{2}$ …②

与式に①②を代入すると　$y = t - \dfrac{t^2-1}{2} + 1 = -\dfrac{1}{2}t^2 + t + \dfrac{3}{2}$ …③

(2) ①より　$t = \sqrt{2}\left(\dfrac{1}{\sqrt{2}}\sin\theta + \dfrac{1}{\sqrt{2}}\cos\theta\right) = \sqrt{2}\sin\left(\theta + \dfrac{\pi}{4}\right)$ …④

$0 \leq \theta < 2\pi$ であるから　$\dfrac{\pi}{4} \leq \theta + \dfrac{\pi}{4} < \dfrac{9}{4}\pi$

よって，$\sin\left(\theta + \dfrac{\pi}{4}\right)$ のとりうる値の範囲は $-1 \leq \sin\left(\theta + \dfrac{\pi}{4}\right) \leq 1$ であるから，

t のとりうる値の範囲は　$-\sqrt{2} \leq t \leq \sqrt{2}$

(3) ③より　$y = -\dfrac{1}{2}(t-1)^2 + 2$

よって，$t = 1$ のとき y の最大値　**2**

このとき，④より　$\sin\left(\theta + \dfrac{\pi}{4}\right) = \dfrac{1}{\sqrt{2}}$　$\therefore\ \theta + \dfrac{\pi}{4} = \dfrac{\pi}{4},\ \dfrac{3}{4}\pi$　$\therefore\ \theta = 0,\ \dfrac{\pi}{2}$

$t = -\sqrt{2}$ のとき y の最小値　$\dfrac{1}{2} - \sqrt{2}$

このとき，④より　$\sin\left(\theta + \dfrac{\pi}{4}\right) = -1$　$\therefore\ \theta + \dfrac{\pi}{4} = \dfrac{3}{2}\pi$　$\therefore\ \theta = \dfrac{5}{4}\pi$

シェーマ

| $\cos\theta$ と $\sin\theta$ の対称式（交換しても変わらない式） ▶ $\cos\theta + \sin\theta\ (= t\ とおく)$ で表せる |

復習 048　$0 \leq \theta \leq \pi$ のとき，関数 $y = 3(\sin\theta + \cos\theta) - 2\sin\theta\cos\theta$ の最大値と最小値を求めよ．

TRIAL　$-\dfrac{\pi}{2} \leq \theta \leq \dfrac{\pi}{2}$ とする．

(1) $t = \sin\theta + \sqrt{3}\cos\theta$ のとりうる値の範囲を求めよ．
(2) $f(\theta) = \cos^2\theta + \sqrt{3}\sin\theta\cos\theta - \sin\theta - \sqrt{3}\cos\theta$ の最小値とそのときの θ を求めよ．

§3　三角関数

例題 049　三角方程式の解の個数

$2\cos^2\theta - \sin\theta - a - 1 = 0$ $(0 \leqq \theta < 2\pi)$ の解の個数を求めよ．ただし a は実数の定数とする．

解　与式は　$2(1-\sin^2\theta) - \sin\theta - a - 1 = 0$　∴　$-2\sin^2\theta - \sin\theta + 1 = a$

$\sin\theta = t \cdots$ ① とおくと　∴　$-2t^2 - t + 1 = a \cdots$ ②

① と $0 \leqq \theta < 2\pi \cdots$ ③ より

　　$-1 < t < 1$ をみたす各 t に対して，③ をみたす実数 θ が 2 つ対応する．

　　$t = \pm 1$ をみたす各 t に対して，③ をみたす実数 θ が 1 つ対応する．

よって，t の方程式②の解のうち，

　　$-1 < t < 1$ をみたすものの個数を N_1

　　$t = \pm 1$ をみたすものの個数を N_2

とすると，元の方程式の解の個数 N は $N = 2N_1 + N_2$ で与えられる．

$t = 1$ には $\theta = \dfrac{\pi}{2}$，

$t = -1$ には $\theta = \dfrac{3}{2}\pi$

が対応する．

$f(t) = -2t^2 - t + 1$ とおくと $f(t) = -2\left(t + \dfrac{1}{4}\right)^2 + \dfrac{9}{8}$

②の実数解 t は $y = f(t)$ のグラフと $y = a$ のグラフの共有点の t 座標．グラフより

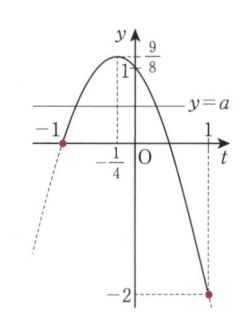

a	$\cdots$	-2	$\cdots$	0	$\cdots$	$\dfrac{9}{8}$	$\cdots$
N_1	0	0	1	1	2	1	0
N_2	0	1	0	1	0	0	0
N	**0**	**1**	**2**	**3**	**4**	**2**	**0**

Assist　たとえば $a = 1$ のときの解を求めてみると，与式は

　　$2(1 - \sin^2\theta) - \sin\theta - 2 = 0$　∴　$2\sin^2\theta + \sin\theta = 0$

　　∴　$\sin\theta(2\sin\theta + 1) = 0$　∴　$\sin\theta = 0,\ -\dfrac{1}{2}$　∴　$\theta = 0,\ \pi,\ \dfrac{7}{6}\pi,\ \dfrac{11}{6}\pi$

よって解は 4 個．

シェーマ

| $\sin\theta\ (\cos\theta)$ の方程式の解の個数 | ⟹ | $\sin\theta = t\ (\cos\theta = t)$ とおいたときの θ と t の個数の対応に注意 |

復習 049

(1)　$4\sin^2\theta + \sin\theta - 1 = 0$　$(0 \leqq \theta \leqq \pi)$ の解の個数を求めよ．

(2)　$\cos 2\theta + 2\cos\theta - a = 0$　$(0 \leqq \theta < 2\pi)$ の解の個数を求めよ．ただし，a は実数の定数とする．

TRIAL　$\cos 2\theta + 2\cos\theta - a = 0$　$\left(0 \leqq \theta < \dfrac{3}{2}\pi\right)$ の解の個数を求めよ．ただし a は実数の定数とする．

例題 050　2直線のなす角

(1) 2直線 $5x-y-1=0\cdots①$, $3x-11y+5=0\cdots②$ のなす角を θ とする。$\tan\theta$ の値を求めよ。ただし、$0\leqq\theta\leqq\dfrac{\pi}{2}$ とする。

(2) 2直線 $ax-y-a+1=0\cdots①$　$2x-y-1=0\cdots②$ のなす角 θ が $\dfrac{\pi}{4}$ となるように定数 a の値を定めよ。

解 (1) 2直線①, ②が x 軸の正の向きとなす角を図のようにそれぞれ α, β とすると

$$\tan\alpha=5\quad(①の傾き),\quad \tan\beta=\dfrac{3}{11}\quad(②の傾き)$$

$\theta=\alpha-\beta$ より

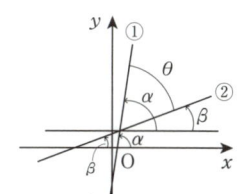

$$\tan\theta=\tan(\alpha-\beta)=\dfrac{\tan\alpha-\tan\beta}{1+\tan\alpha\tan\beta}=\dfrac{5-\dfrac{3}{11}}{1+5\cdot\dfrac{3}{11}}=2$$

(2) ①, ②が x 軸の正の向きとなす角をそれぞれ

α, β $\left(0\leqq\alpha\leqq\pi,\ \alpha\neq\dfrac{\pi}{2},\ 0\leqq\beta\leqq\pi,\ \beta\neq\dfrac{\pi}{2}\right)$ とすると

$$\tan\alpha=a\quad(①の傾き),\quad \tan\beta=2\quad(②の傾き)$$

θ が $\dfrac{\pi}{4}$ となる条件は、$\alpha-\beta=\dfrac{\pi}{4}$ または $\beta-\alpha=\dfrac{\pi}{4}$ であるから

$$|\tan(\beta-\alpha)|=\tan\dfrac{\pi}{4}\quad\therefore\ \left|\dfrac{\tan\beta-\tan\alpha}{1+\tan\beta\tan\alpha}\right|=\left|\dfrac{2-a}{1+2\cdot a}\right|=1$$

$\therefore\ |a-2|=|2a+1|\quad\therefore\ a-2=\pm(2a+1)\quad\therefore\ a=-3,\ \dfrac{1}{3}$

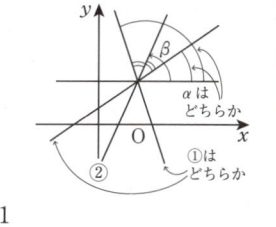

《2直線のなす角》　交わる2直線 $l_1: y=m_1x+n_1$, $l_2: y=m_2x+n_2$ が垂直でないとき,

l_1 から測って l_2 までの角を θ とすると　　　$\tan\theta=\dfrac{m_2-m_1}{1+m_1m_2}$

2直線のなす鋭角を θ とすると　　　$\tan\theta=\left|\dfrac{m_2-m_1}{1+m_1m_2}\right|$

シェーマ　　2直線のなす角　≫　2直線の傾きで角の tan を表す

復習 050

(1) 直線 $x-4y+3=0$ と直線 $5x-3y-10=0$ とのなす角を $\theta\left(0\leqq\theta\leqq\dfrac{\pi}{2}\right)$ とするとき、$\sin\theta-\cos\theta$ の値を求めよ。

(2) 2直線 $2x+y+1=0\cdots①$　$2x-ky+k+2=0\cdots②$ のなす角 θ が $\dfrac{\pi}{4}$ となるように定数 k の値を定めよ。

例題 051 和と積の公式

(1) $2\cos 20° \cos 70° = \sin 40°$ を示せ。　(2) $\sin 20° + \sin 40° = \sin 80°$ を示せ。

(3) $\triangle ABC$ において，$\sin A + \sin B + \sin C = 4\cos\dfrac{A}{2}\cos\dfrac{B}{2}\cos\dfrac{C}{2}$ を示せ。

解 (1) $2\cos 20° \cos 70° = 2 \cdot \dfrac{1}{2}\{\cos(20°+70°) + \cos(20°-70°)\} = \cos 90° + \cos(-50°)$

$= \cos 50° = \sin(90°-50°) = \sin 40° = $ 右辺　　終

(2) $\sin 20° + \sin 40° = 2\sin\dfrac{20°+40°}{2}\cos\dfrac{20°-40°}{2} = 2\sin 30° \cos 10° = 2 \cdot \dfrac{1}{2} \cdot \sin(90°-10°)$

$= \sin 80° = $ 右辺　　終

(3) $C = \pi - (A+B)$ より　$\sin C = \sin(\pi-(A+B)) = \sin(A+B) = 2\sin\dfrac{A+B}{2}\cos\dfrac{A+B}{2}$

また $\sin A + \sin B = 2\sin\dfrac{A+B}{2}\cos\dfrac{A-B}{2}$ であるから

$\sin A + \sin B + \sin C = 2\sin\dfrac{A+B}{2}\left(\cos\dfrac{A-B}{2} + \cos\dfrac{A+B}{2}\right)$

$= 2\sin\dfrac{\pi-C}{2}\left(2\cos\dfrac{A}{2}\cos\dfrac{B}{2}\right) = 4\cos\dfrac{A}{2}\cos\dfrac{B}{2}\cos\dfrac{C}{2}$　　終

《積を和に変形する公式》

$\sin\alpha\cos\beta = \dfrac{1}{2}\{\sin(\alpha+\beta) + \sin(\alpha-\beta)\}$　　$\cos\alpha\cos\beta = \dfrac{1}{2}\{\cos(\alpha+\beta) + \cos(\alpha-\beta)\}$

$\cos\alpha\sin\beta = \dfrac{1}{2}\{\sin(\alpha+\beta) - \sin(\alpha-\beta)\}$　　$\sin\alpha\sin\beta = \left(-\dfrac{1}{2}\right)\{\cos(\alpha+\beta) - \cos(\alpha-\beta)\}$

《和を積に変形する公式》

$\sin A + \sin B = 2\sin\dfrac{A+B}{2}\cos\dfrac{A-B}{2}$　　$\cos A + \cos B = 2\cos\dfrac{A+B}{2}\cos\dfrac{A-B}{2}$

$\sin A - \sin B = 2\cos\dfrac{A+B}{2}\sin\dfrac{A-B}{2}$　　$\cos A - \cos B = -2\sin\dfrac{A+B}{2}\sin\dfrac{A-B}{2}$

シェーマ　三角比の和と積の計算　≫　和積・積和公式を用いて簡単な角に直す

復習 051

(1) $2\cos 20° \cos 50° + \cos 110°$，　$\cos 50° + \cos 70° - \sin 80°$ の値をそれぞれ求めよ。

(2) $\triangle ABC$ において $\cos A + \cos B + \cos C = 1 + 4\sin\dfrac{A}{2}\sin\dfrac{B}{2}\sin\dfrac{C}{2}$ を示せ。

TRIAL (1) $\sin 10° \sin 50° \sin 70°$ の値を求めよ。

(2) 関数 $\cos\left(x+\dfrac{2}{5}\pi\right)\cos\left(x+\dfrac{\pi}{5}\right)$ を最大にする $x(0 \leqq x < 2\pi)$ を求めよ。

例題 052　図形と最大最小

半径1の円に内接し，$\angle A = \dfrac{\pi}{3}$ である $\triangle ABC$ について，3辺の長さの和 $AB+BC+CA$ の最大値を求めよ．

解　$\angle B = \theta$ とおくと，$\angle A = \dfrac{\pi}{3}$ より $\angle C = \dfrac{2}{3}\pi - \theta$

θ のとりうる値の範囲は　$\theta > 0$ かつ $\dfrac{2}{3}\pi - \theta > 0$　$\therefore\ 0 < \theta < \dfrac{2}{3}\pi$

$\triangle ABC$ の外接円の半径が1であるから，正弦定理より

$$\dfrac{AB}{\sin\left(\dfrac{2}{3}\pi - \theta\right)} = \dfrac{BC}{\sin\dfrac{\pi}{3}} = \dfrac{CA}{\sin\theta} = 2\times 1 \cdots (*)$$

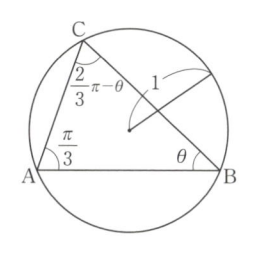

$\therefore\ AB = 2\sin\left(\dfrac{2}{3}\pi - \theta\right) = 2\left\{\dfrac{\sqrt{3}}{2}\cos\theta - \left(-\dfrac{1}{2}\right)\sin\theta\right\} = \sqrt{3}\cos\theta + \sin\theta$

$BC = 2\sin\dfrac{\pi}{3} = \sqrt{3}$　　$CA = 2\sin\theta$

よって　$AB + BC + CA = (\sqrt{3}\cos\theta + \sin\theta) + \sqrt{3} + 2\sin\theta = 3\sin\theta + \sqrt{3}\cos\theta + \sqrt{3}$

$\qquad\qquad\qquad\qquad = 2\sqrt{3}\left(\dfrac{\sqrt{3}}{2}\sin\theta + \dfrac{1}{2}\cos\theta\right) + \sqrt{3} = 2\sqrt{3}\sin\left(\theta + \dfrac{\pi}{6}\right) + \sqrt{3}$

$0 < \theta < \dfrac{2}{3}\pi$ より　$\dfrac{\pi}{6} < \theta + \dfrac{\pi}{6} < \dfrac{5}{6}\pi$

よって　$\theta + \dfrac{\pi}{6} = \dfrac{\pi}{2}$　$\therefore\ \theta = \dfrac{\pi}{3}$ のとき　$AB+BC+CA$ の最大値　$2\sqrt{3}+\sqrt{3} = \mathbf{3\sqrt{3}}$

Assist

$(*)$ のあと，和を積に変形する公式を使ってもよい．$BC = \sqrt{3}$ より $AB + CA$ は

$2\sin\left(\dfrac{2}{3}\pi - \theta\right) + 2\sin\theta = 2\left\{2\sin\dfrac{\theta + \left(\dfrac{2}{3}\pi - \theta\right)}{2}\cos\dfrac{\theta - \left(\dfrac{2}{3}\pi - \theta\right)}{2}\right\} = 4\sin\dfrac{\pi}{3}\cos\left(\theta - \dfrac{\pi}{3}\right)$

よって，$\theta - \dfrac{\pi}{3} = 0$　$\therefore\ \theta = \dfrac{\pi}{3}$ のとき　$AB+BC+CA$ は最大

シェーマ

角が変化する図形　≫　角を θ とおいて θ の式を作る（正弦・余弦定理に着目）

復習 052

(1) 三角形ABCで，$AB = AC = 1$ とする．$\dfrac{1}{2} \leq BC^2 \leq 2$ のとき，次の問に答えよ．

　（ⅰ）$\cos A$ の範囲を求めよ．　（ⅱ）$\sin A + \cos A$ の最大値，最小値を求めよ．

(2) 点Pは単位円周上を動くとする．2点 $A(1, 2)$，$B(2, -1)$ に対して，$PA^2 + PB^2$ の最大値と最小値を求めよ．

§3　三角関数

例題 053 累乗の計算

(1) 次の式を計算せよ．
 (i) $\sqrt[6]{8}+\sqrt[4]{4}-\sqrt{8}$ (ii) $\sqrt[4]{16}\div\sqrt[3]{-8}$ (iii) $\sqrt{a\sqrt[3]{a\sqrt[4]{a}}}$

(2) $a^{2x}=3$ のとき，$\dfrac{a^x+a^{-x}}{a^{3x}+a^{-3x}}$ の値を求めよ．ただし，$a>0$ とする．

解

(1)(i) 与式 $=\sqrt[6]{2^3}+\sqrt[4]{2^2}-\sqrt{2^3}=2^{\frac{3}{6}}+2^{\frac{2}{4}}-2^{\frac{3}{2}}$
$=\sqrt{2}+\sqrt{2}-2\sqrt{2}=\mathbf{0}$

← $\sqrt{}$ は $\sqrt[2]{}$ と同じ

(ii) 与式 $=\sqrt[4]{2^4}\div\sqrt[3]{(-2)^3}=2^{\frac{4}{4}}\div(-2)^{\frac{3}{3}}=2\div(-2)=\mathbf{-1}$

(iii) 与式 $=\sqrt{a\cdot\sqrt[3]{a\cdot a^{\frac{1}{4}}}}=\sqrt{a\cdot\sqrt[3]{a^{\frac{5}{4}}}}=\sqrt{a\cdot a^{\frac{5}{12}}}=\sqrt{a^{\frac{17}{12}}}=\boldsymbol{a^{\frac{17}{24}}}$

(2) 与式 $=\dfrac{a^x+a^{-x}}{(a^x+a^{-x})(a^{2x}-a^x\cdot a^{-x}+a^{-2x})}$

$=\dfrac{1}{a^{2x}-1+a^{-2x}}=\dfrac{1}{3-1+\dfrac{1}{3}}=\boldsymbol{\dfrac{3}{7}}$

← $a^x=A$, $a^{-x}=B$ とすると
分母 $=a^{3x}+a^{-3x}=A^3+B^3$
$=(A+B)(A^2-AB+B^2)$

Assist 《累乗根の定義》 $x^n=a$（n：自然数）…(*) をみたす(n 乗すると a になる)x を a の n 乗根という．正の数 a に対して，(*) をみたす正の数 x はただ 1 つ定まり，これを $\sqrt[n]{a}$ で表す．このとき，(*) の解は，n が奇数のとき，$\sqrt[n]{a}$ だけであり，n が偶数のとき，$\pm\sqrt[n]{a}$ である．また，負の数 a に対して，n が奇数のとき (*) をみたす負の数 x はただ 1 つ定まり，これを $\sqrt[n]{a}$ で表す．このとき，(*) の解は $\sqrt[n]{a}$ だけであり，n が偶数のとき，解はない．

《指数の拡張》 $a\ne0$ で n が正の整数のとき $a^0=1$, $a^{-n}=\dfrac{1}{a^n}$ と定める．

$a>0$ で，m, n が正の整数，r が正の有理数のとき，$a^{\frac{m}{n}}=\sqrt[n]{a^m}$, $a^{-r}=\dfrac{1}{a^r}$ と定める．

《指数法則》 $a^m\cdot a^n=a^{m+n}$ $\dfrac{a^m}{a^n}=a^{m-n}$ $(a^m)^n=a^{mn}$ $(ab)^n=a^n b^n$ $\left(\dfrac{a}{b}\right)^n=\dfrac{a^n}{b^n}$

シェーマ

$\sqrt[n]{A^m}$ と $\sqrt[k]{B^l}$ の計算 ➡ 底をそろえて $\sqrt[\square]{C^{\triangle}}$ ($C^{\frac{\triangle}{\square}}$) の形にそろえる．

復習 053 (1) 次の式を計算せよ．
 (i) $\sqrt[3]{24}-\sqrt[3]{3}+\sqrt[3]{-81}$ (ii) $4^{\frac{2}{3}}\div24^{\frac{1}{3}}\times18^{\frac{2}{3}}$

(2) $a^{2x}=5$ のとき $\dfrac{a^x-a^{-x}}{a^{3x}-a^{-3x}}$ の値を求めよ．ただし，$a>0$ とする．

TRIAL $\sqrt[3]{\sqrt{a^7b^2}\sqrt{a^5b^4}}\div\dfrac{a}{b}$ を計算せよ．ただし，$a>0$, $b>0$ とする．

例題 054　指数方程式・不等式

次の方程式・不等式を解け．
(1) $3^{2x} - 3^{x+1} - 54 = 0$
(2) $\dfrac{1}{4^x} - 3\left(\dfrac{1}{2}\right)^x - 4 \leq 0$
(3) $a^{2x} + a^x - 2 > 0 \quad (a > 0,\ a \neq 1)$

解　(1)　与式 $\Leftrightarrow (3^x)^2 - 3^x \cdot 3^1 - 54 = 0$

$3^x = X$ とおくと $(X > 0)$

$\qquad X^2 - 3X - 54 = 0 \quad \therefore\ (X-9)(X+6) = 0$

$X > 0$ より $X = 9$　$\therefore\ 3^x = 3^2$　$\therefore\ x = 2$

(2)　与式 $\Leftrightarrow \left(\dfrac{1}{2}\right)^{2x} - 3\left(\dfrac{1}{2}\right)^x - 4 \leq 0$

$\left(\dfrac{1}{2}\right)^x = X$ とおくと $(X > 0)$

$\qquad X^2 - 3X - 4 \leq 0 \quad \therefore\ (X-4)(X+1) \leq 0$

$X > 0$ より $0 < X \leq 4$　$\therefore\ 0 < \left(\dfrac{1}{2}\right)^x \leq \left(\dfrac{1}{2}\right)^{-2}$

底が $\dfrac{1}{2}(<1)$ であるから　$x \geq -2$

(3)　与式 $\Leftrightarrow (a^x)^2 + a^x - 2 > 0$

$a^x = X$ とおくと $(X > 0)$

$\qquad X^2 + X - 2 > 0 \quad \therefore\ (X+2)(X-1) > 0$

$X > 0$ より

$\qquad X > 1 \quad \therefore\ a^x > 1 (= a^0)$

よって $\begin{cases} 0 < a < 1 \text{ のとき } x < 0 \\ a > 1 \text{ のとき } x > 0 \end{cases}$

《指数方程式・不等式の変形》　$a^A = a^B \quad \Leftrightarrow \quad A = B$

$\qquad\qquad\qquad\qquad\qquad a^A > a^B \quad \Leftrightarrow \quad \begin{cases} A > B\ (a > 1) \\ A < B\ (0 < a < 1) \end{cases}$

シェーマ

$pa^{2x} + qa^x + r \quad\gg\quad a^x = X$ とおくと X の2次式

復習 054

(1) $8^{x+1} - 17 \cdot 4^x + 2^{x+1} = 0$ を解け　(2) $\dfrac{1}{27^{x-1}} < \dfrac{1}{9^x}$ を解け

(3) $a^{2x+1} - a^{x+2} - a^{x-1} + 1 < 0$ を解け　$(a > 0,\ a \neq 1)$

例題 055　対数の計算

次の式を簡単にせよ．
(1) $\log_2 \sqrt{3} + 3\log_2 \sqrt{2} - \log_2 \sqrt{6}$
(2) $\log_3 2 \times \log_8 3$
(3) $(\log_2 3 + \log_8 3)(\log_3 2 + \log_9 2)$
(4) $10^{2\log_{10} 3}$

解

(1) 与式 $= \log_2 \sqrt{3} + \log_2 (\sqrt{2})^3 - \log_2 \sqrt{6} = \log_2 \dfrac{\sqrt{3} \times (\sqrt{2})^3}{\sqrt{6}}$

$= \log_2 \dfrac{\sqrt{3} \times 2\sqrt{2}}{\sqrt{6}} = \log_2 2 = \mathbf{1}$

(2) 与式 $= \log_3 2 \times \dfrac{\log_3 3}{\log_3 8} = \log_3 2 \times \dfrac{1}{\log_3 2^3}$

$= \log_3 2 \times \dfrac{1}{3\log_3 2} = \mathbf{\dfrac{1}{3}}$

(3) 与式 $= \left(\log_2 3 + \dfrac{1}{3}\log_2 3\right)\left(\log_3 2 + \dfrac{1}{2}\log_3 2\right)$ 　　⬅ $\log_8 3 = \dfrac{\log_2 3}{\log_2 8} = \dfrac{\log_2 3}{3}$

$= \dfrac{4}{3}\log_2 3 \times \dfrac{3}{2}\log_3 2$ 　　　　　　　　　　　　　　　$\log_9 2 = \dfrac{\log_3 2}{\log_3 9} = \dfrac{\log_3 2}{2}$

$= \dfrac{4}{3} \times \dfrac{3}{2} \times \log_2 3 \times \log_3 2 = 2\log_2 3 \times \dfrac{\log_2 2}{\log_2 3}$

$= \mathbf{2}$

(4) 与式 $= 10^{\log_{10} 3^2} = 3^2 = \mathbf{9}$ 　　　　　　　　　⬅ $a^{\log_a b} = b$

Assist

《対数の定義》　$a>1$, $a \neq 1$ のとき，任意の正の数 M に対して，$a^p = M$ をみたす実数 p がただ 1 つ定まる．この p を，a を底とする M の対数といい，$\log_a M$ と書く．つまり

$$a^p = M \cdots (*) \Leftrightarrow p = \log_a M \cdots (**)$$

また $(*)$ の p に $(**)$ を代入すると $a^{\log_a M} = M$ が成り立つことがわかる．

《対数の性質》　$a>0$, $a \neq 1$, $c>0$, $c \neq 1$, $b>0$, $M>0$, $N>0$ のとき

$$\log_a M + \log_a N = \log_a MN \qquad \log_a M - \log_a N = \log_a \dfrac{M}{N}$$

$$\log_a M^k = k\log_a M \qquad \log_a b = \dfrac{\log_c b}{\log_c a} \text{ (底の変換公式)}$$

シェーマ　　対数の計算　⟹　まず底をそろえ対数の性質を利用

復習 055　次の式を簡単にせよ．

(1) $\log_5 \sqrt{2} + \dfrac{1}{2}\log_5 \dfrac{25}{12} - \log_5 \dfrac{1}{\sqrt{6}}$

(2) $(\log_4 81 + \log_8 9)(\log_3 16 + \log_9 2)$ 　　　(3) $(\sqrt{10})^{\log_{10} 9}$

例題 056　対数方程式

次の方程式を解け．
(1) $2(\log_2 x)^2 - 17\log_2 x + 8 = 0$
(2) $\log_3(x^2 + 6x + 5) + \log_3(x+1) = 1$
(3) $x^{\log_{10} x} = 1000x^2$

解 (1) $\log_2 x = X$ とおくと　$2X^2 - 17X + 8 = 0$　∴　$(2X-1)(X-8) = 0$　∴　$X = \dfrac{1}{2},\ 8$

$X = \dfrac{1}{2}$ のとき　$\log_2 x = \log_2 2^{\frac{1}{2}}$　∴　$x = 2^{\frac{1}{2}} = \sqrt{2}$　　⟵ $\left| \dfrac{1}{2} = \dfrac{1}{2} \times 1 = \dfrac{1}{2} \times \log_2 2 = \log_2 2^{\frac{1}{2}} \right.$

$X = 8$ のとき　$\log_2 x = \log_2 2^8$　∴　$x = 2^8 = 256$

以上より　$x = \sqrt{2},\ 256$

(2) 真数は正であるから
$x^2 + 6x + 5 > 0$ かつ $x + 1 > 0$　∴　$(x+1)(x+5) > 0$ かつ $x + 1 > 0$　∴　$x > -1$ …①

このとき　与式 ⇔ $\log_3(x^2+6x+5)(x+1) = \log_3 3$ ⇔ $(x^2+6x+5)(x+1) = 3$

　　　⇔ $x^3 + 7x^2 + 11x + 2 = 0$ ⇔ $(x+2)(x^2+5x+1) = 0$ ⇔ $x = -2,\ \dfrac{-5 \pm \sqrt{21}}{2}$ …②

①かつ②より　$x = \dfrac{-5 + \sqrt{21}}{2}$

(3) 真数は正であるから　$x > 0$ …①

このとき，両辺が正なので常用対数（10 を底とする対数）をとると

与式 ⇔ $\log_{10} x^{\log_{10} x} = \log_{10} 1000x^2$　　⟵ 対数方程式になおす

　　　⇔ $(\log_{10} x) \cdot (\log_{10} x) = \log_{10} 1000 + \log_{10} x^2$ ⇔ $(\log_{10} x)^2 = 3 + 2\log_{10} x$

　　　⇔ $(\log_{10} x - 3)(\log_{10} x + 1) = 0$ ⇔ $\log_{10} x = 3,\ -1$　⇔ $x = 10^3,\ 10^{-1}$ …②

①かつ②より　$x = 1000,\ \dfrac{1}{10}$

《対数方程式の変形》　$\log_a A = \log_a B$ ⇔ $A = B$　（$A > 0,\ B > 0,\ a > 0,\ a \neq 1$）

Assist
対数の性質を利用するときは真数条件，底の条件に注意する．

シェーマ
$\log_a x$　⟹　真数条件 $x > 0$，底の条件 $a \neq 1,\ a > 0$
対数方程式　⟹　$\log_a x$ の方程式または $\log_a A = \log_a B$ の形にする．

復習 056　次の方程式を解け．
(1) $3(\log_3 x)^2 + 5\log_3(3x^2) - 7 = 0$
(2) $\log_2(x+1) - \log_2(x^2 - 2) = -1$
(3) $(\log_{10} x)^{\log_{10} x} = x^2$ （ただし $x > 1$）
(4) $\log_2 x + \log_4(x-3)^2 = 1$

TRIAL　$x^2 \log_2 y + y \log_4 x = 2$ かつ $\log_2 x + \log_4(\log_2 y) = \dfrac{1}{2}$ を解け．

§4　指数関数と対数関数

例題 057　対数不等式

次の不等式を解け.
(1) $2\log_{\frac{1}{2}}(x-1) \geqq \log_{\frac{1}{2}}(x+3)$

(2) $0 \leqq \log_2(\log_2 x) \leqq 1$

(3) $\log_a(2x+13) > \log_a(4-x)$ （a は 1 以外の正の定数）

解 (1) 真数は正であるから　$x-1>0$ かつ $x+3>0$　∴ $x>1$ …①

このとき，底が $\dfrac{1}{2}(<1)$ より

与式 $\Leftrightarrow \log_{\frac{1}{2}}(x-1)^2 \geqq \log_{\frac{1}{2}}(x+3)$

$\Leftrightarrow (x-1)^2 \leqq (x+3) \Leftrightarrow x^2-3x-2 \leqq 0$

$\Leftrightarrow \dfrac{3-\sqrt{17}}{2} \leqq x \leqq \dfrac{3+\sqrt{17}}{2}$ …②

①かつ②より　$1 < x \leqq \dfrac{3+\sqrt{17}}{2}$

(2) 真数は正であるから　$x>0$ かつ $\log_2 x > 0$　∴ $x>1$ …①　←｜$\log_2 x > 0$ より　$\log_2 x > \log_2 1$　∴ $x>1$

このとき，底が $2(>1)$ より

与式 $\Leftrightarrow \log_2 1 \leqq \log_2(\log_2 x) \leqq \log_2 2$

$\Leftrightarrow 1 \leqq \log_2 x \leqq 2 \Leftrightarrow \log_2 2 \leqq \log_2 x \leqq \log_2 4 \Leftrightarrow 2 \leqq x \leqq 4$ …②

①かつ②より　$2 \leqq x \leqq 4$

(3) 真数は正であるから　$2x+13>0$ かつ $4-x>0$　∴ $-\dfrac{13}{2} < x < 4$ …①

(ⅰ) $0<a<1$ のとき　$2x+13 < 4-x$　∴ $x<-3$

これと①より　$-\dfrac{13}{2} < x < -3$

(ⅱ) $a>1$ のとき　$2x+13 > 4-x$　∴ $x>-3$

これと①より　$-3 < x < 4$

《対数不等式の変形》　$A>0$, $B>0$ のとき

$\log_a A > \log_a B \Leftrightarrow \begin{cases} A<B & (0<a<1 \text{ のとき}) \\ A>B & (a>1 \text{ のとき}) \end{cases}$

シェーマ　底 <1 の不等式　$\gg$　$\log_a$ をはずすときに不等号の向きが変わる

復習 057　次の不等式を解け.
(1) $\log_3(x-3) + \log_3(x-6) < 1$　(2) $\log_a(x-1) \geqq \log_{a^2}(x+11)$（$a$ は 1 以外の正数）
(3) $(\log_{\frac{1}{3}} x)^2 + \log_{\frac{1}{3}} x^2 - 15 \leqq 0$

例題 058 桁数と最高位の数

次の問いに答えよ．ただし，$\log_{10}2=0.3010$，$\log_{10}3=0.4771$ とする．
(1) $\log_{10}5$ の値を求めよ
(2) 5^{30} の桁数を求めよ
(3) 5^{30} の最高位の数字を求めよ

解 (1) $\log_{10}5=\log_{10}\dfrac{10}{2}=1-0.3010=\mathbf{0.6990}$　　←　$\log_{10}5=\log_{10}\dfrac{10}{2}$ と考える

(2) 常用対数をとって
$$\log_{10}5^{30}=30\log_{10}5=30\times 0.6990=20.97$$
よって　$20<\log_{10}5^{30}<21$　∴　$\log_{10}10^{20}<\log_{10}5^{30}<\log_{10}10^{21}$
∴　$10^{20}<5^{30}<10^{21}$

つまり 5^{30} は **21桁**

(3) 5^{30} の最高位の数字を a とおくと，(2)より 5^{30} は21桁であるから
$$a\times 10^{20}\leqq 5^{30}<(a+1)\times 10^{20}\quad\cdots ①$$
をみたす．各辺の常用対数をとると
$$\log_{10}(a\times 10^{20})\leqq \log_{10}5^{30}<\log_{10}((a+1)\times 10^{20})$$
$$\log_{10}a+20\leqq 20.97<\log_{10}(a+1)+20\quad ∴\ \log_{10}a\leqq 0.97<\log_{10}(a+1)$$
ここで $\log_{10}9=2\log_{10}3=0.9542$，$\log_{10}10=1$
よって，①をみたすのは $a=9$　　つまり最高位の数字は **9**

Assist　1°　例えば，x が3桁ならば　$100\leqq x<1000$　∴　$10^2\leqq x<10^3$　∴　$2\leqq \log_{10}x<3$
したがって x の桁数を求めたければ $10^{n-1}\leqq x<10^n$　∴　$n-1\leqq \log_{10}x<n$ をみたす自然数 n を求めればよい．

2°　例えば，x が3桁で最高位の数字が5ならば　$500\leqq x<600$　∴　$5\times 10^2\leqq x<6\times 10^2$
∴　$2+\log_{10}5\leqq \log_{10}x<2+\log_{10}6$．したがって，$n$ 桁の数 x の最高位の数を求めたければ
$k\times 10^{n-1}\leqq x<(k+1)\times 10^{n-1}$　∴　$n-1+\log_{10}k\leqq \log_{10}x<n-1+\log_{10}(k+1)$
∴　$\log_{10}k\leqq (\log_{10}x\text{の小数部分})<\log_{10}(k+1)$ をみたす自然数 k を求めればよい．

シェーマ

| x の桁数 | ⟹ | $10^{N-1}\leqq x<10^N$ をみたす N を求める |
| $x(N\text{桁})$ の最高位の数字 | ⟹ | $a\times 10^{N-1}\leqq x<(a+1)\times 10^{N-1}$ をみたす整数 a を求める |

復習 058　次の問に答えよ．ただし，$\log_{10}2=0.3010$，$\log_{10}3=0.4771$ とする．
(1) 12^{60} の桁数を求めよ．
(2) 12^{60} の最高位の数字を求めよ．

TRIAL　$\left(\dfrac{1}{125}\right)^{20}$ を小数で表したとき，小数第何位にはじめて0でない数が現れるか．

§4　指数関数と対数関数

例題 059　最大最小に関する問題

$x \geq 8$, $y \geq \dfrac{1}{8}$, $xy = 512$ のとき $(\log_8 x)(\log_8 y)$ の最大値，最小値を求めよ．また，そのときの x, y の値を求めよ．

解　$x \geq 8$, $y \geq \dfrac{1}{8}$, $xy = 512 \,(= 8^3)$ より

$$\begin{cases} \log_8 x \geq \log_8 8 \\ \log_8 y \geq \log_8 \dfrac{1}{8} \\ \log_8 xy = \log_8 512 \end{cases} \therefore \begin{cases} \log_8 x \geq 1 \\ \log_8 y \geq -1 \\ \log_8 x + \log_8 y = 3 \end{cases}$$

よって，$\log_8 x = X$, $\log_8 y = Y$ とおくと

$$\begin{cases} X \geq 1 & \cdots \text{①} \\ Y \geq -1 & \cdots \text{②} \\ Y = -X + 3 & \cdots \text{③} \end{cases}$$

①～③をみたす XY の最小値を求めればよい．

③より　$XY = X(-X + 3) = -X^2 + 3X$
$\qquad\qquad = -\left(X - \dfrac{3}{2}\right)^2 + \dfrac{9}{4}$

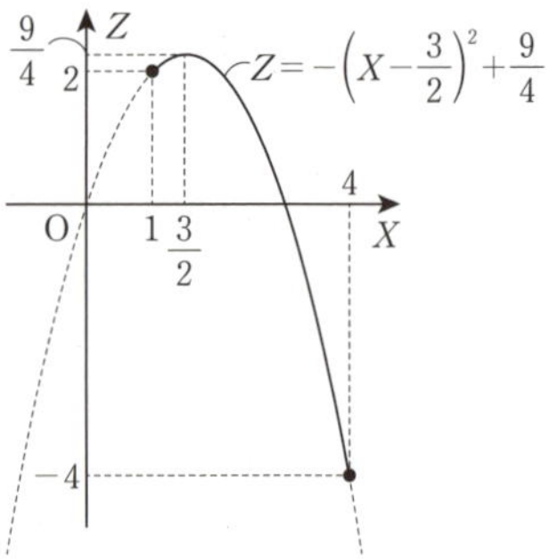

②③より　$-X + 3 \geq -1$　$\therefore X \leq 4$

これと①より，X の範囲は $1 \leq X \leq 4$

(ⅰ)　$X = \dfrac{3}{2}$ のとき XY は最大値 $\dfrac{9}{4}$ をとる．

このとき　$\log_8 x = \dfrac{3}{2}$　$\therefore x = 8^{\frac{3}{2}} = 16\sqrt{2}$

③より　$Y = \dfrac{3}{2}$　$\therefore \log_8 y = \dfrac{3}{2}$　$\therefore y = 16\sqrt{2}$

(ⅱ)　$X = 4$ のとき XY は最小値 -4 をとる．

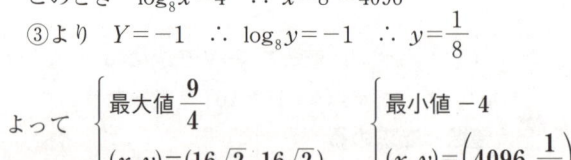

このとき　$\log_8 x = 4$　$\therefore x = 8^4 = 4096$

③より　$Y = -1$　$\therefore \log_8 y = -1$　$\therefore y = \dfrac{1}{8}$

よって　$\begin{cases} 最大値 \dfrac{9}{4} \\ (x, y) = (16\sqrt{2}, 16\sqrt{2}) \end{cases}$　$\begin{cases} 最小値 -4 \\ (x, y) = \left(4096, \dfrac{1}{8}\right) \end{cases}$

シェーマ

$\log_a x$ と $\log_a y$ の関係式　⟹　$\log_a x = X$, $\log_a y = Y$ とおいて X と Y の式で考える

復習 059　$x \geq 10$, $y \geq 10$, $xy = 10^3$ のとき $(\log_{10} x)(\log_{10} y)$ の最大値，最小値を求めよ．また，そのときの x, y の値を求めよ．

例題 060　領域に関する問題

不等式 $\log_x y + 2\log_y x \geq 3$ の表す領域を図示せよ.

解　真数と底の条件より
$$x>0,\ x\neq 1,\ y>0,\ y\neq 1 \cdots ①$$
対数の底を x にそろえると
$$\log_y x = \frac{\log_x x}{\log_x y} = \frac{1}{\log_x y}$$
であるから与式より
$$\log_x y + \frac{2}{\log_x y} \geq 3$$
$\log_x y = X$ とおくと　$X + \dfrac{2}{X} \geq 3$

よって，$X>0$ であることが必要であり，
このとき，両辺 X 倍して
$$X^2 + 2 \geq 3X$$
$$\therefore\ (X-1)(X-2) \geq 0$$
$X>0$ より　$0 < X \leq 1,\ 2 \leq X$

したがって
$$\log_x 1 < \log_x y \leq \log_x x,\quad \log_x x^2 \leq \log_x y$$
よって
(i) $0<x<1$ のとき
$$1 > y \geq x,\quad x^2 \geq y$$
$$\therefore\ x \leq y < 1,\quad y \leq x^2$$
(ii) $x>1$ のとき
$$1 < y \leq x,\quad x^2 \leq y$$
$$\therefore\ 1 < y \leq x,\quad y \geq x^2$$
① のもとでこれを図示すると右のようになる

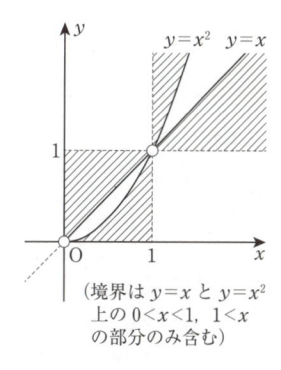

(境界は $y=x$ と $y=x^2$ 上の $0<x<1,\ 1<x$ の部分のみ含む)

シェーマ

$\log_x y$ と $\log_y x$ の式　 ≫　$\log_x y$ だけで表せる　$\left(\log_y x = \dfrac{1}{\log_x y}\right)$

復習 060

$\log_x y > \log_y x$ をみたす点 (x, y) の存在する領域を図示せよ.

TRIAL　$x,\ y$ は $x\neq 1,\ y\neq 1$ をみたす正の数で
$$\log_x y + \log_y x > 2 + (\log_x 2)(\log_y 2)$$ をみたすとする
このとき $x,\ y$ の組 (x, y) の存在する領域を座標平面上に図示せよ.

§4　指数関数と対数関数

例題 061　対数方程式の解の個数

方程式 $\{\log_2(x^2+2)\}^2 - 3\log_2(x^2+2) + a = 0$ が
(1) 3個の解をもつ定数 a の値の範囲を求めよ．
(2) 4個の解をもつ定数 a の値の範囲を求めよ．

解　(1) $\log_2(x^2+2) = t$ …① とおくと与式は
$$t^2 - 3t + a = 0 \cdots ②$$
ここで，$x^2 + 2 \geq 2$ ($x=0$ のとき等号成立) であるから，①より
$$t \geq \log_2 2 \quad \therefore \quad t \geq 1$$
また，①より $x^2 + 2 = 2^t$　$\therefore$ $x = \pm\sqrt{2^t - 2}$ であるから与式をみたす実数 x の値は，方程式②をみたす実数 t に対し，
$$\begin{cases} t > 1 \text{ なるものに対しては 2 個ずつ} \\ t = 1 \text{ なるものに対しては 1 個} \end{cases}$$
対応し，それ以外の t に対しては，1つも対応しない．
よって，3個の解をもつ条件は
　　②が $t=1$ と $t>1$ をみたす解をもつこと．
ここで
　　② $\Leftrightarrow -t^2 + 3t = a$
より　$f(t) = -t^2 + 3t$ とすると
$$f(t) = -\left(t - \frac{3}{2}\right)^2 + \frac{9}{4}$$
求める条件は $y = f(t)$ のグラフと直線 $y = a$ が $t = 1$ と $t > 1$ において共有点をもつことである．
よって，グラフより
　　$a = 2$

(2) 4個の解をもつ条件は②が $t > 1$ で異なる 2 解をもつこと．これは，$y = f(t)$ のグラフと直線 $y = a$ が $t > 1$ において 2 つの共有点をもつことである．
よって，グラフより
$$2 < a < \frac{9}{4}$$

シェーマ　$\log_a x$ の 2 次方程式の解の個数　▶▶　$\log_a x = t$ とおき，x と t の対応を調べる

復習 061

方程式 $\{\log_3(x^2-2x+10)\}^2 - 8\log_3(x^2-2x+10) - a + 1 = 0$ が 4 個の解をもつ定数 a の値の範囲を求めよ．

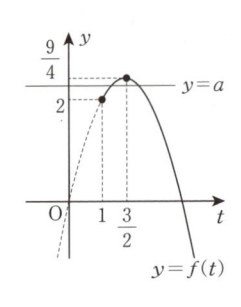

例題 062　$a^x + a^{-x}$ に関する問題

x の関数 $y = 4^x + 4^{-x} + 2(2^x + 2^{-x}) - 4$ において

(1) $t = 2^x + 2^{-x}$ とおくとき，$t \geq 2$ であることを示し，等号が成り立つ x を求めよ．また $4^x + 4^{-x}$ を t で表せ．

(2) y の最小値とそのときの x の値を求めよ．

解 (1) $2^x > 0$, $2^{-x} > 0$ であるから相加・相乗平均の関係より

$$t = 2^x + 2^{-x} \geq 2\sqrt{2^x \cdot 2^{-x}} = 2$$

$$\therefore \ t \geq 2 \cdots ①$$

等号が成り立つのは　$2^x = 2^{-x}$　$\therefore x = -x$　$\therefore x = 0$ のとき

また

$$4^x + 4^{-x} = 4^x + \frac{1}{4^x}$$

$$= \left(2^x + \frac{1}{2^x}\right)^2 - 2 \cdot 2^x \cdot \frac{1}{2^x}$$

$$= t^2 - 2$$

(2) (1)より

$$y = (t^2 - 2) + 2t - 4 = t^2 + 2t - 6 = (t+1)^2 - 7 \cdots ②$$

いま，①より $t \geq 2$ であるから，②より

$$y \geq (2+1)^2 - 7 \quad \therefore \ y \geq 2 \cdots ③$$

ここで(1)より $t = 2$ となる x が存在するので，③の等号が成り立つ．

よって　**y の最小値 2**

このとき，(1)より　**$x = 0$**

シェーマ

　$a^{nx} + a^{-nx}$ の形　≫　$a^x + a^{-x} = t$ とおき t で表す　$(a > 0, a \neq 1)$

復習 062　$y = 9^x + 9^{-x} - 3^{2+x} - 3^{2-x} + 2$ とする．

(1) $t = 3^x + 3^{-x}$ とおくとき，$t \geq 2$ であることを示せ．また $9^x + 9^{-x}$ を t で示せ．

(2) y の最小値とそのときの x の値を求めよ．

§4　指数関数と対数関数

例題 063 無理数となる対数の証明

(1) $\log_2 3$ が無理数であることを示せ．
(2) $\log_2 3$ の小数第 2 位以下を切り捨てた値が 1.5 であることを示せ．

解 (1) $\log_2 3 > \log_2 1 = 0$ であるから $\log_2 3$ は正の数である

$\log_2 3$ が有理数であると仮定すると ← 背理法を用いる

$$\log_2 3 = \frac{p}{q} \quad (p,\ q \text{ は自然数})$$

と表せる．
これより

$$3 = 2^{\frac{p}{q}} \quad \therefore\ 2^p = 3^q \cdots ①$$

ここで左辺は 2 で割り切れ，右辺は 2 で割り切れないので①をみたす $p,\ q$ は存在しない．このことは①が成立することに矛盾する．

よって $\log_2 3$ は無理数である． ■

(2) $\log_2 3$ の小数第 1 位までの値が 1.5 であることを示すには

$$1.5 \leqq \log_2 3 < 1.6 \cdots ①$$

を示せばよい．

$① \Leftrightarrow 15 \leqq 10 \log_2 3 < 16$
$\Leftrightarrow \log_2 2^{15} \leqq \log_2 3^{10} < \log_2 2^{16}$
$\Leftrightarrow 2^{15} \leqq 3^{10} < 2^{16} \cdots ①'$ ← 底 $2(>1)$ より

ここで　$2^{15} = 2^{10} \cdot 2^5 = 1024 \cdot 32 = 32768,\ 3^{10} = 59049,\ 2^{16} = 65536$

であるから，$①'$ が成り立つ．
よって，① が成り立ち，題意が示された． ■

Assist

一般に α が無理数であることを示すとき，背理法を用いる．そこでまず $\alpha = \frac{p}{q}$ (p は整数，q は 0 以外の整数) と表せると仮定する．
このとき，さらに p と q は互いに素と仮定することもできる．このような仮定を利用して矛盾を導くことも多い．

シェーマ

無理数であることの証明 ▶ 有理数と仮定して $\frac{p}{q}$ ($p,\ q$ は整数，$q \neq 0$) と表す (背理法)

復習 063

(1) $\log_6 12$ が無理数であることを証明せよ．
(2) $\log_7 2$ の値を小数第 1 位まで求めよ．

例題 064　極限，微分係数

(1) 次の極限値を求めよ．
 (i) $\displaystyle\lim_{x\to 2}\frac{x^2+2}{x-1}$
 (ii) $\displaystyle\lim_{x\to 1}\frac{x^2+2x-3}{x-1}$

(2) 微分係数の定義 $f'(a)=\displaystyle\lim_{h\to 0}\frac{f(a+h)-f(a)}{h}$ にしたがって，関数 $f(x)=x^3$ の $x=2$ における微分係数を求めよ．また，導関数の定義にしたがって $f'(x)$ を求めよ．

解 (1) (i) $x=2$ を代入して $\displaystyle\lim_{x\to 2}\frac{x^2+2}{x-1}=\frac{2^2+2}{2-1}=6$ ← $x=2$ とおいても分母が 0 にならないので代入してもよい

(ii) $x\ne 1$ より

$$与式=\lim_{x\to 1}\frac{(x-1)(x+3)}{x-1}=\lim_{x\to 1}(x+3)=1+3=4$$

← $x\to 1$ のとき $x\ne 1$ なので分母分子を $x-1$ でわってよい

(2) $\displaystyle f'(2)=\lim_{h\to 0}\frac{(2+h)^3-2^3}{h}=\lim_{h\to 0}\frac{12h+6h^2+h^3}{h}$
$\displaystyle =\lim_{h\to 0}(12+6h+h^2)=12+6\cdot 0+0^2=\boldsymbol{12}$

また $\displaystyle f'(x)=\lim_{h\to 0}\frac{(x+h)^3-x^3}{h}=\lim_{h\to 0}\frac{3x^2h+3xh^2+h^3}{h}$
$\displaystyle =\lim_{h\to 0}(3x^2+3xh+h^2)=\boldsymbol{3x^2}$

Assist 1°（極限値の定義）関数 $f(x)$ において，x が a と異なる値をとりながら a に限りなく近づくとき，$f(x)$ がある一定の値 α に限りなく近づく場合，$\displaystyle\lim_{x\to a}f(x)=\alpha$ または，$x\to a$ のとき $f(x)\to\alpha$ と書き，この値 α を，$x\to a$ のときの $f(x)$ の極限値という．
上の定義より，$x\to a$ のとき $x\ne a$ である．

2° $y=f(x)$ のとき，導関数を y', $f'(x)$, $\dfrac{dy}{dx}$, $\dfrac{d}{dx}y$, $\dfrac{d}{dx}f(x)$ などと書くことができる．

《微分係数の定義》　$\displaystyle f'(a)=\lim_{h\to 0}\frac{f(a+h)-f(a)}{h}=\lim_{x\to a}\frac{f(x)-f(a)}{x-a}$

《導関数の定義》　$\displaystyle f'(x)=\lim_{h\to 0}\frac{f(x+h)-f(x)}{h}$

シェーマ　$x\to a$ のときの極限　》　$x\ne a$ より分母分子に $x-a$ があれば約分してよい（$h\to 0$ のときは h で約分）

復習 064 (1) 次の極限値を求めよ．
 (i) $\displaystyle\lim_{x\to -1}\frac{x^3+3}{2x+1}$
 (ii) $\displaystyle\lim_{x\to 3}\frac{x^3-27}{x-3}$

(2) 導関数の定義にしたがって，x^4 の導関数を求めよ．

§5　微分法と積分法

例題 065　微分の計算

(1) $f(x)=x^3+2x^2-5x+3$ のとき，$f'(x)$，$f'(1)$ を求めよ．
(2) $f(x)=x^4+2x^3-x^2+3x-4$ のとき，$f'(x)$，$f'(-2)$ を求めよ．

解 (1) $f'(x)=(x^3+2x^2-5x+3)'$
$=(x^3)'+2(x^2)'-5(x)'+3(1)'$
$=3x^2+2(2x)-5\cdot 1$
$=\boldsymbol{3x^2+4x-5}$

よって
$f'(\boldsymbol{1})=3+4-5=\boldsymbol{2}$

(2) $f'(x)=(x^4+2x^3-x^2+3x-4)'$
$=(x^4)'+2(x^3)'-(x^2)'+3(x)'-4(1)'$
$=4x^3+2(3x^2)-(2x)+3\cdot 1$
$=\boldsymbol{4x^3+6x^2-2x+3}$

よって
$f'(\boldsymbol{-2})=4(-2)^3+6(-2)^2-2(-2)+3=\boldsymbol{-1}$

《導関数の公式》
(i) $(x^n)'=nx^{n-1}$ （n は自然数）
定数 c に対して　$(c)'=0$
(ii) $f(x)=a_n x^n+a_{n-1}x^{n-1}+\cdots+a_1 x+a_0$ のとき
$f'(x)=na_n x^{n-1}+(n-1)a_{n-1}x^{n-2}+\cdots+a_1$

Assist　一般に公式(i)と導関数の性質
$\{af(x)\}'=af'(x)$,　$\{f(x)+g(x)\}'=f'(x)+g'(x)$
を用いて整式の微分を計算する．

シェーマ　$\alpha f(x)+\beta g(x)$ の微分　$\Longrightarrow$　$\alpha f'(x)+\beta g'(x)$　$(=\{\alpha f(x)+\beta g(x)\}')$ と計算

復習 065

(1) $f(x)=3x^3-x^2+7$ のとき，$f'(x)$，$f'(-1)$ を求めよ．
(2) $f(x)=-x^4+5x^3+6x^2-x-1$ のとき，$f'(x)$，$f'(0)$ を求めよ．

例題 066 3次関数の接線

(1) $y = x^3 + x^2 - 2x + 3$ 上の点 $(1, 3)$ における接線の方程式を求めよ．
(2) 点 $(1, 14)$ を通り，曲線 $y = x^3 - 3x^2$ に接する直線の方程式を求めよ．

解 (1) $f(x) = x^3 + x^2 - 2x + 3$ とおくと
$$f'(x) = 3x^2 + 2x - 2$$
よって $f'(1) = 3$
よって，曲線上の点 $(1, 3)$ における接線の方程式は，点 $(1, 3)$ を通り傾き 3 の直線で
$$y = 3(x-1) + 3 \quad \therefore \quad \boldsymbol{y = 3x}$$

(2) $f(x) = x^3 - 3x^2$ とおくと $f'(x) = 3x^2 - 6x$
よって，曲線上の点 $(t, t^3 - 3t^2)$ における接線の方程式は
$$y = (3t^2 - 6t)(x - t) + t^3 - 3t^2$$
$$\therefore \quad y = (3t^2 - 6t)x - 2t^3 + 3t^2 \cdots ①$$
この接線が $(1, 14)$ を通る条件は，代入して
$$14 = (3t^2 - 6t) \cdot 1 - 2t^3 + 3t^2$$
$$\therefore \quad t^3 - 3t^2 + 3t + 7 = 0 \cdots (*)$$
$t = -1$ を代入すると成り立つので左辺が $t + 1$ で割りきれ
$$(t + 1)(t^2 - 4t + 7) = 0$$
ここで $t^2 - 4t + 7 = (t-2)^2 + 3 > 0$ より $t = -1$
①に代入して求める接線の方程式は
$$\boldsymbol{y = 9x + 5}$$

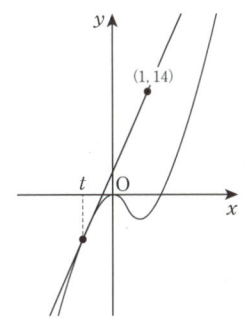

Assist

$(*)$ は t の3次方程式と考えられるので，もしこれが3つの異なる実数解をもてば，それに対応して $(1, 14)$ を通る接線は3本あることになる．（例題074参照）

《接線の公式》 曲線 $y = f(x)$ 上の点 $(t, f(t))$ における接線の方程式は
$$y = f'(t)(x - t) + f(t)$$

シェーマ 曲線外の点を通る接線　≫　接点の x 座標を t とおき，接線を t で表す

復習 066
(1) $y = 2x^3 + 5x^2 - 3x + 1$ 上の点 $(1, 5)$ における接線の方程式を求めよ．
(2) $y = x^3 - 3x + 1$ の接線で点 $(1, -2)$ を通るものを求めよ．

例題 067　3次関数のグラフ

次の3次関数のグラフをかけ．
(1) $y = x^3 - 3x^2 - 9x + 2$　(2) $y = x^3 - 3x^2 + 3x + 1$　(3) $y = x^3 + 3x^2 + 9x - 1$

解　(1)　$y' = 3x^2 - 6x - 9 = 3(x+1)(x-3)$

増減表は

x		-1		3	
y'	$+$	0	$-$	0	$+$
y	↗	7	↘	-25	↗

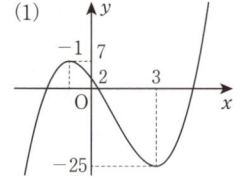

(2)　$y' = 3x^2 - 6x + 3 = 3(x-1)^2$

増減表は

x		1	
y'	$+$	0	$+$
y	↗	2	↗

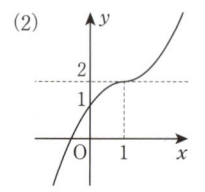

(3)　$y' = 3x^2 + 6x + 9 = 3(x^2 + 2x + 3) = 3\{(x+1)^2 + 2\}$

よって，つねに $y' > 0$

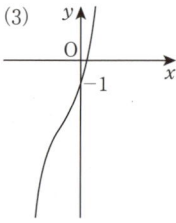

Assist

（関数の増減）
つねに $f'(x) > 0$ ならば，その区間で $f(x)$ は単調に増加する
つねに $f'(x) < 0$ ならば，その区間で $f(x)$ は単調に減少する
つねに $f'(x) = 0$ ならば，その区間で $f(x)$ は定数である

（3次関数のグラフの概形）
$f(x) = ax^3 + bx^2 + cx + d$ （$a > 0$ とする）に対して　(ア)　$f'(x) = 3a(x - \alpha)(x - \beta)$ （$\alpha < \beta$）

(イ)　$f'(x) = 3a(x - \alpha)^2$　(ウ)　$f'(x) = 3ax^2 + 2bx + c$ $\left(\dfrac{D}{4} = b^2 - 3ac < 0\right)$

の3つの場合が考えられ，それぞれグラフの概形は以下の通り．

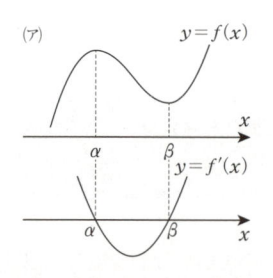

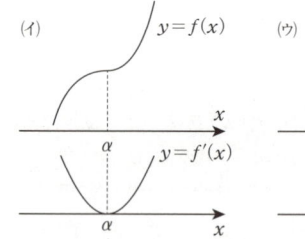

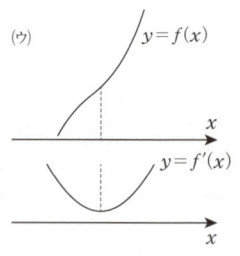

シェーマ

3次関数 $f(x)$ のグラフ　　(i) $f'(x) = 0$ となる x を見つけ
　　(ii) $f'(x)$ の符号を調べ　(iii) $f(x)$ の増減表を書く

復習 067　次の3次関数のグラフをかけ．
(1) $y = x^3 + x^2 - x + 2$　(2) $y = -\dfrac{2}{3}x^3 + 2x^2 - 2x - 3$　(3) $y = \dfrac{1}{2}x^3 - 3x^2 + 8x + 3$

例題 068 3次関数の極値

3次関数 $f(x)=x^3+4x^2+ax-1$ において，次の問いに答えよ．
(1) $a=-3$ のとき極大値を求めよ．
(2) $f(x)$ が極値をもつ定数 a の値の範囲を求めよ．
(3) $f(x)$ が $x=1$ で極値をもつ定数 a の値を求め，極大値か極小値かを答えよ．また，この極値を求めよ．

解 (1) $f'(x)=3x^2+8x-3=(3x-1)(x+3)$
よって 極大値 $=f(-3)=\mathbf{17}$

x		-3		$\dfrac{1}{3}$	
$f'(x)$	$+$	0	$-$	0	$+$
$f(x)$	↗	極大	↘	極小	↗

(2) 3次関数が極値をもつのは，極大値と極小値を1つずつもつとき．つまり，$f'(x)=0$ が異なる2実数解をもつとき．$f'(x)=3x^2+8x+a$ より，条件は $f'(x)=0$ の判別式を D とすると
$$\dfrac{D}{4}=16-3a>0 \quad \therefore \quad a<\dfrac{16}{3}$$

← 例題 067 assist の(ア)の形であることが必要十分

(3) $x=1$ で極値をもつとき，$f'(1)=11+a=0$
$\therefore a=\mathbf{-11}$ であることが必要．このとき
$f'(x)=3x^2+8x-11=(x-1)(3x+11)$
よって，$x=1$ で極値をもち，これは増減表より**極小**．

極小値 $f(1)=a+4=\mathbf{-7}$

x		$-\dfrac{11}{3}$		1	
$f'(x)$	$+$	0	$-$	0	$+$
$f(x)$	↗	極大	↘	極小	↗

Assist (関数の極値)
$x=a$ を含む十分小さい区間で，$x \neq a$ ならば $f(x)<f(a)$ が成り立つとき，$f(x)$ は $x=a$ で極大になるという．同様に，$f(x)>f(a)$ が成り立つとき，$f(x)$ は $x=a$ で極小という．
いま $f'(x)$ の符号が $x=a$ の前後で「正から負に変化する」場合，$f(x)$ は $x=a$ を境に増加から減少に転じるので $x=a$ で極大となる．同様に「負から正に変化する」場合，$f(x)$ は $x=a$ を境に減少から増加に転じるので $x=a$ で極小となる．

(極値の必要条件)　　　$x=\alpha$ で極値 $\Rightarrow f'(\alpha)=0$

シェーマ
3次関数 $f(x)$ が極値をもつ　≫　$f'(x)=0$ が異なる2実数解をもつ

復習 068
(1) $y=2x^3-x^2-4x-1$ の極大値を求めよ．
(2) $y=2x^3-ax^2+x+9$ が極値をもつ定数 a の値の範囲を求めよ．
(3) $y=x^3-7x^2+ax+4$ が $x=2$ で極値をもつ定数 a の値と極値を求めよ．
TRIAL $y=x^3-2x^2-3x+2$ の極小値を求めよ．

例題 069　3次関数の最大最小①

3次関数 $y = x^3 - \dfrac{3}{2}x^2 - 6x + 2$ において，次の問いに答えよ．

(1) $-3 \leqq x \leqq 3$ における最大値，最小値を求めよ．

(2) $0 \leqq x \leqq 3$ における最大値，最小値を求めよ．

解 (1) $y' = 3x^2 - 3x - 6 = 3(x-2)(x+1)$

$-3 \leqq x \leqq 3$ における増減表は次の通り．

x	-3		-1		2		3
y'		$+$	0	$-$	0	$+$	
y	$-\dfrac{41}{2}$	↗	$\dfrac{11}{2}$	↘	-8	↗	$-\dfrac{5}{2}$

よって，$x = -1$ のとき最大値 $\dfrac{11}{2}$

$x = -3$ のとき最小値 $-\dfrac{41}{2}$

(2) (1)と同様にして増減表は次の通り．

x	0		2		3
y'		$-$	0	$+$	
y	2	↘	-8	↗	$-\dfrac{5}{2}$

よって，$x = 0$ のとき最大値 2

$x = 2$ のとき最小値 -8

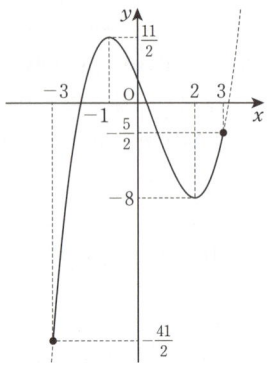

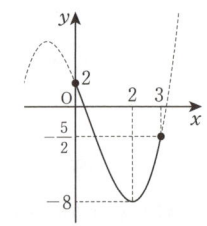

シェーマ

3次関数の　最大値　⇒　極大値と端点の y 座標を比較

　　　　　　最小値　⇒　極小値と端点の y 座標を比較

復習 069　3次関数 $y = \dfrac{2}{3}x^3 - 5x^2 + 8x + 1$ において，次の問いに答えよ．

(1) $0 \leqq x \leqq 6$ における最大値，最小値を求めよ．

(2) $-1 \leqq x \leqq 3$ における最大値，最小値を求めよ．

例題 070　3次関数の最大最小②

3次関数 $y=2x^3-3ax^2+4$ において, $0\leqq x\leqq 2$ における最大値, 最小値を求めよ. ただし, a は実数の定数とする.

解 $f(x)=2x^3-3ax^2+4$ とおくと $f'(x)=6x^2-6ax=6x(x-a)$

(i) $a\leqq 0$ のとき
　　　$0\leqq x\leqq 2$ で $f'(x)\geqq 0$　つまり, $f(x)$ は増加関数
　　よって, $x=2$ のとき最大値　$f(2)=20-12a$
　　　　　　$x=0$ のとき最小値　$f(0)=4$

(ii) $0<a<2$ のとき
　増減表より, $x=a$ のとき
　最小値　$f(a)=-a^3+4$
　また
　　　　$f(2)-f(0)=(20-12a)-4=4(4-3a)$
　より

x	0		a		2
$f'(x)$		$-$	0	$+$	
$f(x)$	4	↘	$-a^3+4$	↗	$20-12a$

　(ア) $0<a\leqq\dfrac{4}{3}$ のとき, $f(2)-f(0)\geqq 0$　∴　$f(2)\geqq f(0)$
　　であるから $x=2$ のとき最大値　$f(2)=20-12a$

　(イ) $\dfrac{4}{3}<a<2$ のとき, $f(2)<f(0)$ であるから
　　　$x=0$ のとき最大値　$f(0)=4$

(iii) $a\geqq 2$ のとき　$0\leqq x\leqq 2$ で $f'(x)\leqq 0$　つまり, $f(x)$ は減少関数
　　よって, $x=0$ のとき最大値　$f(0)=4$
　　　　　　$x=2$ のとき最小値　$f(2)=20-12a$

以上より

$\begin{cases} a\leqq\dfrac{4}{3} \text{ のとき　最大値　} 20-12a \\ a>\dfrac{4}{3} \text{ のとき　最大値　} 4 \end{cases}$

$\begin{cases} a\leqq 0 \text{ のとき　　　最小値　} 4 \\ 0<a<2 \text{ のとき 最小値　} -a^3+4 \\ a\geqq 2 \text{ のとき　　　最小値　} 20-12a \end{cases}$

シェーマ　文字定数を含む関数の最大最小　▶▶▶　区間内に極値があるかどうかで場合分け

復習 070

3次関数 $y=x^3-3a^2x+a^2$ において, $-2\leqq x\leqq 2$ における最大値, 最小値を求めよ. ただし, a は正の定数とする.

例題 071 3次方程式の解

3次方程式 $x^3+6x^2+a=0$ について考える．
(1) 異なる3つの実数解をもつ定数 a の値の範囲を求めよ．
(2) $-5<x<2$ の範囲で異なる3つの実数解をもつ定数 a の値の範囲を求めよ．また，このとき一番大きな解を γ とするとき，γ の値の範囲を求めよ．

解 (1) $x^3+6x^2+a=0 \Leftrightarrow a=-x^3-6x^2$

より $f(x)=-x^3-6x^2$ とおくと，与えられた方程式の実数解は $y=f(x)$ のグラフと $y=a$ のグラフの共有点の x 座標．したがって，題意をみたす条件は，この2つのグラフが異なる3つの共有点をもつこと．

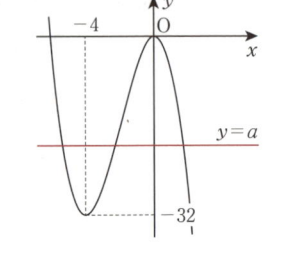

$f'(x)=-3x^2-12x=-3x(x+4)$

x		-4		0	
$f'(x)$	$-$	0	$+$	0	$-$
$f(x)$	↘	-32	↗	0	↘

このグラフより $-32<a<0$

(2) $-5<x<2$ の範囲で異なる3つの共有点をもつ条件を求め

x	-5		-4		0		2
$f'(x)$		$-$	0	$+$	0	$-$	
$f(x)$	-25	↘	-32	↗	0	↘	-32

このグラフより $-32<a<-25$

ここで γ は3つの共有点のうち，一番右側の点の x 座標
$a=-25$ のとき

$x^3+6x^2+a=0 \Leftrightarrow x^3+6x^2-25=0$
$\Leftrightarrow (x+5)(x^2+x-5)=0 \Leftrightarrow x=-5, \dfrac{-1\pm\sqrt{21}}{2}$

より一番右側の点の x 座標は $\dfrac{-1+\sqrt{21}}{2}$ であるから，

求める γ の値の範囲は $\dfrac{-1+\sqrt{21}}{2}<\gamma<2$

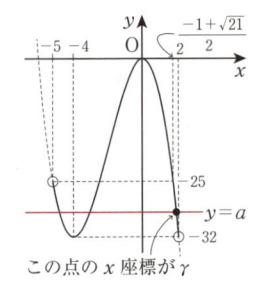

|← このときグラフより $a=f(x)$ は $x=-5$ を解にもつことに注意

シェーマ

文字定数 a を含む方程式　≫　$f(x)=a$ の形にする（定数分離）

復習 071 3次方程式 $x^3-3x^2-24x+1-k=0$ について考える．
(1) $-4 \leqq x \leqq 8$ で少なくとも1つの実数解をもつ定数 k の値の範囲を求めよ．
(2) $-4 \leqq x \leqq 8$ で異なる3つの実数解をもつとき，一番小さな解 γ の値の範囲を求めよ．

TRIAL 実数 a の値が変化するとき，3次関数 $y=x^3-4x^2+6x$ と直線 $y=x+a$ のグラフの交点の個数はどのように変化するか．a の値によって分類せよ．

例題 072　3次方程式の解の個数

3次方程式 $2x^3+3(a+1)x^2+6ax+a-3=0$ が異なる3つの実数解をもつ定数 a の値の範囲を求めよ．

解　$f(x)=2x^3+3(a+1)x^2+6ax+a-3$ とおくと
$$f'(x)=6x^2+6(a+1)x+6a=6(x+1)(x+a)$$
より
$$f'(x)=0 \Leftrightarrow x=-1,\ -a$$

いま題意をみたす条件は，
(i) $f'(x)$ が極大値と極小値をもち
(ii) (極大値 >0 かつ極小値 <0)

$\begin{cases} f(-1)>0 \\ f(-a)<0 \end{cases}$ または $\begin{cases} f(-1)<0 \\ f(-a)>0 \end{cases}$

(i)は　$-a \neq -1$　∴　$a \neq 1 \cdots$ ①

(ii)は　$f(-1) f(-a)<0$
∴　$(-2a-2)(a^3-3a^2+a-3)<0$
　　$(a+1)\{a^2(a-3)+(a-3)\}>0$
　　$(a+1)(a^2+1)(a-3)>0$

$a^2+1>0$ より
　　$(a+1)(a-3)>0$　∴　$a<-1,\ 3<a \cdots$ ②

①②より
$$a<-1,\ 3<a$$

Assist（3次方程式 $f(x)=0$ の解の個数）
3次関数 $f(x)$ が2つの極値をもつとき，つまり $f'(x)=0$ が異なる2つの解 $\alpha,\ \beta$ をもつとき
(i) 解の個数が1個 $\Leftrightarrow f(\alpha) \cdot f(\beta)>0$
(ii) 解の個数が2個 $\Leftrightarrow f(\alpha) \cdot f(\beta)=0$
(iii) 解の個数が3個 $\Leftrightarrow f(\alpha) \cdot f(\beta)<0$

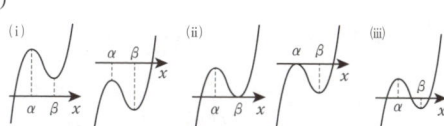

（3次関数 $f(x)$ が2つの極値をもたないとき，つまり，$f'(x)=0$ が重解をもつか実数解をもたないときは，つねに解の個数は1個である．）

シェーマ

3次方程式 $f(x)=0$ が異なる3つの実数解をもつ　⟹　$f'(x)=0$ が異なる2実数解 $\alpha,\ \beta$ をもち $f(\alpha) \cdot f(\beta)<0$

復習 072　3次方程式 $x^3+3ax^2-45a^2x-5=0$ がちょうど2つの実数解をもつ定数 a の値の範囲を求めよ．

例題 073　接線が一致する

x の 3 次式 $f(x)=x^3+2x^2+4x-3$ と 2 次式 $g(x)=x^2+5x+a$ において，$y=f(x)$ のグラフと $y=g(x)$ のグラフが接するような定数 a の値を求めよ．ただし，2 曲線が接するとは，ある共有点における接線が一致することをいう．

解　共有点の x 座標を t とし，その共有点で接線が一致する条件は

$$\begin{cases} f(t)=g(t) \\ f'(t)=g'(t) \end{cases} \cdots(*)$$

$\therefore \begin{cases} t^3+2t^2+4t-3=t^2+5t+a \cdots ① \\ 3t^2+4t+4=2t+5 \cdots ② \end{cases}$

よって，題意をみたすのは，ある実数 t に対して①②をみたすときである．②より

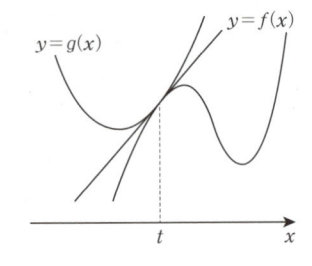

$3t^2+2t-1=0$　$\therefore (3t-1)(t+1)=0$　$\therefore t=-1, \dfrac{1}{3}$

ここで①より　$a=t^3+t^2-t-3$ であるから

$$a=-2, -\dfrac{86}{27}$$

Assist　$y=f(x)$ のグラフと $y=g(x)$ のグラフにおいて x 座標が t の点における接線が一致する条件は，x 座標が t の点が共有点であること ($f(t)=g(t)$)，かつ，x 座標が t の点における接線の傾きが一致すること ($f'(t)=g'(t)$) であるから (*) と表せる．
2 つの接線を $y=f'(t)(x-t)+f(t)$ と $y=g'(t)(x-t)+g(t)$ と表して，傾きと y 切片が等しいとするのは面倒である．

シェーマ

$y=f(x)$ と $y=g(x)$ が $x=t$ で接する　⟹　$\begin{cases} f(t)=g(t) \\ f'(t)=g'(t) \end{cases}$

復習 073

x の 3 次式 $f(x)=x^3+ax^2+bx+c$ と $g(x)=x^2+px+q$ において，関数 $y=f(x)$ が極値をもたず，$y=f(x)$ のグラフと $y=g(x)$ のグラフとがただ 1 点 A$(0, 1)$ を共有し，A において共通の接線をもつとする．

(1) 定数 p の値の範囲を求めよ．

(2) 放物線 $y=g(x)$ の頂点はどのような図形を描くか．

例題 074　接線の本数

3次関数 $y=x^3+6x^2+9x-1$ のグラフに点 $(0, a)$ を通る接線が3本引けるとき，定数 a の値の範囲を求めよ．

解　$f(x)=x^3+6x^2+9x-1$ とする．曲線 $y=f(x)$ 上の点 $(t, f(t))$ における接線の式は　$f'(x)=3x^2+12x+9$ より

$$y=(3t^2+12t+9)(x-t)+t^3+6t^2+9t-1$$

$$\therefore\ y=(3t^2+12t+9)x-2t^3-6t^2-1$$

この接線が点 $(0, a)$ を通る条件は，代入して

$$a=-2t^3-6t^2-1 \cdots ①$$

接線が3本引ける条件は，①をみたす実数 t が3個存在することである．

$g(t)=-2t^3-6t^2-1$ とおくと

$$g'(t)=-6t^2-12t=-6t(t+2)$$

t		-2		0	
$g'(t)$	$-$	0	$+$	0	$-$
$g(t)$	↘	-9	↗	-1	↘

$y=g(t)$ のグラフと $y=a$ のグラフが3つの共有点をもつ条件を求めて

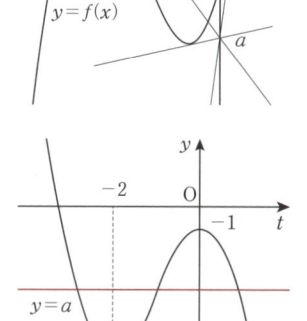

$$-9 < a < -1$$

Assist

(i) 例題066の(2)と同様に，曲線上の接点の x 座標を t とおいて解答を始めていることに注意しよう．

(ii) 3次関数のグラフにおいては，接点が異なれば接線が異なるので，接線が3本引けるためには，$(0, a)$ を通る接線の接点が3つとれればよい．それゆえ，上の条件でよいことがわかる．

シェーマ

3次関数の接線の本数 ➡ 接点の x 座標を t とおくと
接線の本数 ＝ 接点の個数 ＝ 実数 t の個数

復習 074

3次関数 $y=x^3+x^2-3x-4$ のグラフに点 $(0, a)$ を通る接線が1本しか引けないとき，定数 a の値の範囲を求めよ．

TRIAL　3次関数 $y=x^3+3x^2$ のグラフに点 (a, b) を通る接線が3本引けるとき a, b のみたすべき条件を求め，ab 座標に図示せよ．

例題 075 不等式の証明

(1) $x \geqq 0$ のとき $x^3+9x+1 > 6x^2$ が成り立つことを示せ.
(2) $x \leqq 0$ において, $3x^3+4x^2 \leqq x+a$ が成り立っているとき, 定数 a の値の範囲を求めよ.

解 (1) $f(x)=(x^3+9x+1)-6x^2$ とおくと
$$f(x)=x^3-6x^2+9x+1$$
よって $f'(x)=3x^2-12x+9=3(x-1)(x-3)$
よって, 増減表は次の通り.

x	0		1		3	
$f'(x)$		+	0	−	0	+
$f(x)$	1	↗	5	↘	1	↗

したがって, $x \geqq 0$ のとき $f(x)>0$ であり, 題意が示された. 終

(2) $3x^3+4x^2 \leqq x+a \Leftrightarrow 3x^3+4x^2-x \leqq a$
ここで $f(x)=3x^3+4x^2-x$ とおくと
$$f'(x)=9x^2+8x-1=(9x-1)(x+1)$$

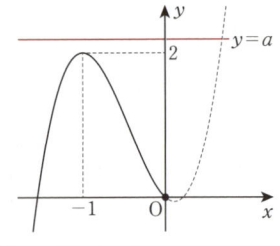

x		−1		0
$f'(x)$	+	0	−	
$f(x)$	↗	2	↘	0

よって, $x \leqq 0$ において, $y=f(x)$ が $y=a$ の下側 (共有点があってもよい)
にある条件より
$$a \geqq 2$$

シューマ

| $P \geqq Q$ を示す | ▶ | $f(x)=P-Q$ とおいて $f(x) \geqq 0$ を示す. |
| 文字定数 a を含む不等式 | ▶ | a を分離し $f(x) \leqq a$ (or $f(x) \geqq a$) と変形 |

復習 075

(1) $x \leqq 0$ のとき $x^3+4x^2 \leqq 3x+18$ が成り立つことを示せ.
(2) $x \geqq 0$ において, $x^3+32 \geqq px^2$ が成り立っているとき, 正の定数 p の値の範囲を求めよ.

TRIAL 任意の正の実数 x に対して $x^5-1 \geqq k(x^4-1)$ が成り立つように定数 k の値を定めよ.

例題 076　図形問題への微分の応用

半径 R の球に内接する直円柱の体積を V とするとき，V の最大値は元の球の体積の何倍となるか．

解　半径 R の球に内接する直円柱の高さを $2x$，底面の円の半径を y とすると，
$$V = \pi y^2 \times 2x = 2\pi x y^2$$ 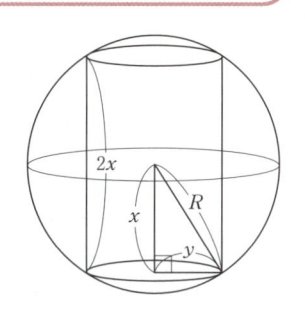
一方，この直円柱が半径 R の球に内接するので
$$R^2 = x^2 + y^2 \quad \therefore \quad y^2 = R^2 - x^2$$
代入して y を消去すると
$$V = 2\pi x(R^2 - x^2) = 2\pi(-x^3 + R^2 x)$$
また x の値の範囲は $0 < x < R$

ここで，$f(x) = -x^3 + R^2 x$ とおくと
$$f'(x) = -3x^2 + R^2$$
$$= -3\left(x - \frac{R}{\sqrt{3}}\right)\left(x + \frac{R}{\sqrt{3}}\right)$$

x	0		$\dfrac{R}{\sqrt{3}}$		R
$f'(x)$		$+$	0	$-$	
$f(x)$		↗		↘	

よって $x = \dfrac{R}{\sqrt{3}}$ のとき $f(x)$ は最大となり，V も最大である．

このとき

V の最大値　　$2\pi \cdot f\left(\dfrac{R}{\sqrt{3}}\right) = \dfrac{4}{3\sqrt{3}}\pi R^3$

一方，元の球の体積は $\dfrac{4}{3}\pi R^3$ なので

V の最大値は元の球の体積の $\dfrac{1}{\sqrt{3}}$ 倍

シェーマ　図形の応用問題　≫　「動くもの」を文字でおき条件式を作る

復習 076

半径 R の球に内接する正四角錐の体積を V とする．V の最大値は元の球の体積の何倍か．ただし，正四角錐とは，底面が正方形で，この正方形の中心と頂点を結ぶ線分が底面に垂直な四角錐のことである．

§5　微分法と積分法

例題 077　4次関数のグラフ

次の4次関数のグラフをかけ．
(1) $y = x^4 - 4x^3 - 8x^2 + 48x - 1$　　(2) $y = -3x^4 - 8x^3 + 5$

解 (1) $y' = 4x^3 - 12x^2 - 16x + 48$
$= 4x^2(x-3) - 16(x-3)$
$= 4(x-3)(x^2-4)$
$= 4(x-3)(x-2)(x+2)$

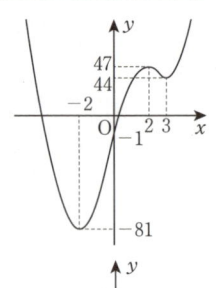

x		-2		2		3	
y'	$-$	0	$+$	0	$-$	0	$+$
y	↘	-81	↗	47	↘	44	↗

(2) $y' = -12x^3 - 24x^2 = -12x^2(x+2)$

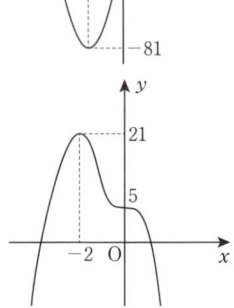

x		-2		0	
y'	$+$	0	$-$	0	$-$
y	↗	21	↘	5	↘

Assist

4次関数 $f(x)$ に対して，$f'(x)$ は次のように分類される（α, β, γ は異なる実数，$a \neq 0$）
(i) $f'(x) = a(x-\alpha)(x-\beta)(x-\gamma)$　(ii) $f'(x) = a(x-\alpha)^2(x-\beta)$
(iii) $f'(x) = a(x-\alpha)^3$　(iv) $f'(x) = a(x-\alpha)(x^2+bx+c)$　($D = b^2 - 4c < 0$)

と分類され，おのおののグラフの概形は次の通り（$a > 0$ としてあり，x 軸はとりあえず下に書いてある）である．

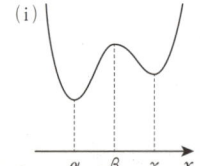

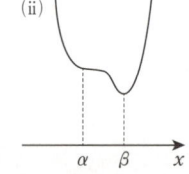

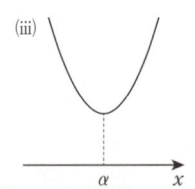

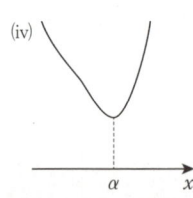

シェーマ

4次関数 y のグラフ　⟹　3次式 y' を 因数分解 し，極値 を調べ，増減表 を書く

復習 077　次の4次関数のグラフをかけ．
(1) $y = -x^4 + \dfrac{4}{3}x^3 + 6x^2 - 12x - 2$　　(2) $y = x^4 + 4x^3 + 6x^2 + 4x - 1$

例題 078　積分の計算①

次の積分を計算せよ。
(1) $\displaystyle\int x^2 dx$　(2) $\displaystyle\int (x^2+3x+4)dx$　(3) $\displaystyle\int_{-2}^{4}(2x^2-3x+1)dx$

解 (1) $\displaystyle\int x^2 dx = \frac{1}{3}x^3 + C$

(2) $\displaystyle\int (x^2+3x+4)dx = \frac{1}{3}x^3 + \frac{3}{2}x^2 + 4x + C$

(3) $\displaystyle\int_{-2}^{4}(2x^2-3x+1)dx = \left[\frac{2}{3}x^3 - \frac{3}{2}x^2 + x\right]_{-2}^{4}$

$\qquad = \left(\frac{2}{3}\cdot 4^3 - \frac{3}{2}\cdot 4^2 + 4\right) - \left\{\frac{2}{3}(-2)^3 - \frac{3}{2}(-2)^2 + (-2)\right\}$

$\qquad = \left(\frac{128}{3} - 24 + 4\right) - \left\{\left(-\frac{16}{3}\right) - 6 - 2\right\} = \mathbf{36}$

Assist　(積分の定義)

関数 $f(x)$ に対して、微分すると $f(x)$ となる関数、すなわち、$F'(x)=f(x)$ をみたす関数 $F(x)$ を、$f(x)$ の不定積分あるいは原始関数という。関数 $f(x)$ の不定積分を $\displaystyle\int f(x)dx$ と表す。次に、関数 $f(x)$ の1つの不定積分を $F(x)$ とするとき、2つの実数 a, b に対して、$F(b)-F(a)$ を、$f(x)$ の a から b までの定積分といい、$\displaystyle\int_a^b f(x)dx$ と表す。また $F(b)-F(a)$ を $\left[F(x)\right]_a^b$ と表す。

《積分の公式Ⅰ》

$F'(x)=f(x)$ のとき　$\displaystyle\int f(x)dx = F(x)+C$　（C は積分定数）

$\displaystyle\int x^n dx = \frac{1}{n+1}x^{n+1} + C$　　$\displaystyle\int_a^b x^n dx = \left[\frac{1}{n+1}x^{n+1}\right]_a^b = \frac{1}{n+1}(b^{n+1}-a^{n+1})$

（n は 0 または正の整数）

$\displaystyle\int \alpha f(x)dx = \alpha \int f(x)dx$　　$\displaystyle\int \{f(x)+g(x)\}dx = \int f(x)dx + \int g(x)dx$

シェーマ

$\alpha f(x)+\beta g(x)$ の積分　≫　$\displaystyle\alpha \int f(x)dx + \beta \int g(x)dx$ を計算

$\left(= \displaystyle\int \{\alpha f(x)+\beta g(x)\}dx\right)$

復習 078　次の積分を計算せよ。
(1) $\displaystyle\int \left(-\frac{1}{2}x^2 + \frac{2}{3}x - 5\right)dx$　(2) $\displaystyle\int_3^{-2}(5x^2-x-6)dx$

§5　微分法と積分法

例題 079　積分の計算②

次の定積分を計算せよ．

(1) $\displaystyle\int_{\alpha}^{\beta}(x-\alpha)(x-\beta)dx$　　(2) $\displaystyle\int_{-2}^{2}(x^3+x^2+3x-4)dx$

(3) $\displaystyle\int_{-3}^{1}(x^2+3x+1)dx - \int_{3}^{1}(x^2+3x+1)dx$

解 (1) 与式 $=\displaystyle\int_{\alpha}^{\beta}\{x^2-(\alpha+\beta)x+\alpha\beta\}dx = \left[\dfrac{1}{3}x^3-(\alpha+\beta)\left(\dfrac{1}{2}x^2\right)+\alpha\beta x\right]_{\alpha}^{\beta}$

$=\dfrac{1}{3}(\beta^3-\alpha^3)-\dfrac{\alpha+\beta}{2}(\beta^2-\alpha^2)+\alpha\beta(\beta-\alpha)$

$=\dfrac{\beta-\alpha}{6}\{2(\beta^2+\beta\alpha+\alpha^2)-3(\alpha+\beta)^2+6\alpha\beta\}=\dfrac{\beta-\alpha}{6}(-1)(\beta^2-2\beta\alpha+\alpha^2)=-\dfrac{1}{6}(\beta-\alpha)^3$

(2) x^3+3x は奇数次の項の和なので　$\displaystyle\int_{-2}^{2}(x^3+3x)dx=0$

x^2-4 は偶数次の項の和なので　$\displaystyle\int_{-2}^{2}(x^2-4)dx=2\int_{0}^{2}(x^2-4)dx$

よって　与式 $=2\displaystyle\int_{0}^{2}(x^2-4)dx=2\left[\dfrac{1}{3}x^3-4x\right]_{0}^{2}=2\cdot\left(-\dfrac{16}{3}\right)=-\dfrac{32}{3}$

(3) 与式 $=\displaystyle\int_{-3}^{1}(x^2+3x+1)dx+\int_{1}^{3}(x^2+3x+1)dx$ ← $-\displaystyle\int_{3}^{1}\square dx=\int_{1}^{3}\square dx$

$=\displaystyle\int_{-3}^{3}(x^2+3x+1)dx=2\int_{0}^{3}(x^2+1)dx=2\left[\dfrac{1}{3}x^3+x\right]_{0}^{3}=24$　← x^2+1 は偶数次 $3x$ は奇数次

《積分の公式Ⅱ》　$\displaystyle\int_{a}^{a}f(x)dx=0$　$\displaystyle\int_{a}^{b}f(x)dx=-\int_{b}^{a}f(x)dx$

$\displaystyle\int_{a}^{b}f(x)dx+\int_{b}^{c}f(x)dx=\int_{a}^{c}f(x)dx$

$\displaystyle\int_{-\alpha}^{\alpha}x^{2n-1}dx=0$　$\displaystyle\int_{-\alpha}^{\alpha}x^{2n}dx=2\int_{0}^{\alpha}x^{2n}dx$ …(∗)

Assist　(∗)の証明：$\displaystyle\int_{-\alpha}^{\alpha}x^{2n-1}dx=\left[\dfrac{1}{2n}x^{2n}\right]_{-\alpha}^{\alpha}=\dfrac{1}{2n}\{\alpha^{2n}-(-\alpha)^{2n}\}=\dfrac{1}{2n}(\alpha^{2n}-\alpha^{2n})=0$

$\displaystyle\int_{-\alpha}^{\alpha}x^{2n}dx=\left[\dfrac{1}{2n+1}x^{2n+1}\right]_{-\alpha}^{\alpha}=\dfrac{1}{2n+1}\{\alpha^{2n+1}-(-\alpha)^{2n+1}\}=\dfrac{1}{2n+1}(\alpha^{2n+1}+\alpha^{2n+1})$

$=2\left(\dfrac{1}{2n+1}\alpha^{2n+1}\right)=2\left[\dfrac{1}{2n+1}x^{2n+1}\right]_{0}^{\alpha}=2\displaystyle\int_{0}^{\alpha}x^{2n}dx$

シェーマ　$\displaystyle\int_{-\alpha}^{\alpha}f(x)dx$　▶　$f(x)$ を偶数次の項と奇数次の項に分ける

復習 079　次の積分を計算せよ．

(1) $\displaystyle\int_{-2}^{2}(-3x^3-3x^2+6x-5)dx$　　(2) $\displaystyle\int_{-2}^{1}(x^2-5x+2)dx-\int_{-2}^{0}(x^2-5x+2)dx$

例題 080 定積分で表された関数

(1) 関数 $f(x)$ が等式 $f(x) = 2x + \int_0^2 f(t)dt$ をみたすとき,$f(x)$ を求めよ.

(2) 関数 $f(x)$ が等式 $\int_a^x f(t)dt = x^2 - ax + a + 9$ をみたすとき,$f(x)$ を求めよ.

解 (1) $\int_0^2 f(t)dt$ は定数であるから $\int_0^2 f(t)dt = A \cdots ①$ (A は定数)とおくと

$$f(x) = 2x + A$$

ここで x を t に変えて①に代入すると

$$A = \int_0^2 f(t)dt = \int_0^2 (2t + A)dt = \left[t^2 + At\right]_0^2 = 4 + 2A$$

$\therefore\ A = 4 + 2A\ \therefore\ A = -4$

よって $f(x) = 2x - 4$

(2) $\int_a^x f(t)dt = x^2 - ax + a + 9 \cdots ①$

①の両辺を x で微分すると

$$f(x) = 2x - a$$

また①の両辺に $x = a$ を代入すると

$$a + 9 = 0\ \therefore\ a = -9$$

← $\int_a^a f(t)dt = 0$ より

よって $f(x) = 2x + 9$

《微分と積分の関係》 $\left\{\int_a^x f(t)dt\right\}' = f(x)$ (ただし $f(t)$ は x を含まない)

Assist (証明) $f(x)$ の不定積分の1つを $F(x)$ とする.つまり $F'(x) = f(x)$

このとき $\int_a^x f(t)dt = \left[F(t)\right]_a^x = F(x) - F(a)$ であるから

$$\left\{\int_a^x f(t)dt\right\}' = \{F(x) - F(a)\}' = F'(x) = f(x)$$

シェーマ

$\int_a^b \boxed{t \text{ の式}} dt$ を含む式 ⟹ この定積分は定数なので「$= A$」とおく

$\int_a^x \boxed{t \text{ の式}} dt$ を含む式 ⟹ 式の両辺を x で微分

($x = a$ を代入すると定積分は 0)

復習 080

(1) 関数 $f(x)$ が等式 $f(x) = 4x + \int_{-2}^1 tf(t)dt$ をみたすとき,$f(x)$ を求めよ.

(2) 関数 $f(x)$ が等式 $\int_2^x f(t)dt = 2x^3 - a^2x^2 - 8x + 4a - 1$ をみたすとき,$f(x)$ を求めよ.

§5 微分法と積分法

例題 081　面積①

次の曲線や直線で囲まれた図形の面積を求めよ．
(1) $y=x^2$, x 軸, $x=2$
(2) $y=x^2$, $y=x$, $x=2$

解 (1) 面積 $=\int_0^2 x^2 dx = \left[\dfrac{1}{3}x^3\right]_0^2 = \dfrac{8}{3}$

(2) 放物線 $y=x^2$ と直線 $y=x$ の交点は $(0, 0)$, $(1, 1)$
よって図より

$$\text{面積} = \int_0^1 (x-x^2)dx + \int_1^2 (x^2-x)dx$$

$$= \left[\dfrac{1}{2}x^2 - \dfrac{1}{3}x^3\right]_0^1 + \left[\dfrac{1}{3}x^3 - \dfrac{1}{2}x^2\right]_1^2$$

$$= \dfrac{1}{6} + \dfrac{5}{6} = 1$$

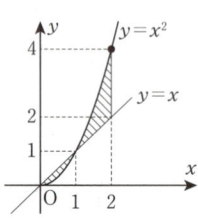

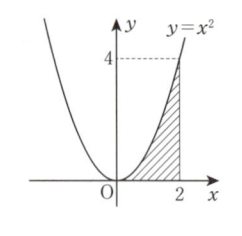

《面積の公式》

(i) $a \leq x \leq b$ において $f(x) \geq 0$ とする．曲線 $y=f(x)$ と x 軸および 2 直線 $x=a$, $x=b$ で囲まれた図形の面積 S は

$$S = \int_a^b f(x)dx$$

(ii) $a \leq x \leq b$ において $f(x) \geq g(x)$ とする．曲線 $y=f(x)$ と $y=g(x)$ および 2 直線 $x=a$, $x=b$ で囲まれた図形の面積 S は

$$S = \int_a^b \{f(x) - g(x)\}dx$$

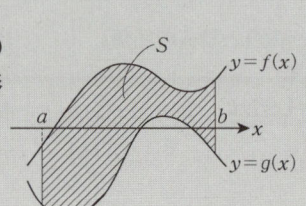

シェーマ

囲まれた図形の面積　≫　「上」から「下」を引いて，囲まれた区間で積分

復習 081 次の曲線や直線で囲まれた図形の面積を求めよ．
(1) $y=-x^2+2x-1$, x 軸, $x=-3$
(2) $y=x^2 (x \geq 1)$, $y=-x^2+4x+6$, $x=1$, $x=4$

TRIAL 曲線 $y^2=9x$, y 軸, 直線 $y=3$ で囲まれた図形の面積を求めよ．

例題 082　絶対値を含む積分

次の定積分を計算せよ．ただし a は正の定数とする．

(1) $\int_0^3 |x-1| dx$　　(2) $\int_1^3 |x(x-2)| dx$　　(3) $\int_0^a |x-1| dx$

解 (1) $\int_0^3 |x-1| dx = \int_0^1 \{-(x-1)\} dx + \int_1^3 (x-1) dx$

$= -\left[\frac{1}{2}x^2 - x\right]_0^1 + \left[\frac{1}{2}x^2 - x\right]_1^3 = \frac{5}{2}$

← $|x-1| = \begin{cases} x-1 \cdots x \geqq 1 \\ -(x-1) \cdots x \leqq 1 \end{cases}$

(2) 関数 $y = |x(x-2)|$ は $\begin{cases} x \leqq 0,\ 2 \leqq x\ \text{のとき}\ y = x(x-2) \\ 0 \leqq x \leqq 2\ \text{のとき}\ y = -x(x-2) \end{cases}$

であるから

$\int_1^3 |x(x-2)| dx = \int_1^2 \{-x(x-2)\} dx + \int_2^3 x(x-2) dx$

$= \int_1^2 (-x^2 + 2x) dx + \int_2^3 (x^2 - 2x) dx$

$= \left[-\frac{1}{3}x^3 + x^2\right]_1^2 + \left[\frac{1}{3}x^3 - x^2\right]_2^3 = 2$

(3) (i) $0 < a \leqq 1$ のとき

$\int_0^a |x-1| dx = \int_0^a \{-(x-1)\} dx$

$= -\left[\frac{1}{2}x^2 - x\right]_0^a = -\frac{1}{2}a^2 + a$

(ii) $a > 1$ のとき

$\int_0^a |x-1| dx = \int_0^1 \{-(x-1)\} dx + \int_1^a (x-1) dx$

$= -\left[\frac{1}{2}x^2 - x\right]_0^1 + \left[\frac{1}{2}x^2 - x\right]_1^a$

$= \frac{1}{2}a^2 - a + 1$

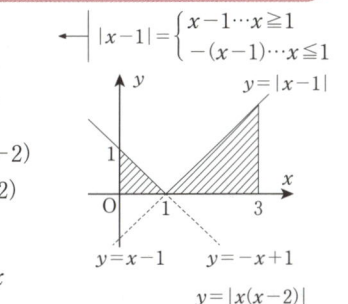

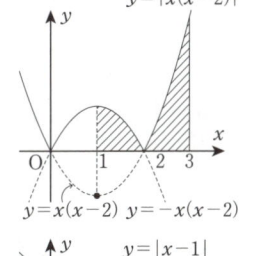

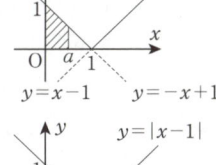

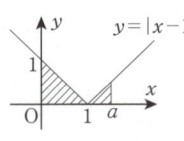

Assist 問題の定積分はそれぞれ図の斜線部分の面積を表している．つまり，$|f(x)| \geqq 0$ であるから，定積分 $\int_a^b |f(x)| dx\ (a<b)$ は，曲線 $y = |f(x)|\ (a \leqq x \leqq b)$，$x$ 軸，2 直線 $x = a$，$x = b$ で囲まれた部分の面積を表している．

シェーマ

$\int_a^b |\ \ | dx$　⟹　$a \leqq x \leqq b$ で $|\ \ |$ 内の符号が変われば積分を分ける

復習 082　次の定積分を計算せよ．ただし a は実数の定数とする．

(1) $\int_{-3}^1 |x+2| dx$　　(2) $\int_0^2 |(x-1)(x-2)| dx$　　(3) $\int_0^3 |x-a| dx$

§5　微分法と積分法

例題 083　面積②

次の曲線や直線で囲まれた図形の面積を求めよ．
(1) $y=x^2$, $y=x+2$
(2) $y=x^2+2$, $y=-x^2+x+3$
(3) 曲線 $y=x^3-x$ と，これを x 軸方向に $+1$ だけ平行移動した曲線

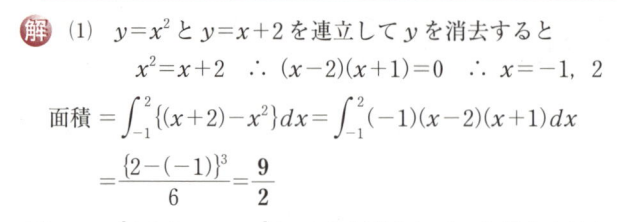

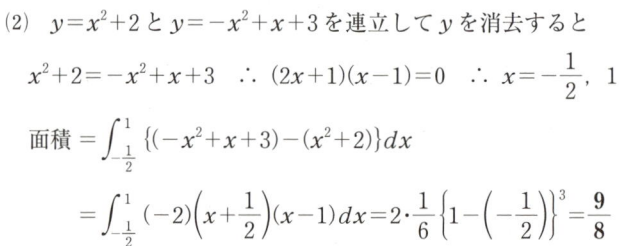

解 (1) $y=x^2$ と $y=x+2$ を連立して y を消去すると
$$x^2=x+2 \quad \therefore (x-2)(x+1)=0 \quad \therefore x=-1,\ 2$$
$$面積 = \int_{-1}^{2}\{(x+2)-x^2\}dx = \int_{-1}^{2}(-1)(x-2)(x+1)dx$$
$$= \frac{\{2-(-1)\}^3}{6} = \frac{9}{2}$$

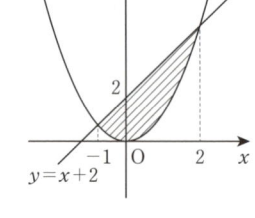

(2) $y=x^2+2$ と $y=-x^2+x+3$ を連立して y を消去すると
$$x^2+2=-x^2+x+3 \quad \therefore (2x+1)(x-1)=0 \quad \therefore x=-\frac{1}{2},\ 1$$
$$面積 = \int_{-\frac{1}{2}}^{1}\{(-x^2+x+3)-(x^2+2)\}dx$$
$$= \int_{-\frac{1}{2}}^{1}(-2)\left(x+\frac{1}{2}\right)(x-1)dx = 2\cdot\frac{1}{6}\left\{1-\left(-\frac{1}{2}\right)\right\}^3 = \frac{9}{8}$$

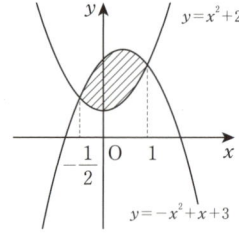

(3) 曲線 $y=x^3-x$ を x 軸方向に $+1$ だけ平行移動した曲線は
$$y=(x-1)^3-(x-1) \quad \therefore y=x^3-3x^2+2x$$
$y=x^3-x$ と $y=x^3-3x^2+2x$ を連立して y を消去すると
$$x^3-x=x^3-3x^2+2x \quad \therefore 3x(x-1)=0 \quad \therefore x=0,\ 1$$
$$面積 = \int_{0}^{1}\{(x^3-3x^2+2x)-(x^3-x)\}dx$$
$$= \int_{0}^{1}(-3)x(x-1)dx = 3\cdot\frac{(1-0)^3}{6} = \frac{1}{2}$$

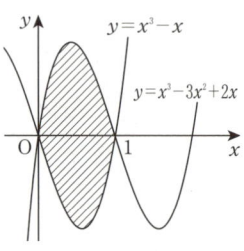

《積分の公式Ⅲ》　$\int_{\alpha}^{\beta}(x-\alpha)(x-\beta)dx = -\frac{(\beta-\alpha)^3}{6}$

シェーマ

放物線と直線（または放物線）で囲まれた部分の面積 S ⇒ $S=\int_{\alpha}^{\beta}a(x-\alpha)(x-\beta)dx$ の形で表す．

復習 083　次の曲線や直線で囲まれた図形の面積を求めよ．
(1) $y=-x^2+2x-2$, $y=4x-5$
(2) $y=2x^2+x+4$, $y=-x^2+6x+6$
(3) 曲線 $y=x^3+x^2-x$ と，これを x 軸方向に -2 だけ平行移動した曲線

例題 084　面積の変化

(1) 曲線 $y=x^2-x-1$ と点 $(0,3)$ を通り傾き m の直線で囲まれた図形の面積 S の最小値を求めよ．

(2) 放物線 $y=x^2+1$ の任意の接線と放物線 $y=x^2$ で囲まれた図形の面積 S は一定であることを示せ．

解 (1) 点 $(0,3)$ を通り傾き m の直線は，$y=mx+3$ と表される．これと $y=x^2-x-1$ を連立し，y を消去すると

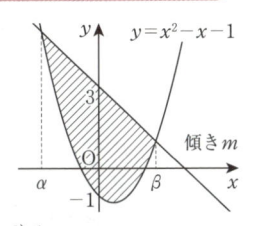

$$x^2-x-1=mx+3 \quad \therefore \quad x^2-(m+1)x-4=0 \cdots ①$$

①の判別式を D とすると　$D=(m+1)^2-4\cdot(-4)>0$ より，つねに異なる2点で交わる．①の2解を α, β $(\alpha<\beta)$ とすると

$$S=\int_\alpha^\beta \{(mx+3)-(x^2-x-1)\}dx = \int_\alpha^\beta (-1)(x-\alpha)(x-\beta)dx$$

$$=\frac{(\beta-\alpha)^3}{6}=\frac{1}{6}\{(\beta-\alpha)^2\}^{\frac{3}{2}}=\frac{1}{6}\{(\alpha+\beta)^2-4\alpha\beta\}^{\frac{3}{2}}$$

ここで解と係数の関係を用いると①より　$\alpha+\beta=m+1$, $\alpha\beta=-4$ であるから

$$S=\frac{1}{6}\{(m+1)^2-4(-4)\}^{\frac{3}{2}}=\frac{1}{6}\{(m+1)^2+16\}^{\frac{3}{2}}$$

よって，$m=-1$ のとき面積の最小値　$\frac{1}{6}\cdot 16^{\frac{3}{2}}=\dfrac{32}{3}$

(2) 放物線 $y=x^2+1$ の任意の接線は接点を (t, t^2+1) とすると，

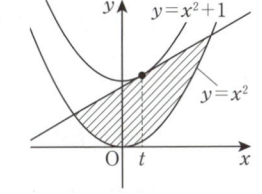

$$y=2t(x-t)+t^2+1 \quad \therefore \quad y=2tx-t^2+1$$

と表せる．これと $y=x^2$ を連立して y を消去すると

$$x^2=2tx-t^2+1 \quad \therefore \quad x^2-2tx+t^2-1=0 \cdots (*)$$

この2解を α, β $(\alpha<\beta)$ とすると

$$S=\int_\alpha^\beta \{(2tx-t^2+1)-x^2\}dx = \int_\alpha^\beta (-1)(x-\alpha)(x-\beta)dx$$

$$=\frac{(\beta-\alpha)^3}{6}=\frac{1}{6}\{(\beta-\alpha)^2\}^{\frac{3}{2}}=\frac{1}{6}\{(\alpha+\beta)^2-4\alpha\beta\}^{\frac{3}{2}}$$

$$=\frac{1}{6}\{(2t)^2-4(t^2-1)\}^{\frac{3}{2}}=\frac{1}{6}\cdot 4^{\frac{3}{2}}=\dfrac{4}{3} \quad (一定)$$

←(1)と同様，(*)に解と係数の関係を用いる

シェーマ

$y=f(x)$ と $y=g(x)$ で囲まれた図形の面積（文字定数を含む場合）　▶▶　$f(x)=g(x)$ の2解を α, β とおき，条件を積分で表す

復習 084　放物線 $y=x^2$ 上に2点 P, Q がある．$PQ=1$ であるとき，線分 PQ と放物線 $y=x^2$ で囲まれる部分の面積の最大値を求めよ．

例題 085 面積③

2つの放物線 $C_1: y=x^2$, $C_2: y=x^2-4x+8$ に共通な接線を l とし, C_1, C_2 との接点をそれぞれ P_1, P_2 とする.
(1) P_1, P_2 の座標を求めよ.
(2) 2つの放物線 C_1, C_2 と直線 l で囲まれた図形の面積を求めよ.

解 (1) $f(x)=x^2$, $g(x)=x^2-4x+8$
$P_1(t, t^2)$ における接線の方程式は $f'(x)=2x$ より
$$y=2t(x-t)+t^2 \quad \therefore \quad y=2tx-t^2 \cdots ①$$
$P_2(u, u^2-4u+8)$ における接線の方程式は $g'(x)=2x-4$ より
$$y=(2u-4)(x-u)+u^2-4u+8 \quad \therefore \quad y=(2u-4)x-u^2+8 \cdots ②$$
共通な接線をもつのは①と②が一致するときで
$$\begin{cases} 2t=2u-4 \\ -t^2=-u^2+8 \end{cases} \quad \therefore \quad \begin{cases} t=u-2 \\ t^2=u^2-8 \end{cases}$$
よって $(u-2)^2=u^2-8$ $\therefore u=3$ $\therefore t=1$ よって $P_1(1, 1)$, $P_2(3, 5)$

(2) 共通な接線 l の方程式は(1)より $y=2x-1$
また放物線 C_1, C_2 の交点の x 座標は
$$f(x)=g(x) \quad \therefore \quad x^2=x^2-4x+8 \quad \therefore \quad x=2$$
$$\text{面積} = \int_1^2 \{x^2-(2x-1)\}dx + \int_2^3 \{(x^2-4x+8)-(2x-1)\}dx$$
$$= \int_1^2 (x-1)^2 dx + \int_2^3 (x-3)^2 dx = \left[\frac{1}{3}(x-1)^3\right]_1^2 + \left[\frac{1}{3}(x-3)^3\right]_2^3 = \frac{1}{3}+\frac{1}{3}=\frac{2}{3}$$

Assist

$\int(x+\alpha)^2 dx = \int(x^2+2\alpha x+\alpha^2)dx = \frac{1}{3}x^3+\alpha x^2+\alpha^2 x+C = \frac{1}{3}(x+\alpha)^3+D$
(C, D は任意定数) であるから, $\int_a^b (x+\alpha)^2 dx = \left[\frac{1}{3}(x+\alpha)^3\right]_a^b = \frac{1}{3}(b+\alpha)^3 - \frac{1}{3}(a+\alpha)^3$
と計算してよい. 同様に $\int(x+\alpha)^n dx = \frac{1}{n+1}(x+\alpha)^{n+1}+C$ が成り立つ.

シェーマ

放物線と接線の間の面積 S ⟹ $S=\int_a^b p(x-\alpha)^2 dx$ の形になる

復習 085 放物線 $y=x^2$ 上の点 $A(\alpha, \alpha^2)$, $B(\beta, \beta^2)$ $(\alpha<\beta)$ における接線の交点を $C(\gamma, \delta)$ とする.
図のような領域の面積を S_1, S_2 とする.
(1) $\gamma=\frac{\alpha+\beta}{2}$ を示せ. (2) $S_1:S_2$ を求めよ.

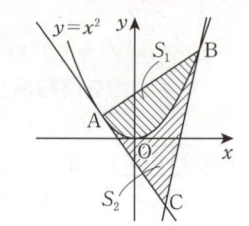

例題 086 3次関数の接線と囲む面積

$f(x) = x^3 - 3x^2 - 9x + 4$ とする．
(1) $y = f(x)$ 上の点 $(2, -18)$ における接線の方程式を求め，この接線が $y = f(x)$ と交わる点の座標を求めよ．
(2) $y = f(x)$ と(1)で求めた接線で囲まれた図形の面積を求めよ．

解 (1) $f'(x) = 3x^2 - 6x - 9 = 3(x-3)(x+1)$
より $f'(2) = -9$
よって，点 $(2, -18)$ における接線の式は
$$y = -9(x-2) - 18 \quad \therefore \quad y = -9x$$
ここで $g(x) = -9x$ とおくと
$$f(x) = g(x) \Leftrightarrow x^3 - 3x^2 + 4 = 0$$
$$\Leftrightarrow (x-2)(x^2 - x - 2) = 0 \Leftrightarrow (x-2)^2(x+1) = 0$$
よって，$y = f(x)$ と $y = g(x)$ は $x = 2$ で接し，$x = -1$ で交わる．
したがって，交わる点は $(-1, 9)$

(2) $-1 \leq x \leq 2$ のとき $f(x) \geq g(x)$ であるから ← $f(x) - g(x) = (x+1)(x-2)^2$
$$\text{面積} = \int_{-1}^{2} \{f(x) - g(x)\} dx = \int_{-1}^{2} (x^3 - 3x^2 + 4) dx$$
$$= \left[\frac{1}{4}x^4 - x^3 + 4x\right]_{-1}^{2} = \left(\frac{1}{4} \cdot 2^4 - 2^3 + 4 \cdot 2\right) - \left(\frac{1}{4}(-1)^4 - (-1)^3 + 4(-1)\right)$$
$$= \frac{27}{4}$$

Assist 例題 085 Assist にある積分の方法を用いると計算が見やすくなる．
$$\text{面積} = \int_{-1}^{2} \{f(x) - g(x)\} dx = \int_{-1}^{2} (x+1)(x-2)^2 dx$$
$$= \int_{-1}^{2} \{(x-2) + 3\}(x-2)^2 dx = \int_{-1}^{2} \{(x-2)^3 + 3(x-2)^2\} dx$$
$$= \left[\frac{1}{4}(x-2)^4 + \frac{1}{3} \cdot 3(x-2)^3\right]_{-1}^{2} = -\frac{1}{4}(-3)^4 - (-3)^3 = \frac{27}{4}$$

シェーマ

3次関数と接線で囲まれた図形の面積 S ⟹ $S = \int_{\alpha}^{\beta} a(x-\alpha)(x-\beta)^2 dx$ の形になる

$\left(\text{or } S = \int_{\alpha}^{\beta} a(x-\alpha)^2(x-\beta) dx\right)$

復習 086 $f(x) = x^3 + ax$ とする．
(1) $y = f(x)$ 上の点 $(t, t^3 + at)$ における接線の式を求め，この接線が $y = f(x)$ と交わる点の座標を a, t で表せ．ただし，$t \neq 0$ とする．
(2) $y = f(x)$ と(1)で求めた接線で囲まれた図形の面積を t で表せ．

§5 微分法と積分法

例題 087　ベクトルの演算

図の正六角形 ABCDEF において
(1) $\vec{AC}$ を $\vec{AB}$ と $\vec{AF}$ で表せ．
(2) $\vec{AD}$ を $\vec{AB}$ と $\vec{AF}$ で表せ．
(3) $\vec{DB}$ を $\vec{AB}$ と $\vec{AF}$ で表せ．
(4) $\vec{AB}$ を $\vec{AC}$ と $\vec{DB}$ で表せ．

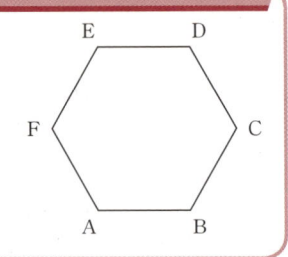

解 (1) 正六角形 ABCDEF の中心を O とすると
$$\vec{AO} = \vec{AB} + \vec{AF}$$
よって　$\vec{AC} = \vec{AB} + \vec{AO} = \vec{AB} + (\vec{AB} + \vec{AF}) = 2\vec{AB} + \vec{AF}$

(2) $\vec{AD} = 2\vec{AO} = 2(\vec{AB} + \vec{AF}) = 2\vec{AB} + 2\vec{AF}$

(3) $\vec{DB} = \vec{AB} - \vec{AD} = \vec{AB} - (2\vec{AB} + 2\vec{AF}) = -\vec{AB} - 2\vec{AF}$ ← (2)より

(4) (1)より　$\vec{AC} = 2\vec{AB} + \vec{AF}$ …①　(3)より　$\vec{DB} = -\vec{AB} - 2\vec{AF}$ …②
$\dfrac{1}{3}(2 \times ① + ②)$ より　$\dfrac{1}{3}(2\vec{AC} + \vec{DB}) = \vec{AB}$　∴　$\vec{AB} = \dfrac{2}{3}\vec{AC} + \dfrac{1}{3}\vec{DB}$

《ベクトルの演算》

（和）　$\vec{OB} = \vec{OA} + \vec{AB}$　　　（差）　$\vec{AB} = \vec{OB} - \vec{OA}$　　　（実数倍）　$\vec{OB} = m\vec{OA}$
$\vec{OB} = \vec{OA} + \vec{OC}$

《ベクトルの平行》　$\vec{a} \neq \vec{0}, \vec{b} \neq \vec{0}$ のとき
$$\vec{a} /\!/ \vec{b} \Leftrightarrow \vec{b} = k\vec{a} \text{ となる実数 } k \text{ がある}$$

シェーマ

2つのベクトルの和　▶　始点をそろえて平行四辺形を作る
　　　　　　　　　　　　or 始点と終点を一致させる

平面上のベクトル　▶　平行でない2つのベクトルで表せる

復習 087　半径1の円に内接する正八角形 ABCDEFGH において，$\vec{AB} = \vec{a}$, $\vec{AH} = \vec{b}$ とおく．
(1) ベクトル $\vec{a} - \vec{b}$, $\vec{a} + \vec{b}$ の大きさを求めよ．
(2) ベクトル $\vec{AE}$, $\vec{AD}$ を $\vec{a}, \vec{b}$ を用いて表せ．
(3) $\vec{a}$ を $\vec{AE}$, $\vec{AD}$ を用いて表せ．

例題 088　一直線上にある3点

三角形OABにおいて，辺OAを3:2に内分する点をP，辺ABを1:3に内分する点をQ，辺BOを2:1に外分する点をRとする．
(1) $\overrightarrow{PQ}$ を $\overrightarrow{OA}$，$\overrightarrow{OB}$ を用いて表せ．
(2) 3点P，Q，Rは一直線上にあることを示せ．

解 (1) 点Pは辺OAを3:2に内分する点であるから

$$\overrightarrow{OP} = \frac{3}{3+2}\overrightarrow{OA} = \frac{3}{5}\overrightarrow{OA}$$

点Qは辺ABを1:3に内分する点であるから

$$\overrightarrow{OQ} = \frac{3\overrightarrow{OA}+\overrightarrow{OB}}{1+3} = \frac{1}{4}(3\overrightarrow{OA}+\overrightarrow{OB})$$

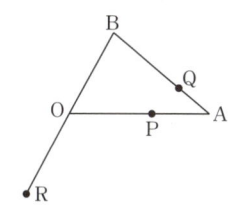

よって　$\overrightarrow{PQ} = \overrightarrow{OQ} - \overrightarrow{OP} = \frac{1}{4}(3\overrightarrow{OA}+\overrightarrow{OB}) - \frac{3}{5}\overrightarrow{OA} = \frac{3}{20}\overrightarrow{OA} + \frac{1}{4}\overrightarrow{OB}$ …①

(2) 点Rは辺BOを2:1に外分する点であるから　$\overrightarrow{OR} = -\overrightarrow{OB}$

よって　$\overrightarrow{PR} = \overrightarrow{OR} - \overrightarrow{OP} = -\overrightarrow{OB} - \frac{3}{5}\overrightarrow{OA} = \frac{-1}{5}(3\overrightarrow{OA}+5\overrightarrow{OB})$ …②　　← $\overrightarrow{PR}$ を $\overrightarrow{OA}$，$\overrightarrow{OB}$ で表す

また①より　$\overrightarrow{PQ} = \frac{1}{20}(3\overrightarrow{OA}+5\overrightarrow{OB})$

これと②より $\overrightarrow{PR} = -4\overrightarrow{PQ}$ と表せるから，3点P，Q，Rは一直線上にある．　　**終**

《内分点の位置ベクトル》　ABを $m:n$ に内分する点をPとすると
$$\overrightarrow{OP} = \frac{n\overrightarrow{OA}+m\overrightarrow{OB}}{m+n}$$

シェーマ　3点P，Q，Rは同一直線上　≫　$\overrightarrow{PR} \parallel \overrightarrow{PQ}$ より $\overrightarrow{PR} = t\overrightarrow{PQ}$ と表せる

復習 088　三角形ABCにおいて，辺BCを1:2に内分する点をP，辺ACを3:1に内分する点をQ，辺ABを6:1に外分する点をRとする．
(1) ベクトル $\overrightarrow{AP}$，$\overrightarrow{AQ}$，$\overrightarrow{AR}$ を $\overrightarrow{AB}$，$\overrightarrow{AC}$ で表せ．
(2) 3点P，Q，Rは一直線上にあることを示せ．

例題089　重心のベクトル

平面上の3点A，B，Cを頂点とする三角形を考え，その重心をGとする．さらに線分AG，BG，CGを5:3に外分する点をそれぞれD，E，Fとする．△DEFは△ABCと相似であることを証明せよ．

解 $\overrightarrow{AB} = \vec{b}$, $\overrightarrow{AC} = \vec{c}$ とおくと，点Gは△ABCの重心であるから

$$\overrightarrow{AG} = \frac{\overrightarrow{AA} + \overrightarrow{AB} + \overrightarrow{AC}}{3} = \frac{1}{3}(\vec{b} + \vec{c})$$

線分AGを5:3に外分する点がDであるから

$$\overrightarrow{AD} = \frac{5}{2}\overrightarrow{AG} = \frac{5}{6}(\vec{b} + \vec{c})$$

線分BGを5:3に外分する点がEであるから

$$\overrightarrow{AE} = \frac{(-3)\overrightarrow{AB} + 5\overrightarrow{AG}}{5 - 3} = -\frac{3}{2}\vec{b} + \frac{5}{2} \cdot \frac{1}{3}(\vec{b} + \vec{c}) = -\frac{2}{3}\vec{b} + \frac{5}{6}\vec{c}$$

線分CGを5:3に外分する点がFであるから

$$\overrightarrow{AF} = \frac{(-3)\overrightarrow{AC} + 5\overrightarrow{AG}}{5 - 3} = -\frac{3}{2}\vec{c} + \frac{5}{2} \cdot \frac{1}{3}(\vec{b} + \vec{c}) = \frac{5}{6}\vec{b} - \frac{2}{3}\vec{c}$$

よって

$$\overrightarrow{DE} = \overrightarrow{AE} - \overrightarrow{AD} = \left(-\frac{2}{3}\vec{b} + \frac{5}{6}\vec{c}\right) - \frac{5}{6}(\vec{b} + \vec{c}) = -\frac{3}{2}\vec{b} = -\frac{3}{2}\overrightarrow{AB}$$

$$\overrightarrow{DF} = \overrightarrow{AF} - \overrightarrow{AD} = \left(\frac{5}{6}\vec{b} - \frac{2}{3}\vec{c}\right) - \frac{5}{6}(\vec{b} + \vec{c}) = -\frac{3}{2}\vec{c} = -\frac{3}{2}\overrightarrow{AC}$$

よって ∠BAC = ∠EDF かつ
DE:AB = DF:AC (= 3:2) より △ABC ∽ △DEF　終

←2組の辺の比とその間の角がそれぞれ等しいので相似

《重心の公式》 △ABCの重心をGとすると

$$\overrightarrow{OG} = \frac{\overrightarrow{OA} + \overrightarrow{OB} + \overrightarrow{OC}}{3}$$

《外分点の位置ベクトル》 ABを $m:n$ に外分する点をQとすると

$$\overrightarrow{OQ} = \frac{(-n)\overrightarrow{OA} + m\overrightarrow{OB}}{m - n}$$

シェーマ　平面ベクトル　▶▶　始点をそろえた平行でない2つのベクトルで表す

復習 089　△ABCの重心をG，△ABGの重心をD，△BCGの重心をE，△CAGの重心をFとする．三角形ABCと三角形DEFが相似であることを示し，面積比を求めよ．

例題 090　内心のベクトル

AB=3, BC=5, CA=6 とし，△ABC の内心を I とする．O を定点とし，$\overrightarrow{OI}$ を $\overrightarrow{OA}$, $\overrightarrow{OB}$, $\overrightarrow{OC}$ を用いて表せ．

解　∠A の二等分線と BC の交点を D とすると
$$BD:DC=AB:AC=3:6=1:2$$

← 角の二等分線の公式
  BD:DC=AB:AC

よって，点 D は線分 BC を 1:2 に内分する点であるから
$$\overrightarrow{OD}=\frac{2\overrightarrow{OB}+\overrightarrow{OC}}{3}$$

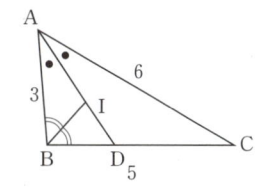

また　$BD=\dfrac{1}{3}BC=\dfrac{5}{3}$

内心 I は ∠B の二等分線と線分 AD の交点であるから
$$AI:ID=BA:BD=3:\frac{5}{3}=9:5$$

よって点 I は AD を 9:5 に内分する点なので
$$\overrightarrow{OI}=\frac{5\overrightarrow{OA}+9\overrightarrow{OD}}{14}$$

$$=\frac{1}{14}\{5\overrightarrow{OA}+3(2\overrightarrow{OB}+\overrightarrow{OC})\}$$

$$=\frac{5}{14}\overrightarrow{OA}+\frac{3}{7}\overrightarrow{OB}+\frac{3}{14}\overrightarrow{OC}$$

Assist

一般に BC=a, CA=b, AB=c のとき　$\overrightarrow{OI}=\dfrac{a\overrightarrow{OA}+b\overrightarrow{OB}+c\overrightarrow{OC}}{a+b+c}$ …(∗)

が成り立つ．

シェーマ

内心 ▶ 角の二等分線の交点に着目し，内分点の公式を利用

復習 090　Assist の (∗) を証明せよ．

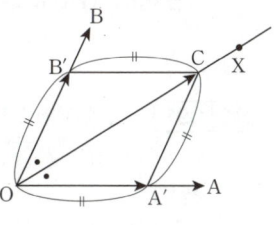

TRIAL　一般に $\overrightarrow{OA}\neq\vec{0}$, $\overrightarrow{OB}\neq\vec{0}$, $\overrightarrow{OA}$ ∦ $\overrightarrow{OB}$ である $\overrightarrow{OA}$, $\overrightarrow{OB}$ に対して，$\overrightarrow{OA'}=\dfrac{1}{OA}\overrightarrow{OA}$, $\overrightarrow{OB'}=\dfrac{1}{OB}\overrightarrow{OB}$ とすると，$\overrightarrow{OA'}$, $\overrightarrow{OB'}$ は大きさ 1 のベクトルである．よって，$\overrightarrow{OC}=\overrightarrow{OA'}+\overrightarrow{OB'}$ とすると，平行四辺形 OA'CB' はひし形となるから，∠AOB の 2 等分線上の任意の点 X は，$\overrightarrow{OX}=t\overrightarrow{OC}=t\left(\dfrac{1}{OA}\overrightarrow{OA}+\dfrac{1}{OB}\overrightarrow{OB}\right)$ (t:実数) と表される．このことを用いて，△OAB の内心を I とするとき，$\overrightarrow{OI}$ を $\overrightarrow{OA}$ と $\overrightarrow{OB}$ で表せ．ただし，OA=2, OB=4, AB=3 とする．

例題 091　三角形 ABC に対する点 P の位置

平面上の異なる 4 点 A, B, C, P は $2\overrightarrow{PA}+4\overrightarrow{PB}+5\overrightarrow{PC}=\vec{0}$ をみたしている。次の問いに答えよ。

(1) $\overrightarrow{AP}$ を $\overrightarrow{AB}$ と $\overrightarrow{AC}$ を用いて表せ。

(2) △ABC と △PBC の面積の比を求めよ。

解 (1) $2\overrightarrow{PA}+4\overrightarrow{PB}+5\overrightarrow{PC}=\vec{0}$ …①

①より
$$2(-\overrightarrow{AP})+4(\overrightarrow{AB}-\overrightarrow{AP})+5(\overrightarrow{AC}-\overrightarrow{AP})=\vec{0}$$
$$\therefore \overrightarrow{AP}=\frac{4\overrightarrow{AB}+5\overrightarrow{AC}}{11}$$

(2) (1)より
$$\overrightarrow{AP}=\frac{9}{11}\cdot\frac{4\overrightarrow{AB}+5\overrightarrow{AC}}{9}$$

ここで BC を 5:4 に内分する点を D とすると
$$\overrightarrow{AD}=\frac{4\overrightarrow{AB}+5\overrightarrow{AC}}{9},\quad \overrightarrow{AP}=\frac{9}{11}\overrightarrow{AD}$$

つまり点 P は AD を 9:2 に内分する点

よって　AD:PD=11:2

よって　△ABC:△PBC=AD:PD=**11:2**

← まず直線 AP と BC の交点（BC の内分点である）を求めるため分子の係数の和を分母にもってくる

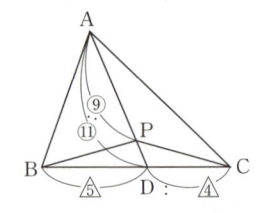

Assist
同様に計算すると，一般に
$\alpha\overrightarrow{PA}+\beta\overrightarrow{PB}+\gamma\overrightarrow{PC}=\vec{0}$ ($\alpha>0$, $\beta>0$, $\gamma>0$) のとき
△PBC:△PCA:△PAB=$\alpha:\beta:\gamma$　が成り立つことがわかる．

シェーマ

| 三角形 ABC に対する点 P の位置 | ➡ | $\overrightarrow{AP}=s\overrightarrow{AB}+t\overrightarrow{AC}$ と表し $\overrightarrow{AP}=(s+t)\dfrac{s\overrightarrow{AB}+t\overrightarrow{AC}}{s+t}$ と変形 |

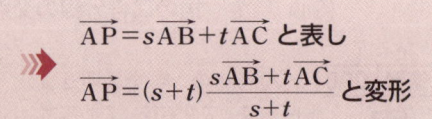

復習 091　k を正の実数とする．点 P は △ABC の内部にあり，$k\overrightarrow{AP}+5\overrightarrow{BP}+3\overrightarrow{CP}=\vec{0}$ をみたしている．また，辺 BC を 3:5 に内分する点を D とする．

(1) $\overrightarrow{AP}$ を $\overrightarrow{AB}$, $\overrightarrow{AC}$, k を用いて表せ。

(2) 3 点 A, P, D は一直線上にあることを示せ。

(3) △ABP の面積を S_1，△BDP の面積を S_2 とするとき，$S_1:S_2$ を k を用いて表せ。

(4) △ABP の面積が △CDP の面積の $\dfrac{6}{5}$ 倍に等しいとき，k の値を求めよ。

例題 092　2直線の交点の位置ベクトル

三角形ABCがある．辺CAを$1:2$に内分する点をD，辺ABを$2:3$に内分する点をE，線分BDとCEの交点をP，直線APと辺BCの交点をQとする．
(1) $\overrightarrow{AP}$ を $\overrightarrow{AB}$ と $\overrightarrow{AC}$ で表せ．　　(2) $\overrightarrow{AQ}$ を $\overrightarrow{AB}$ と $\overrightarrow{AC}$ で表せ．

解 (1) 点PはBD上であるから
$$\overrightarrow{AP}=(1-t)\overrightarrow{AB}+t\overrightarrow{AD}=(1-t)\overrightarrow{AB}+\frac{2}{3}t\overrightarrow{AC} \cdots ①$$
(t:実数)と表される．また，点PはCE上であるから
$$\overrightarrow{AP}=(1-u)\overrightarrow{AC}+u\overrightarrow{AE}=u\left(\frac{2}{5}\overrightarrow{AB}\right)+(1-u)\overrightarrow{AC} \cdots ② \ (u:実数)$$
と表される．いま $\overrightarrow{AB}\neq\vec{0}$, $\overrightarrow{AC}\neq\vec{0}$, $\overrightarrow{AB}\not\parallel\overrightarrow{AC}$ であるから①と②より
$$\begin{cases} 1-t=\dfrac{2}{5}u \\ \dfrac{2}{3}t=1-u \end{cases} \quad \therefore\ t=\frac{9}{11},\ u=\frac{5}{11} \quad \therefore\ \overrightarrow{AP}=\frac{2}{11}\overrightarrow{AB}+\frac{6}{11}\overrightarrow{AC}$$

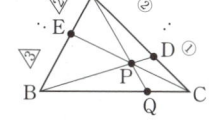

(2) Qは直線AP上より　$\overrightarrow{AQ}=k\overrightarrow{AP}$ (k:実数)と表され
$$\overrightarrow{AQ}=k\left(\frac{2}{11}\overrightarrow{AB}+\frac{6}{11}\overrightarrow{AC}\right)=\frac{2}{11}k\overrightarrow{AB}+\frac{6}{11}k\overrightarrow{AC}$$
また，QはBC上より　$\dfrac{2}{11}k+\dfrac{6}{11}k=1$　$\therefore\ k=\dfrac{11}{8}$　よって　$\overrightarrow{AQ}=\dfrac{1}{4}\overrightarrow{AB}+\dfrac{3}{4}\overrightarrow{AC}$

《Pが直線AB上にある条件》　異なる2点A，B，実数t, α, βに対して
P が直線AB上 $\Leftrightarrow$ 3点P, A, Bが一直線上 $\Leftrightarrow$ $\overrightarrow{AP}=t\overrightarrow{AB}$ $\Leftrightarrow$ $\overrightarrow{OP}-\overrightarrow{OA}=t(\overrightarrow{OB}-\overrightarrow{OA})$
　　　　　　　$\Leftrightarrow$ $\overrightarrow{OP}=(1-t)\overrightarrow{OA}+t\overrightarrow{OB}$ $\Leftrightarrow$ $\overrightarrow{OP}=\alpha\overrightarrow{OA}+\beta\overrightarrow{OB}$ $(\alpha+\beta=1)$
《係数の条件》　$\overrightarrow{OA}\neq\vec{0}$, $\overrightarrow{OB}\neq\vec{0}$, $\overrightarrow{OA}\not\parallel\overrightarrow{OB}$ のとき
(i) $\alpha\overrightarrow{OA}+\beta\overrightarrow{OB}=\vec{0}$ ならば $\alpha=\beta=0$
(ii) $\alpha\overrightarrow{OA}+\beta\overrightarrow{OB}=\alpha'\overrightarrow{OA}+\beta'\overrightarrow{OB}$ ならば $\alpha=\alpha',\ \beta=\beta'$

Assist　公式(i)の証明：$\alpha\overrightarrow{OA}+\beta\overrightarrow{OB}=\vec{0}$ ならば，$\alpha\neq0$と仮定すると $\overrightarrow{OA}=-\dfrac{\beta}{\alpha}\overrightarrow{OB}$
このとき，$\overrightarrow{OA}\parallel\overrightarrow{OB}$ または $\overrightarrow{OA}=\vec{0}$ となり $\overrightarrow{OA}\neq\vec{0}$, $\overrightarrow{OB}\neq\vec{0}$, $\overrightarrow{OA}\not\parallel\overrightarrow{OB}$ に反する．
よって　$\alpha=0$ であり $\beta\overrightarrow{OB}=\vec{0}$　ここで $\overrightarrow{OB}\neq\vec{0}$ より $\beta=0$

シェーマ　交点Pのベクトルを $\overrightarrow{OA}$, $\overrightarrow{OB}$ で表す　▶▶　$\overrightarrow{OP}$ を2通りに表し係数比較

復習 092　三角形ABCがある．辺ABを$3:2$に内分する点をD，辺ACを$3:4$に内分する点をE，線分BEとCDの交点をP，直線APと辺BCの交点をQとする．
(1) $\overrightarrow{AP}$ を $\overrightarrow{AB}$ と $\overrightarrow{AC}$ で表せ．　　(2) $\overrightarrow{AQ}$ を $\overrightarrow{AB}$ と $\overrightarrow{AC}$ で表せ．

例題 093　ベクトルの内積

$OA=2$, $OB=3$, $\angle AOB=60°$, ABの中点をMとするとき
(1) $\overrightarrow{OA} \cdot \overrightarrow{OB}$ の値を求めよ．
(2) $(2\overrightarrow{OA}+3\overrightarrow{OB})\cdot(\overrightarrow{OA}-2\overrightarrow{OB})$ の値を求めよ．
(3) $|\overrightarrow{OM}|$ を求めよ．
(4) $\angle AOM = \theta$ とおくとき，$\cos\theta$ を求めよ．

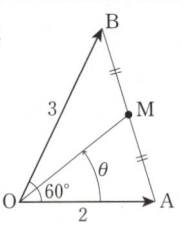

解 (1) $\overrightarrow{OA}\cdot\overrightarrow{OB}=|\overrightarrow{OA}||\overrightarrow{OB}|\cos\angle AOB = 2\cdot 3\cdot\cos 60° = \mathbf{3}$

(2) 条件と(1)より
$$(2\overrightarrow{OA}+3\overrightarrow{OB})\cdot(\overrightarrow{OA}-2\overrightarrow{OB}) = 2|\overrightarrow{OA}|^2 - \overrightarrow{OA}\cdot\overrightarrow{OB} - 6|\overrightarrow{OB}|^2$$
$$= 2\cdot 2^2 - 3 - 6\cdot 3^2 = \mathbf{-49}$$

(3) M は AB の中点であるから $\overrightarrow{OM} = \dfrac{\overrightarrow{OA}+\overrightarrow{OB}}{2}$

よって $|\overrightarrow{OM}|^2 = \left|\dfrac{1}{2}(\overrightarrow{OA}+\overrightarrow{OB})\right|^2 = \dfrac{1}{4}(|\overrightarrow{OA}|^2 + 2\overrightarrow{OA}\cdot\overrightarrow{OB} + |\overrightarrow{OB}|^2)$
$$= \dfrac{1}{4}(2^2 + 2\cdot 3 + 3^2) = \dfrac{19}{4}$$

$\therefore\ |\overrightarrow{OM}| = \dfrac{\sqrt{19}}{2}$

(4) $\overrightarrow{OA}\cdot\overrightarrow{OM} = \overrightarrow{OA}\cdot\dfrac{1}{2}(\overrightarrow{OA}+\overrightarrow{OB}) = \dfrac{1}{2}(|\overrightarrow{OA}|^2 + \overrightarrow{OA}\cdot\overrightarrow{OB}) = \dfrac{1}{2}(2^2 + 3) = \dfrac{7}{2}$

よって $\cos\theta = \dfrac{\overrightarrow{OA}\cdot\overrightarrow{OM}}{|\overrightarrow{OA}||\overrightarrow{OM}|} = \dfrac{\frac{7}{2}}{2\cdot\frac{\sqrt{19}}{2}} = \dfrac{\mathbf{7\sqrt{19}}}{\mathbf{38}}$

《内積の定義》 $\vec{a}\cdot\vec{b} = |\vec{a}||\vec{b}|\cos\theta$ （ただし θ は $\vec{a}$ と $\vec{b}$ のなす角）

$\cos\angle ABC = \dfrac{\overrightarrow{BA}\cdot\overrightarrow{BC}}{|\overrightarrow{BA}||\overrightarrow{BC}|}$

《内積の性質》 $|\vec{a}|^2 = \vec{a}\cdot\vec{a}$　　$(p\vec{a}+q\vec{b})\cdot(\alpha\vec{a}+\beta\vec{b}) = p\alpha|\vec{a}|^2 + (p\beta+q\alpha)\vec{a}\cdot\vec{b} + q\beta|\vec{b}|^2$

シェーマ
∠ABC　　➡　$\cos\angle ABC$ を内積の定義より計算
AB の長さ　➡　$|\overrightarrow{AB}|^2 (=\overrightarrow{AB}\cdot\overrightarrow{AB})$ を内積として計算

復習 093 $OA=2$, $OB=5$, $\overrightarrow{OA}\cdot\overrightarrow{OB}=4$ のとき
(1) $\cos\angle AOB$ を求めよ．
(2) AB を $2:1$ に内分する点を C とするとき，OC と $\cos\angle AOC$ を求めよ．

例題 094　内積の計算

$|\vec{a}|=5$, $|\vec{b}|=3$, $|\vec{a}-\vec{b}|=6$ とする．
(1) $\vec{a}\cdot\vec{b}$ を求めよ．
(2) $\vec{a}+\vec{b}$ と $2\vec{a}+k\vec{b}$ が垂直となるとき，実数 k の値を求めよ．
(3) $|\vec{a}+t\vec{b}|$ の最小値と，そのときの実数 t の値を求めよ．

解 (1) $|\vec{a}-\vec{b}|=6$ より

$|\vec{a}-\vec{b}|^2=6^2$ ∴ $|\vec{a}|^2-2\vec{a}\cdot\vec{b}+|\vec{b}|^2=36$ ∴ $5^2-2\vec{a}\cdot\vec{b}+3^2=36$

∴ $\vec{a}\cdot\vec{b}=-1$

(2) $\vec{a}+\vec{b}$ と $2\vec{a}+k\vec{b}$ が垂直となる条件は

$(\vec{a}+\vec{b})\cdot(2\vec{a}+k\vec{b})=0$ ∴ $2|\vec{a}|^2+(k+2)\vec{a}\cdot\vec{b}+k|\vec{b}|^2=0$

∴ $2\cdot5^2+(-1)(k+2)+3^2\cdot k=0$

∴ $k=-6$

(3) $L=|\vec{a}+t\vec{b}|$ とおくと

$L^2=|\vec{a}+t\vec{b}|^2=|\vec{a}|^2+2t\vec{a}\cdot\vec{b}+t^2|\vec{b}|^2$

$=5^2+(-1)\cdot 2t+3^2\cdot t^2=9t^2-2t+25$

$=9\left(t-\dfrac{1}{9}\right)^2+\dfrac{224}{9}$

$t=\dfrac{1}{9}$ のとき L の最小値 $\sqrt{\dfrac{224}{9}}=\dfrac{4\sqrt{14}}{3}$

《垂直条件》　$\vec{a}\neq\vec{0}$, $\vec{b}\neq\vec{0}$ のとき　$\vec{a}\perp\vec{b} \Leftrightarrow \vec{a}\cdot\vec{b}=0$

シェーマ

$\vec{a}\perp\vec{b}$　⟫　$\vec{a}\cdot\vec{b}=0$

ベクトルの大きさ $|\vec{a}|$　⟫　$|\vec{a}|^2(=\vec{a}\cdot\vec{a})$ で計算

復習 094　$|\vec{a}|=2$, $|\vec{b}|=1$, $|\vec{a}+3\vec{b}|=3$ とする．
(1) $\vec{a}\cdot\vec{b}$ を求めよ．
(2) $k\vec{a}-\vec{b}$ と $\vec{a}+k\vec{b}$ が垂直となるとき，実数 k の値を求めよ．
(3) $|x\vec{a}+(1-x)\vec{b}|$ が最小となるとき，実数 x の値を求めよ．

§6　ベクトル

例題 095　成分の平行条件，内積計算

2つのベクトル $\vec{a}=(1, x)$, $\vec{b}=(2, -1)$ について次の問いに答えよ．

(1) $\vec{a}+\vec{b}$ と $2\vec{a}-3\vec{b}$ が平行であるとき，x の値を求めよ．

(2) $\vec{a}+\vec{b}$ と $2\vec{a}-3\vec{b}$ が垂直であるとき，x の値を求めよ．

(3) $\vec{a}$ と $\vec{b}$ のなす角が $\dfrac{\pi}{3}$ であるとき，x の値を求めよ．

解 (1) $\vec{a}+\vec{b}=(1, x)+(2, -1)=(3, x-1)$, $2\vec{a}-3\vec{b}=2(1, x)-3(2, -1)=(-4, 2x+3)$

$\vec{a}+\vec{b}$ と $2\vec{a}-3\vec{b}$ が平行である条件は

$2\vec{a}-3\vec{b}=t(\vec{a}+\vec{b})$ ∴ $(-4, 2x+3)=t(3, x-1)$ (t:実数) と表せることである．

よって $-4=3t$ かつ $2x+3=t(x-1)$ ∴ $t=-\dfrac{4}{3}$, $x=-\dfrac{1}{2}$

(2) 条件より $(\vec{a}+\vec{b})\cdot(2\vec{a}-3\vec{b})=(3, x-1)\cdot(-4, 2x+3)=0$

∴ $3(-4)+(x-1)(2x+3)=0$ ∴ $(x+3)(2x-5)=0$ ∴ $x=-3, \dfrac{5}{2}$

(3) 条件より $\vec{a}\cdot\vec{b}=|\vec{a}||\vec{b}|\cos\dfrac{\pi}{3}$ ∴ $2-x=\sqrt{1+x^2}\sqrt{4+1}\cdot\dfrac{1}{2}$

よって $2-x>0$ (∴ $x<2$) が必要であり，このとき $(2-x)^2=(1+x^2)\dfrac{5}{4}$

∴ $x^2+16x-11=0$ ∴ $x=-8\pm5\sqrt{3}$

Assist　(成分表示)

x軸，y軸の正の向きと同じ向きの単位ベクトルを $\vec{e_1}$, $\vec{e_2}$ で表す．
$\vec{a}=a_1\vec{e_1}+a_2\vec{e_2}$ と表されるとき，(a_1, a_2) を $\vec{a}$ の成分表示といい，$\vec{a}=(a_1, a_2)$ と表す．
よって，$\overrightarrow{OA}=(a_1, a_2)$ と表せるとき，終点Aの座標は (a_1, a_2) である．

《成分計算》　$\vec{a}=(a_1, a_2)$, $\vec{b}=(b_1, b_2)$ のとき　$\alpha\vec{a}+\beta\vec{b}=(\alpha a_1+\beta b_1,\ \alpha a_2+\beta b_2)$
《内積の成分計算》　$\vec{a}=(a_1, a_2)$, $\vec{b}=(b_1, b_2)$ のとき
$\vec{a}\cdot\vec{b}=a_1b_1+a_2b_2$　　$|\vec{a}|^2=a_1^2+a_2^2$

シェーマ

$\vec{x}/\!/\vec{y}$ ⇒ $\vec{y}=k\vec{x}$ （k:実数）　　$\vec{x}\perp\vec{y}$ ⇒ $\vec{x}\cdot\vec{y}=0$　　$\vec{x}$ と $\vec{y}$ のなす角 ⇒ $\dfrac{\vec{x}\cdot\vec{y}}{|\vec{x}||\vec{y}|}$ を計算

復習 095　ベクトル $\vec{a}=(-1, -1)$, $\vec{b}=(1, -2)$ に対して $\vec{c}=\vec{a}-\vec{b}$, $\vec{d}=\vec{a}+t\vec{b}$ とする．ただし t は実数の定数とする．

(1) $\vec{d}$ がベクトル $\vec{e}=(3, 4)$ と平行となるとき，実数 t の値を求めよ．

(2) $\vec{c}$ と $\vec{d}$ が垂直となるとき，実数 t の値を求めよ．

(3) $\vec{c}$ と $\vec{d}$ のなす角が $\dfrac{\pi}{4}$ となるとき，実数 t の値を求めよ．

例題 096 三角形の外心の位置ベクトル

三角形 ABC の 3 辺の長さを AB=2, BC=4, CA=3 とする．この三角形の外心を O とおく．
(1) ベクトル $\overrightarrow{AB}$ と $\overrightarrow{AC}$ の内積 $\overrightarrow{AB} \cdot \overrightarrow{AC}$ を求めよ．
(2) $\overrightarrow{AO} = a\overrightarrow{AB} + b\overrightarrow{AC}$ をみたす実数 a, b を求めよ．

解 (1) 余弦定理より $\cos \angle BAC = \dfrac{2^2 + 3^2 - 4^2}{2 \cdot 2 \cdot 3} = -\dfrac{1}{4}$

よって $\overrightarrow{AB} \cdot \overrightarrow{AC} = |\overrightarrow{AB}||\overrightarrow{AC}| \cos \angle BAC = 2 \cdot 3 \cdot \left(-\dfrac{1}{4}\right) = -\dfrac{3}{2}$

(2) AB, AC の中点を各々 M, N とすると，MO⊥AB, NO⊥AC である．

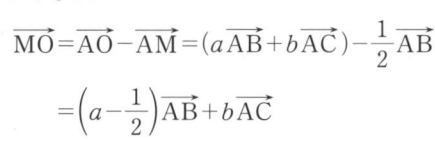

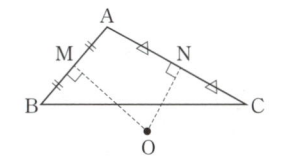

$\overrightarrow{MO} = \overrightarrow{AO} - \overrightarrow{AM} = (a\overrightarrow{AB} + b\overrightarrow{AC}) - \dfrac{1}{2}\overrightarrow{AB}$

$= \left(a - \dfrac{1}{2}\right)\overrightarrow{AB} + b\overrightarrow{AC}$

よって $\overrightarrow{MO} \cdot \overrightarrow{AB} = \left\{\left(a - \dfrac{1}{2}\right)\overrightarrow{AB} + b\overrightarrow{AC}\right\} \cdot \overrightarrow{AB} = 0$

∴ $\left(a - \dfrac{1}{2}\right)|\overrightarrow{AB}|^2 + b(\overrightarrow{AC} \cdot \overrightarrow{AB}) = 0$ ∴ $4\left(a - \dfrac{1}{2}\right) - \dfrac{3}{2}b = 0$ ∴ $8a - 3b = 4 \cdots ①$

同様に $\overrightarrow{NO} \cdot \overrightarrow{AC} = \left\{a\overrightarrow{AB} + \left(b - \dfrac{1}{2}\right)\overrightarrow{AC}\right\} \cdot \overrightarrow{AC} = 0$ ← $\overrightarrow{NO} = \overrightarrow{AO} - \overrightarrow{AN}$

∴ $-\dfrac{3}{2}a + 9\left(b - \dfrac{1}{2}\right) = 0$ ∴ $-a + 6b = 3 \cdots ②$

①, ② より $a = \dfrac{11}{15}$, $b = \dfrac{28}{45}$

Assist
《外心》 外心とは外接円の中心であり，点 O が △ABC の外心のとき OA=OB=OC である

シェーマ
点 O が △ABC の外心 ▶▶ 2 辺の垂直二等分線の交点として 2 つの垂直条件を考える

復習 096 $\angle BAC = 60°$, AB=5, AC=3 の三角形 ABC があり，その外心を O，垂心を H とする．
(1) 内積 $\overrightarrow{AB} \cdot \overrightarrow{AC}$ の値を求めよ．
(2) ベクトル $\overrightarrow{AO}$ を $\overrightarrow{AB}$ と $\overrightarrow{AC}$ を用いて表せ．
(3) ベクトル $\overrightarrow{AH}$ を $\overrightarrow{AB}$ と $\overrightarrow{AC}$ を用いて表せ．

例題 097　平面上の点の存在範囲

平面上に三角形OABがあり，$\overrightarrow{OP}=s\overrightarrow{OA}+t\overrightarrow{OB}$ で定まる点Pを考える．
s と t が以下のような条件をみたして動くとき，点Pの存在範囲を図示せよ．
(1) $s+t=1$　(2) $s+t=1$, $s\geqq 0$, $t\geqq 0$　(3) $s+t\leqq 1$, $s\geqq 0$, $t\geqq 0$

解　$\overrightarrow{OP}=s\overrightarrow{OA}+t\overrightarrow{OB}$ …①

(1) $s=1-t$ より①は $\overrightarrow{OP}=(1-t)\overrightarrow{OA}+t\overrightarrow{OB}$
　　∴ $\overrightarrow{OP}-\overrightarrow{OA}=t(\overrightarrow{OB}-\overrightarrow{OA})$　∴ $\overrightarrow{AP}=t\overrightarrow{AB}$ …②
　よって，点Pの存在範囲は**直線AB**

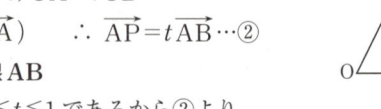

(2) $s+t=1$, $s\geqq 0$, $t\geqq 0$ より $0\leqq t\leqq 1$ であるから②より
　点Pの存在範囲は**線分AB**（端点A，Bを含む）

(3) $s+t=k$ …③として k を固定すると（$0\leqq k\leqq 1$）

　（i）$k=0$ のとき　$s=t=0$　∴ $P=O$

　（ii）$0<k\leqq 1$ のとき③より $\dfrac{s}{k}+\dfrac{t}{k}=1$ …④

　　$s\geqq 0$, $t\geqq 0$ より $\dfrac{s}{k}\geqq 0$, $\dfrac{t}{k}\geqq 0$ …⑤

　①より　$\overrightarrow{OP}=\dfrac{s}{k}(k\overrightarrow{OA})+\dfrac{t}{k}(k\overrightarrow{OB})$

　$\overrightarrow{OA_k}=k\overrightarrow{OA}$, $\overrightarrow{OB_k}=k\overrightarrow{OB}$ をみたす点 A_k, B_k をとると

　　　$\overrightarrow{OP}=\dfrac{s}{k}(\overrightarrow{OA_k})+\dfrac{t}{k}(\overrightarrow{OB_k})$ …⑥

　④⑤⑥に(1)を利用すると，点Pの存在範囲は線分 $A_k B_k$
　（端点を含む）．次に k を動かすとき，$0<k\leqq 1$ において線分
　$A_k B_k$ が通過する領域に原点を加えたものが求める点Pの存
　在範囲．つまり，**三角形OABの周および内部**．

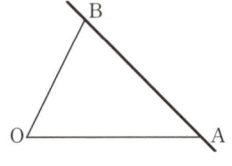

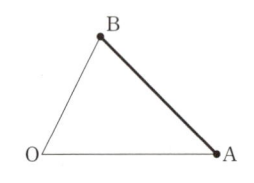

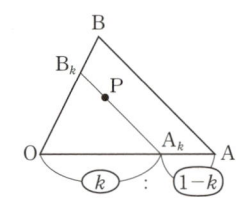

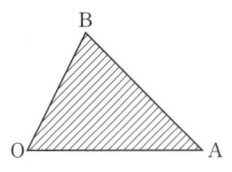

Assist　$\overrightarrow{OA}=(1, 0)$, $\overrightarrow{OB}=(0, 1)$, $\overrightarrow{OP}=(x, y)$ とすると，①より $x=s$, $y=t$ となり，
(3)は $x+y\leqq 1$, $x\geqq 0$, $y\geqq 0$ と表せ，範囲は三角形OABの周および内部とわかる．

シェーマ
$\overrightarrow{OP}=s\overrightarrow{OA}+t\overrightarrow{OB}$ における点Pの範囲　≫　「$s+t=1$ のとき直線AB」が基本

復習 097　平面上に三角形OABがあり，$\overrightarrow{OP}=s\overrightarrow{OA}+t\overrightarrow{OB}$ で定まる点Pを考える．
(1) $2s+t=1$ をみたすとき，点Pの存在範囲を図示せよ．
(2) $2s+t=3$ をみたすとき，点Pの存在範囲を図示せよ．
(3) 三角形OABの面積を1とする．$2s+t\leqq 3$, $s\geqq 0$, $t\geqq 0$ をみたすとき，点Pの
　存在範囲の面積を求めよ．ただし，例題の結果を用いてもよい．

例題 098　直線のベクトル方程式 ①

点 A(3, 1) を通り，$\vec{u}=(-1, 2)$ に平行な直線を l，点 B(1, 0) を通り，$\vec{v}=(3a, a-1)$ に平行な直線を m とするとき，次の問いに答えよ。

(1) 直線 l の方程式を求めよ。
(2) 直線 l と直線 m が垂直となるとき，実数 a の値を求めよ。
(3) $a=-1$ とするとき，点 A から直線 m におろした垂線を AH とするとき，点 H の座標を求めよ。

解 (1) 直線 l は，$\vec{u}=(-1, 2)$ に平行な直線であることから
　　傾きが -2 である。また点 $(3, 1)$ を通るので
　　　　$y=-2(x-3)+1$　∴　$y=-2x+7$

(2) l と m が垂直である条件は，$\vec{u}$ と $\vec{v}$ が垂直より
　　　　$\vec{u}\cdot\vec{v}=(-1, 2)\cdot(3a, a-1)=-3a+2(a-1)=0$　∴　$a=-2$

(3) $a=-1$ とするとき $\vec{v}=(-3, -2)$。直線 m の方程式は $\vec{p}=\overrightarrow{OB}+t\vec{v}$　（t は実数）
　m 上の点を P(x, y) とすると $\vec{p}=(x, y)$ であり　$(x, y)=(1, 0)+t(-3, -2)$
　いま H が直線 m 上より　$\overrightarrow{OH}=(1, 0)+t(-3, -2)=(-3t+1, -2t)$　…①
　と表される。このとき　$\overrightarrow{AH}=\overrightarrow{OH}-\overrightarrow{OA}=(-3t+1, -2t)-(3, 1)=(-3t-2, -2t-1)$
　AH⊥m より $\overrightarrow{AH}\perp\vec{v}$ であるから　$\overrightarrow{AH}\cdot\vec{v}=(-3t-2, -2t-1)\cdot(-3, -2)=0$
　∴　$(-3)(-3t-2)+(-2)(-2t-1)=0$　∴　$13t=-8$　∴　$t=-\dfrac{8}{13}$

　①に代入して　$\overrightarrow{OH}=\left(\dfrac{37}{13}, \dfrac{16}{13}\right)$　∴　H$\left(\dfrac{37}{13}, \dfrac{16}{13}\right)$

《直線のベクトル方程式 I》
点 A($\vec{a}$) を通り，$\vec{u}$ に平行な直線のベクトル方程式は
$\vec{p}=\vec{a}+t\vec{u}$

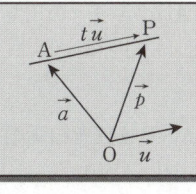

Assist　(1)の直線 l のベクトル方程式は $(x, y)=(3, 1)+t(-1, 2)$（t：実数）　これより
$x=3-t$, $y=1+2t$。t を消去すると $2x+y=7$。これは直線 l の座標方程式である。

シェーマ　方向ベクトルが与えられた直線上の点 P ≫ $\overrightarrow{OP}=\vec{a}+t\vec{u}$ の形で表す

復習 098　点 A($-4, -1$) と点 B($0, 2$) を通る直線を l，点 C($1, 0$) と点 D($a, -a+2$) を通る直線を m とする。
(1) l と m が平行，垂直となるような，実数 a の値をそれぞれ求めよ。
(2) 点 C から l におろした垂線を CH とするとき，点 H の座標を求めよ。

例題 099　円のベクトル方程式

平面上に三角形OABと点Pがある．次の式をみたす点Pが描く図形を図示せよ．

(1) $|\overrightarrow{OP}-\overrightarrow{OA}|=OB$　　(2) $|3\overrightarrow{OP}-2\overrightarrow{OA}-\overrightarrow{OB}|=AB$

(3) $(\overrightarrow{OP}-\overrightarrow{OA})\cdot(\overrightarrow{OP}-\overrightarrow{OB})=0$

解 (1) $|\overrightarrow{OP}-\overrightarrow{OA}|=OB$ より $|\overrightarrow{AP}|=OB$ ∴ AP=OB

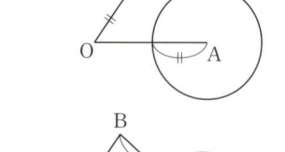

よって点Pが描く図形は点Aを中心とする半径OBの円

(2) $|3\overrightarrow{OP}-2\overrightarrow{OA}-\overrightarrow{OB}|=AB$ より

$$\left|\overrightarrow{OP}-\frac{2\overrightarrow{OA}+\overrightarrow{OB}}{3}\right|=\frac{1}{3}AB$$

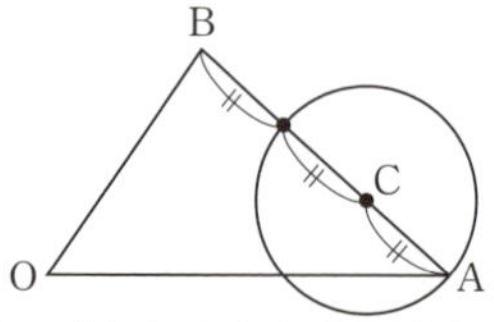

ここでABを1:2に内分する点をCとすると

$$|\overrightarrow{OP}-\overrightarrow{OC}|=\frac{1}{3}AB$$

よって(1)と同様に，点Pが描く図形は点C(ABを1:2に内分する点)を中心とする半径 $\frac{1}{3}AB$ の円

(3) $(\overrightarrow{OP}-\overrightarrow{OA})\cdot(\overrightarrow{OP}-\overrightarrow{OB})=0$ より $\overrightarrow{AP}\cdot\overrightarrow{BP}=0$

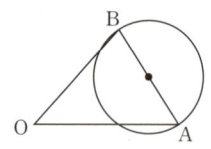

∴ $\overrightarrow{AP}\perp\overrightarrow{BP}$ または $\overrightarrow{AP}=\vec{0}$ または $\overrightarrow{BP}=\vec{0}$

∴ AP⊥BP または P=A または P=B

よって，点Pが描く図形は2点A, Bを直径の両端とする円

《円のベクトル方程式》

中心 $A(\vec{a})$ 半径 r の円を C とする

「点 $P(\vec{p})$ が円 C 上」⇔ AP=r

⇔ $|\overrightarrow{AP}|=r$ ⇔ $|\vec{p}-\vec{a}|=r$

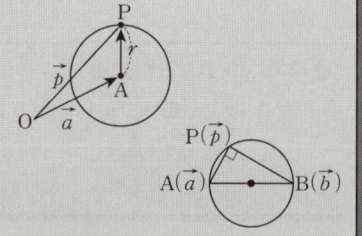

2点A, Bを直径の両端とする円を D とする

「点 $P(\vec{p})$ が円 D 上」⇔ $(\vec{p}-\vec{a})\cdot(\vec{p}-\vec{b})=0$

シェーマ

動点 $P(\vec{p})$ の条件式 $\vec{p}\cdot\vec{p}+\vec{c}\cdot\vec{p}+d=0$ ⟹ $|\vec{p}-\vec{a}|=r$ または $(\vec{p}-\vec{a})\cdot(\vec{p}-\vec{b})=0$ の形にする

復習 099 平面上に三角形OABと点Pがある．次の式をみたす点Pが描く図形を図示せよ．

(1) $|3\overrightarrow{OP}+\overrightarrow{OA}|=OA$　　(2) $|3\overrightarrow{PA}+2\overrightarrow{PB}|=AB$

(3) $(\overrightarrow{AP}+\overrightarrow{BP})\cdot(2\overrightarrow{AP}+\overrightarrow{BP})=0$

例題100　図形の応用

原点Oを中心とする半径2の円周上に3点A, B, Cがあり，ベクトル$\overrightarrow{OA}$, $\overrightarrow{OB}$, $\overrightarrow{OC}$は
$$4\overrightarrow{OA}-5\overrightarrow{OB}+3\overrightarrow{OC}=\vec{0} \cdots ①$$
をみたすとする．

(1) ABの長さを求めよ．
(2) 点Pがこの円周上を動くとき，△PABの面積の最大値を求めよ．

解 (1) 3点A, B, Cは原点Oを中心とする半径2の円周上にあるから
$$|\overrightarrow{OA}|=|\overrightarrow{OB}|=|\overrightarrow{OC}|=2 \cdots ②$$

①より　$|4\overrightarrow{OA}-5\overrightarrow{OB}|^2=|-3\overrightarrow{OC}|^2$　∴　$16|\overrightarrow{OA}|^2-40\overrightarrow{OA}\cdot\overrightarrow{OB}+25|\overrightarrow{OB}|^2=9|\overrightarrow{OC}|^2$

②を代入して　$\overrightarrow{OA}\cdot\overrightarrow{OB}=\dfrac{16}{5}$

よって　$|\overrightarrow{AB}|^2=|\overrightarrow{OB}-\overrightarrow{OA}|^2=|\overrightarrow{OB}|^2-2\overrightarrow{OA}\cdot\overrightarrow{OB}+|\overrightarrow{OA}|^2=4-2\cdot\dfrac{16}{5}+4=\dfrac{8}{5}$

∴　$|\overrightarrow{AB}|=\sqrt{\dfrac{8}{5}}=\dfrac{2\sqrt{10}}{5}$

(2) △OABは二等辺三角形であるから，点Pが原点Oを中心とする半径2の円周上を動くとき，△PABの面積が最大となるのは，点PがOP⊥ABかつ「Pが直線ABに関してOと同じ側にある」とき．このときの点PをP_0とし，ABの中点をMとすると，P_0, O, Mは一直線上．また，OM⊥ABより
$$OM^2=OA^2-AM^2$$
∴　$OM=\sqrt{OA^2-AM^2}=\sqrt{2^2-\left(\dfrac{\sqrt{10}}{5}\right)^2}=\sqrt{\dfrac{90}{25}}=\dfrac{3\sqrt{10}}{5}$

△PABの面積の最大値は
$$\dfrac{1}{2}(AB)(P_0 M)=\dfrac{1}{2}(AB)(P_0 O+OM)$$
$$=\dfrac{1}{2}\cdot\dfrac{2\sqrt{10}}{5}\cdot\left(2+\dfrac{3\sqrt{10}}{5}\right)=\dfrac{2(\sqrt{10}+3)}{5}$$

シェーマ

$|\vec{a}|$, $|\vec{b}|$, $|\vec{c}|$ の値が与えられ $p\vec{a}+q\vec{b}+r\vec{c}=\vec{0}$ をみたす　⇒　$\vec{a}\cdot\vec{b}$, $\vec{b}\cdot\vec{c}$, $\vec{c}\cdot\vec{a}$ がそれぞれ求まる

復習 100　原点Oを中心とする半径1の円周上に3点A, B, Cがあり，ベクトル$\overrightarrow{OA}$, $\overrightarrow{OB}$, $\overrightarrow{OC}$は$3\overrightarrow{OA}+4\overrightarrow{OB}+5\overrightarrow{OC}=\vec{0}$ をみたすとする．

(1) ∠AOBを求めよ．　(2) ∠ACBを求めよ．

例題101　空間のベクトル・同一直線上にある条件

(1) 図の立方体 OAPB-CRSQ において $\vec{OA}$ を $\vec{OP}$ と $\vec{OQ}$ と $\vec{OR}$ で表せ。

(2) 空間に3点 $A(a, 5, 8)$, $B(10, b, -3)$, $C(3, 1, 4)$ がある。A, B, C が同一直線上にあるとき, a, b の値を求めよ。

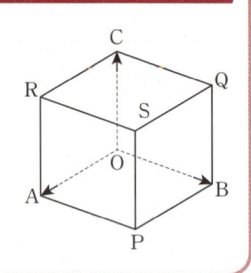

解 (1) $\vec{OP} = \vec{OA} + \vec{OB}$　　$\vec{OQ} = \vec{OB} + \vec{OC}$ …①　　$\vec{OR} = \vec{OC} + \vec{OA}$

辺々足して2で割ると

$$\frac{1}{2}(\vec{OP} + \vec{OQ} + \vec{OR}) = \vec{OA} + \vec{OB} + \vec{OC} \cdots ②$$

② − ① より　$\vec{OA} = \dfrac{1}{2}(\vec{OP} - \vec{OQ} + \vec{OR})$

(2) $\vec{CA} = \vec{OA} - \vec{OC} = (a, 5, 8) - (3, 1, 4) = (a-3, 4, 4)$
$\vec{CB} = \vec{OB} - \vec{OC} = (10, b, -3) - (3, 1, 4) = (7, b-1, -7)$

よって3点 A, B, C が同一直線上になる条件は
$\vec{CA} /\!/ \vec{CB}$

つまり　$\vec{CB} = t\vec{CA}$　∴ $(7, b-1, -7) = t(a-3, 4, 4)$

をみたす実数 t が存在すること。このとき

$7 = (a-3)t$ …①,　$b-1 = 4t$ …②,　$-7 = 4t$ …③

③より　$t = -\dfrac{7}{4}$

①②に代入して　$a = -1$, $b = -6$

シェーマ

空間の3点 A, B, C が同一直線上　⟹　条件は $\vec{AC} = k\vec{AB}$（平面のときと同様）

復習 101

(1) 空間に図のような六角柱 ABCDEF-GHIJKL がある。この六角柱の底面は共に正六角形であり，6つの側面はすべて正方形である。また $\vec{AB} = \vec{a}$, $\vec{AF} = \vec{b}$, $\vec{AG} = \vec{c}$ とする。$\vec{AC}$, $\vec{AI}$, $\vec{AJ}$ を $\vec{a}$, $\vec{b}$, $\vec{c}$ で表し，$\vec{a}$ を $\vec{AC}$, $\vec{AI}$, $\vec{AJ}$ で表せ。

(2) $A(1, 2, 3)$, $B(2, -1, 3)$, $C(1, -3, 1)$, $D(1, 1, 1)$,
$\vec{OE} = t\vec{OA}$, $\vec{OF} = \vec{OB} + u\vec{OC}$ (t, u は実数の定数) とする。
3点 D, E, F が同一直線上にあるとき, t, u の値を求めよ。

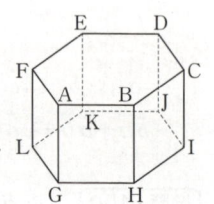

例題 102　直線のベクトル方程式 ②

点$A(1, 2, 3)$を通り，$\vec{u}=(1, -1, 2)$に平行な直線をlとする．
点$B(1, 0, 0)$を通り，$\vec{v}=(1, 0, a)$に平行な直線をmとする．

(1) 原点Oから直線lにおろした垂線をOHとするとき，点Hの座標を求めよ．
(2) lとmが垂直であるとき，aの値を求めよ．
(3) lとmが交点をもつとき，aの値を求めよ．

解 (1) 直線lの方程式は $(x, y, z)=(1, 2, 3)+t(1, -1, 2)$ （t：実数）
Hはl上の点であるから $H(1+t, 2-t, 3+2t)$と表され，
$OH \perp l$より $\overrightarrow{OH} \cdot \vec{u}=(1+t, 2-t, 3+2t)\cdot(1, -1, 2)=0$
$\therefore (1+t)-(2-t)+2(3+2t)=0 \quad \therefore t=-\dfrac{5}{6} \quad \therefore H\left(\dfrac{1}{6}, \dfrac{17}{6}, \dfrac{4}{3}\right)$

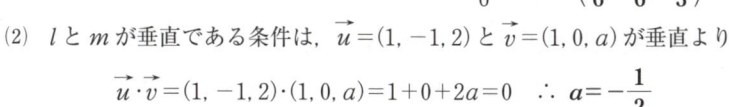

(2) lとmが垂直である条件は，$\vec{u}=(1, -1, 2)$と$\vec{v}=(1, 0, a)$が垂直より
$$\vec{u} \cdot \vec{v}=(1, -1, 2)\cdot(1, 0, a)=1+0+2a=0 \quad \therefore a=-\dfrac{1}{2}$$

(3) l上の点(x, y, z)は(1)より $(x, y, z)=(1+t, 2-t, 3+2t)$ …①
と表され，m上の点(x, y, z)は
$(x, y, z)=(1, 0, 0)+s(1, 0, a)=(1+s, 0, as)$ …② （s：実数）
と表される．①②よりlとmが交点をもつ条件は
$(1+t, 2-t, 3+2t)=(1+s, 0, as)$
$\therefore 1+t=1+s$ …③ かつ $2-t=0$ …④ かつ $3+2t=as$ …⑤
をみたすt, sが存在すること．③④より$t=s=2$
⑤に代入して $2a=7 \quad \therefore a=\dfrac{7}{2}$

《直線のベクトル方程式Ⅱ》 異なる2点A, B, 実数tに対して
Pが直線AB上 $\Leftrightarrow$ 3点P, A, Bが一直線上 $\Leftrightarrow \overrightarrow{AP}=t\overrightarrow{AB}$
$\Leftrightarrow \overrightarrow{OP}-\overrightarrow{OA}=t\overrightarrow{AB} \Leftrightarrow \overrightarrow{OP}=\overrightarrow{OA}+t\overrightarrow{AB}$
（点Pは点Aを通り$\overrightarrow{AB}$に平行な直線上）

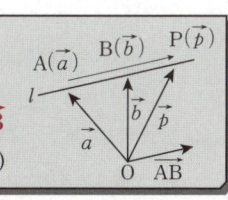

シェーマ
方向ベクトルがわかっている直線上の点X　▶▶　$\overrightarrow{OX}=\vec{a}+t\vec{u}$ と表せる

復習 102　点$O(0, 0, 0)$と点$A(1, 1, 1)$を通る直線をl，点$B(0, 1, 2)$と
点$C(a, a+2, 2a)$を通る直線をmとする．
(1) 点Bから直線lにおろした垂線をBHとするとき，点Hの座標を求めよ．
(2) lとmが垂直であるとき，aの値を求めよ．
(3) lとmが交点をもつとき，aの値を求めよ．

例題 103　平面と直線の交点

四面体OABCにおいて，OA，OB，OC，BCをそれぞれ1:1，2:1，3:1，4:1に内分する点をD，E，F，Gとする．このとき平面AEFと直線DGの交点をPとする．$\overrightarrow{OP}$ を $\overrightarrow{OA}$，$\overrightarrow{OB}$，$\overrightarrow{OC}$ で表せ．

解 条件より　$\overrightarrow{OD}=\dfrac{1}{2}\overrightarrow{OA}$，$\overrightarrow{OE}=\dfrac{2}{3}\overrightarrow{OB}$，$\overrightarrow{OF}=\dfrac{3}{4}\overrightarrow{OC}$，$\overrightarrow{OG}=\dfrac{\overrightarrow{OB}+4\overrightarrow{OC}}{5}$

点Pは平面AEF上より $\overrightarrow{OP}=\alpha\overrightarrow{OA}+\beta\overrightarrow{OE}+\gamma\overrightarrow{OF}=\alpha\overrightarrow{OA}+\beta\left(\dfrac{2}{3}\overrightarrow{OB}\right)+\gamma\left(\dfrac{3}{4}\overrightarrow{OC}\right)$ …①

$(\alpha+\beta+\gamma=1$ …②$)$ と表せる．また，点Pは直線DG上なので

$\overrightarrow{OP}=(1-t)\overrightarrow{OD}+t\overrightarrow{OG}=(1-t)\left(\dfrac{1}{2}\overrightarrow{OA}\right)+t\left(\dfrac{\overrightarrow{OB}+4\overrightarrow{OC}}{5}\right)$

$=\dfrac{1-t}{2}\overrightarrow{OA}+\dfrac{t}{5}\overrightarrow{OB}+\dfrac{4t}{5}\overrightarrow{OC}$ …③

と表せる．ここでOABCは四面体をなすので①と③より

$\alpha=\dfrac{1}{2}(1-t)$ かつ $\dfrac{2}{3}\beta=\dfrac{1}{5}t$ かつ $\dfrac{3}{4}\gamma=\dfrac{4}{5}t$　$\therefore\ \beta=\dfrac{3}{10}t$，$\gamma=\dfrac{16}{15}t$

②に代入し $\dfrac{1}{2}(1-t)+\dfrac{3}{10}t+\dfrac{16}{15}t=1$　$\therefore\ t=\dfrac{15}{26}$　$\therefore\ \alpha=\dfrac{11}{52}$，$\beta=\dfrac{9}{52}$，$\gamma=\dfrac{8}{13}$

よって　$\overrightarrow{OP}=\dfrac{11}{52}\overrightarrow{OA}+\dfrac{3}{26}\overrightarrow{OB}+\dfrac{6}{13}\overrightarrow{OC}$

《4点が同一平面上にある条件》 A，B，Cを同一直線上にない3点とする．

「点Pが平面ABC上」⇔「点P，A，B，Cが同一平面上」

⇔「$\overrightarrow{AP}=s\overrightarrow{AB}+t\overrightarrow{AC}$ （s，t:実数）と表せる」

⇔「$\overrightarrow{OP}=\overrightarrow{OA}+s\overrightarrow{AB}+t\overrightarrow{AC}$ と表せる」

⇔「$\overrightarrow{OP}=(1-s-t)\overrightarrow{OA}+s\overrightarrow{OB}+t\overrightarrow{OC}$ と表せる」

⇔「$\overrightarrow{OP}=\alpha\overrightarrow{OA}+\beta\overrightarrow{OB}+\gamma\overrightarrow{OC}$ （$\alpha+\beta+\gamma=1$）と表される」

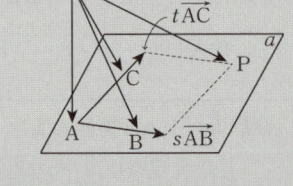

《係数比較の公式》 O，A$(\vec{a})$，B$(\vec{b})$，C$(\vec{c})$ が四面体をなすとき，

$\alpha\vec{a}+\beta\vec{b}+\gamma\vec{c}=\alpha'\vec{a}+\beta'\vec{b}+\gamma'\vec{c}\Rightarrow\alpha=\alpha'$ かつ $\beta=\beta'$ かつ $\gamma=\gamma'$

シェーマ　平面と直線の交点P　▶▶　$\overrightarrow{OP}$ を2通りに表して係数比較

復習 103　OA，OB，OCを3辺とする平行六面体OADB−CEGFにおいて，点P，点Qを $\overrightarrow{OP}=\dfrac{1}{6}\overrightarrow{OC}$，$\overrightarrow{DQ}=\dfrac{1}{4}\overrightarrow{DG}$ となるようにとる．線分PQと平面ABCの交点をRとするとき，$\overrightarrow{OR}$ を $\vec{a}$，$\vec{b}$，$\vec{c}$ で表せ．ただし，$\overrightarrow{OA}=\vec{a}$，$\overrightarrow{OB}=\vec{b}$，$\overrightarrow{OC}=\vec{c}$ とする．

例題 104 空間ベクトルの位置ベクトルによる内積計算

1辺の長さが1の正四面体OABCにおいて次の問いに答えよ．
(1) $\vec{OA} \cdot \vec{OB}$ の値を求めよ．
(2) OA⊥BC を証明せよ．
(3) BCを2:1に内分する点をPとし，∠AOP=θとするとき，$\cos\theta$を求めよ．

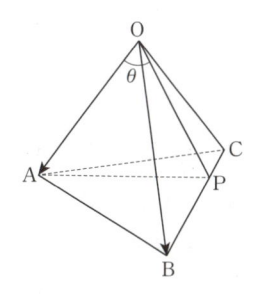

解 (1) 三角形OABは1辺の長さが1の正三角形であるから
$$\vec{OA} \cdot \vec{OB} = |\vec{OA}||\vec{OB}|\cos\angle AOB = 1 \cdot 1 \cdot \cos 60° = \frac{1}{2}$$

(2) (1)と同様に $\vec{OB} \cdot \vec{OC} = \vec{OC} \cdot \vec{OA} = \dfrac{1}{2}$

よって $\vec{OA} \cdot \vec{BC} = \vec{OA} \cdot (\vec{OC} - \vec{OB}) = \vec{OA} \cdot \vec{OC} - \vec{OA} \cdot \vec{OB}$
$$= \frac{1}{2} - \frac{1}{2} = 0$$

よって $\vec{OA} \neq \vec{0}$，$\vec{BC} \neq \vec{0}$ であるから OA⊥BC ■

(3) $\vec{OP} = \dfrac{\vec{OB} + 2\vec{OC}}{3}$ より

$\vec{OA} \cdot \vec{OP} = \vec{OA} \cdot \dfrac{1}{3}(\vec{OB} + 2\vec{OC}) = \dfrac{1}{3}(\vec{OA} \cdot \vec{OB} + 2\vec{OA} \cdot \vec{OC}) = \dfrac{1}{3}\left(\dfrac{1}{2} + 2 \cdot \dfrac{1}{2}\right) = \dfrac{1}{2}$

$|\vec{OP}|^2 = \left|\dfrac{1}{3}(\vec{OB} + 2\vec{OC})\right|^2 = \dfrac{1}{3^2}(|\vec{OB}|^2 + 4\vec{OB} \cdot \vec{OC} + 4|\vec{OC}|^2)$
$$= \frac{1}{9}\left(1 + 4 \cdot \frac{1}{2} + 4 \cdot 1\right) = \frac{7}{9}$$

よって $\cos\theta = \dfrac{\vec{OA} \cdot \vec{OP}}{|\vec{OA}||\vec{OP}|} = \dfrac{\dfrac{1}{2}}{1 \cdot \dfrac{\sqrt{7}}{3}} = \dfrac{3\sqrt{7}}{14}$

シェーマ

$\vec{a}, \vec{b}, \vec{c}$ で表された空間ベクトルの内積計算 ≫ $\begin{cases} |\vec{a}|, |\vec{b}|, |\vec{c}| \\ \vec{a} \cdot \vec{b}, \vec{b} \cdot \vec{c}, \vec{c} \cdot \vec{a} \end{cases}$ の値から計算

復習 104 四面体OABCにおいてOA=OB=OC=2，$\angle AOB = \angle AOC = \dfrac{\pi}{3}$，$\angle BOC = \dfrac{\pi}{2}$ が成り立つとする．辺ABの中点をM，辺OCを1:2に内分する点をPとし，$\vec{OA} = \vec{a}$，$\vec{OB} = \vec{b}$，$\vec{OC} = \vec{c}$ とするとき，次の問に答えよ．
(1) $\vec{MP}$ を $\vec{a}, \vec{b}, \vec{c}$ を用いて表せ．
(2) $\vec{AB}$ と $\vec{MP}$ の内積を求めよ．
(3) $\vec{AB}$ と $\vec{MP}$ のなす角をθとするとき $\cos\theta$を求めよ．

例題 105　空間ベクトルの成分による内積計算

3点 A(0, 2, 0), B(1, 0, 1), C(2, 1, 1) がある．このとき次のものを求めよ．
(1) $\vec{AB} \cdot \vec{AC}$　　(2) $\cos \angle BAC$　　(3) $\triangle ABC$ の面積 S
(4) $\triangle ABC$ の重心の座標　(5) $\vec{AB}$ と $\vec{AC}$ に垂直な，大きさが1のベクトル

解

(1) $\vec{AB} = \vec{OB} - \vec{OA} = (1, 0, 1) - (0, 2, 0) = (1, -2, 1)$　同様に $\vec{AC} = (2, -1, 1)$
$\vec{AB} \cdot \vec{AC} = (1, -2, 1) \cdot (2, -1, 1) = 1 \cdot 2 + (-2)(-1) + 1 \cdot 1 = \mathbf{5}$

(2) $|\vec{AB}|^2 = |(1, -2, 1)|^2 = 1^2 + (-2)^2 + 1^2 = 6$
$|\vec{AC}|^2 = |(2, -1, 1)|^2 = 2^2 + (-1)^2 + 1^2 = 6$
より　$\cos \angle BAC = \dfrac{\vec{AB} \cdot \vec{AC}}{|\vec{AB}||\vec{AC}|} = \dfrac{5}{\sqrt{6} \cdot \sqrt{6}} = \dfrac{\mathbf{5}}{\mathbf{6}}$

(3) $S = \dfrac{1}{2}\sqrt{|\vec{AB}|^2|\vec{AC}|^2 - (\vec{AB} \cdot \vec{AC})^2} = \dfrac{1}{2}\sqrt{6 \cdot 6 - 5^2} = \dfrac{\sqrt{11}}{2}$

(4) $\triangle ABC$ の重心を G とすると
$\vec{OG} = \dfrac{\vec{OA} + \vec{OB} + \vec{OC}}{3} = \dfrac{1}{3}\{(0, 2, 0) + (1, 0, 1) + (2, 1, 1)\} = \left(1, 1, \dfrac{2}{3}\right)$　∴ $G\left(1, 1, \dfrac{2}{3}\right)$

(5) $\vec{AB}, \vec{AC}$ の2つのベクトルと垂直なベクトルを $\vec{p} = (x, y, z)$ とすると
$\vec{p} \perp \vec{AB}$ より　$\vec{p} \cdot \vec{AB} = (x, y, z) \cdot (1, -2, 1) = 0$　∴ $x - 2y + z = 0$
$\vec{p} \perp \vec{AC}$ より　$\vec{p} \cdot \vec{AC} = (x, y, z) \cdot (2, -1, 1) = 0$　∴ $2x - y + z = 0$
よって　$y = -x$ かつ $z = -3x$　ここで $x = 1$ とおくと $\vec{p} = (1, -1, -3)$
求めるベクトルは $\pm \dfrac{1}{|\vec{p}|}\vec{p} = \dfrac{\pm 1}{\sqrt{1^2 + (-1)^2 + (-3)^2}}(1, -1, -3) = \pm\dfrac{\sqrt{11}}{11}(1, -1, -3)$

Assist
《成分計算》 $\vec{a} = (a_1, a_2, a_3),\ \vec{b} = (b_1, b_2, b_3)$ のとき
　$\alpha\vec{a} + \beta\vec{b} = (\alpha a_1 + \beta b_1,\ \alpha a_2 + \beta b_2,\ \alpha a_3 + \beta b_3)$
（内積の成分計算） $\vec{a} \cdot \vec{b} = a_1 b_1 + a_2 b_2 + a_3 b_3$　　$|\vec{a}|^2 = a_1^2 + a_2^2 + a_3^2$

《面積の公式》　$\triangle ABC = \dfrac{1}{2}\sqrt{|\vec{AB}|^2|\vec{AC}|^2 - (\vec{AB} \cdot \vec{AC})^2}$

シェーマ

$\vec{AB}$ の成分表示　⟫　座標の「差」をとる

復習 105　3点 A(1, 2, -2), B(-4, t+1, 2), C(1, -2, 3) がある．
(1) $\vec{OA}$ と $\vec{OB}$ が垂直であるとき t の値を求めよ．また，このとき $\triangle OAB$ の面積を求めよ．
(2) $\vec{OA}$ と $\vec{OC}$ のなす角を θ とするとき，$\cos\theta$ を求めよ．また $\vec{OA}$ と $\vec{OB}$ のなす角と $\vec{OB}$ と $\vec{OC}$ のなす角が等しいとき，t の値を求めよ．
(3) $\vec{OA}$ と $\vec{OC}$ の両方に垂直な大きさ1のベクトルを求めよ．

例題 106　成分による四面体の体積

空間の3点 A(2, 0, -1), B(-1, 1, 0), C(0, 1, -1) を通る平面を π とし，原点Oから平面 π におろした垂線をOPとする．
(1) ベクトル $\overrightarrow{OP}$ の成分を求めよ．　(2) $\triangle ABC$ の面積を求めよ．
(3) 四面体OABCの体積を求めよ．

解 (1) 点Pは平面 π 上であるから
$\overrightarrow{OP} = \overrightarrow{OA} + s\overrightarrow{AB} + t\overrightarrow{AC} = (2, 0, -1) + s(-3, 1, 1) + t(-2, 1, 0)$
$= (2-3s-2t, s+t, -1+s)$ $(s, t:$実数$)$

と表される．また $OP \perp \pi$ より $OP \perp AB$, $OP \perp AC$ であるから
$\overrightarrow{OP} \cdot \overrightarrow{AB} = (2-3s-2t, s+t, -1+s) \cdot (-3, 1, 1) = 0$
$\overrightarrow{OP} \cdot \overrightarrow{AC} = (2-3s-2t, s+t, -1+s) \cdot (-2, 1, 0) = 0$
$\therefore\ -3(2-3s-2t) + (s+t) + (-1+s) = 0$
$\quad -2(2-3s-2t) + (s+t) = 0$
$\therefore\ 11s + 7t = 7$ かつ $7s + 5t = 4$　$\therefore\ s = \dfrac{7}{6},\ t = -\dfrac{5}{6}$

代入して　$\overrightarrow{OP} = \left(\dfrac{1}{6}, \dfrac{1}{3}, \dfrac{1}{6}\right)$

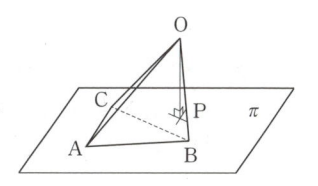

(2) $\triangle ABC$ の面積を S とすると
$S = \dfrac{1}{2}\sqrt{|\overrightarrow{AB}|^2|\overrightarrow{AC}|^2 - (\overrightarrow{AB}\cdot\overrightarrow{AC})^2}$　　←｜$\overrightarrow{AB}\cdot\overrightarrow{AC} = (-3, 1, 1)\cdot(-2, 1, 0)$
$= \dfrac{1}{2}\sqrt{(9+1+1)(4+1+0) - (6+1+0)^2} = \dfrac{\sqrt{6}}{2}$

(3) (1)より　$|\overrightarrow{OP}|^2 = \left|\dfrac{1}{6}(1, 2, 1)\right|^2 = \dfrac{1}{36}(1+4+1) = \dfrac{1}{6}$

四面体OABCの底面を $\triangle ABC$ とすると高さはOPなので，その体積は
$\dfrac{1}{3} \times S \times |\overrightarrow{OP}| = \dfrac{1}{3} \times \dfrac{\sqrt{6}}{2} \times \dfrac{\sqrt{6}}{6} = \dfrac{1}{6}$

$\vec{a} \perp$ 平面ABC　→　$\vec{a} \perp \overrightarrow{AB}$ かつ $\vec{a} \perp \overrightarrow{AC}$

シェーマ

Oから平面ABCにおろした垂線OH　≫　AB⊥OH かつ AC⊥OH

復習 106　空間に4点 A(3, 0, 4), B(-3, 0, -4), C(0, 10, 0), D(-8, 5, 6) をとる．
(1) $\triangle ABC$ の面積を求めよ．
(2) 点Dから三角形ABCを含む平面におろした垂線をDHとするとき，点Hの座標を求めよ．
(3) 四面体ABCDの体積 V を求めよ．

§6　ベクトル

例題 107　2直線上の2点の距離

座標空間で点 $(-3, -1, -1)$ を通り，ベクトル $\vec{a}=(-1, 1, 2)$ に平行な直線を l，点 $(-1, 1, -4)$ を通り，ベクトル $\vec{b}=(-2, 2, 1)$ に平行な直線を m とする。点Pは直線 l 上を，点Qは直線 m 上をそれぞれ独立に動くとき，線分PQの長さの最小値を求めよ．

解　直線 l のベクトル方程式は
$$(x, y, z) = (-3, -1, -1) + t(-1, 1, 2) \quad (t: 実数)$$
直線 m のベクトル方程式は
$$(x, y, z) = (-1, 1, -4) + u(-2, 2, 1) \quad (u: 実数)$$
と表せるので，直線 l 上の点P，直線 m 上の点Qは
$$P(-3-t, -1+t, -1+2t), \quad Q(-1-2u, 1+2u, -4+u)$$
と表せる．このとき $\overrightarrow{PQ} = \overrightarrow{OQ} - \overrightarrow{OP} = (2-2u+t, 2+2u-t, -3+u-2t)$ より
$$PQ^2 = |\overrightarrow{PQ}|^2 = (2-2u+t)^2 + (2+2u-t)^2 + (-3+u-2t)^2$$
$$= 6t^2 - 12tu + 9u^2 + 12t - 6u + 17 = 6t^2 - 12(u-1)t + 9u^2 - 6u + 17$$
$$= 6\{t-(u-1)\}^2 - 6(u-1)^2 + 9u^2 - 6u + 17 \quad \longleftarrow \text{まず } t \text{ で平方完成}$$
$$= 6\{t-(u-1)\}^2 + 3u^2 + 6u + 11 = 6\{t-(u-1)\}^2 + 3(u+1)^2 + 8$$

よって　$t-(u-1)=0$ かつ $u+1=0$　∴　$t=-2, u=-1$ のとき，PQは最小となり
求める最小値は　$\sqrt{8} = 2\sqrt{2}$

Assist

PQが最小となるのはPQ⊥ l かつPQ⊥ m のとき
よって，$\overrightarrow{PQ} \cdot (-1, 1, 2) = 0 \cdots$①　かつ　$\overrightarrow{PQ} \cdot (-2, 2, 1) = 0 \cdots$② より
t, u を求めてもよい．つまり $\overrightarrow{PQ} = (2-2u+t, 2+2u-t, -3+u-2t)$ であるから①②より
$$-(2-2u+t) + (2+2u-t) + 2(-3+u-2t) = 0$$
$$\therefore t - u = -1$$
$$-2(2-2u+t) + 2(2+2u-t) + (-3+u-2t) = 0$$
$$\therefore 2t - 3u = -1$$
よって　$t = -2, u = -1$
この方が1次式ですので，計算は楽である場合が多い．

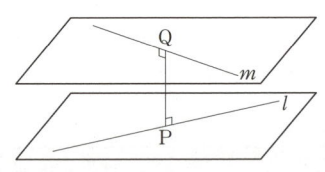

シェーマ

2直線上の点P, Qの距離　$\Longrightarrow$　$\begin{cases} \overrightarrow{OP} = \vec{a} + t\vec{b} \\ \overrightarrow{OQ} = \vec{c} + u\vec{d} \end{cases}$ の形で表し，$|\overrightarrow{PQ}|^2$ を計算する

復習 107　2点 $A(1, 0, 0), B(0, 1, 2)$ を通る直線を l，2点 $C(0, 0, 1), D(1, 1, 0)$ を通る直線を m とする．

(1) 2直線 l と m は共有点をもたないことを証明せよ．

(2) 点Pは直線 l 上，点Qは直線 m 上をそれぞれ動くとき，線分PQの長さの最小値を求めよ．

例題 108　球面と平面の交わりの円

点 $A(1, 2, 3)$ を中心とする半径 2 の球面 S と $z=2$ で表される平面 π がある.
(1) 球面 S と平面 π の交わりの円 C の中心と半径を求めよ.
(2) 円 C 上の動点を P とするとき, 点 P と点 $B(3, 4, 5)$ の距離 BP の最大値と最小値を求めよ.

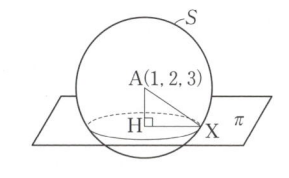

解 (1) 中心 $A(1, 2, 3)$ から平面 π におろした垂線を AH とすると, 点 H が交わりの円 C の中心であり, 平面 π が $z=2$ で表されるので, 中心 H は $(1, 2, 2)$
このとき, 交わりの円上の任意の点を X とすると
$$AX^2 = AH^2 + HX^2$$
であり, AX は球面 S の半径, HX が交わりの円の半径なので, C の半径は
$$HX = \sqrt{AX^2 - AH^2} = \sqrt{2^2 - 1^2} = \sqrt{3}$$

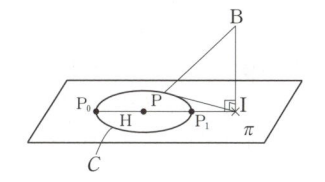

(2) 点 B から平面 π におろした垂線を BI とすると, $I(3, 4, 2)$. このとき $BP^2 = BI^2 + IP^2 = 3^2 + IP^2$ であるから, BP が最大になるのは IP が最大になるとき. これは, P が直線 IH と円 C の交点で, 中心 H に関し I と反対側のとき. (これを P_0 とする)
このとき, BP の最大値は
$$\sqrt{9 + IP_0^2} = \sqrt{9 + (IH + HP_0)^2} = \sqrt{9 + (2\sqrt{2} + \sqrt{3})^2} = \mathbf{2\sqrt{5 + \sqrt{6}}}$$
BP が最小になるのは IP が最小になるとき. IP が最小になるのは, P が直線 IH と円 C の交点で, 中心 H に関し I と同じ側のとき. (これを P_1 とする) このとき BP の最小値は
$$\sqrt{9 + IP_1^2} = \sqrt{9 + (IH - HP_1)^2} = \sqrt{9 + (2\sqrt{2} - \sqrt{3})^2} = \mathbf{2\sqrt{5 - \sqrt{6}}}$$

《球面の方程式》
中心が $C(a, b, c)$ 半径 r の球面 S の方程式は
$$S: (x-a)^2 + (y-b)^2 + (z-c)^2 = r^2$$

シェーマ

球と平面が交わる　⟹　(球の半径)^2 = (交円の半径)^2 + (中心と平面の距離)^2

この 3 角形に着目

復習 108　座標空間内の 3 点 $O(0, 0, 0)$, $A(2, 0, 1)$, $B(0, 3, -1)$ によって定まる平面を α とし, α 上にない点 $C(0, 7, 14)$ をとる.
(1) ベクトル $\overrightarrow{OA}$, $\overrightarrow{OB}$ の両方と垂直なベクトルを 1 つ求めよ.
(2) 点 C を中心とした半径 $10\sqrt{2}$ の球面と平面 α とが交わってできる交円の中心と半径を求めよ.

例題 109　等差数列

第 3 項が 31，第 12 項が -5 である等差数列 $\{a_n\}$ がある．
(1) この数列の一般項を求めよ．
(2) この数列の初項から第 n 項までの和 S_n の最大値とそのときの n の値を求めよ．

解 (1) $\{a_n\}$ の初項を a，公差を d とおくと

$$\begin{cases} a_3 = a+2d = 31 \\ a_{12} = a+11d = -5 \end{cases} \quad \therefore\ a=39,\ d=-4$$

よって　$a_n = 39 + (n-1)(-4) = \boldsymbol{-4n+43}$

(2) $a_n > 0$ を解くと $n < \dfrac{43}{4}\ (=10.75)$

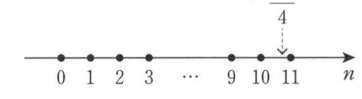

n は自然数だから

$\qquad a_n > 0 \Leftrightarrow n \leqq 10$

同様にして

$\qquad a_n < 0 \Leftrightarrow n \geqq 11$

以上より S_n は $\boldsymbol{n=10}$ のとき最大となり，最大値は

$\qquad S_{10} = \dfrac{1}{2} \cdot 10\{2 \cdot 39 + (10-1)(-4)\} = \boldsymbol{210}$

← $a_n = 0$ となる n は存在しない

← 正の項をすべて足したときが最大

Assist

$S_n = \dfrac{n}{2}\{39 + (-4n+43)\} = -2n^2 + 41n = -2\left(n - \dfrac{41}{4}\right)^2 + \dfrac{41^2}{8}$ であるから，正の整数 n が $\dfrac{41}{4}$ に最も近い 10 のときに S_n は最大になると考えてもよい．

《等差数列の一般項と和》
初項を a，公差を d，一般項を a_n，第 n 項までの和を S_n とすると

$\qquad a_n = a + (n-1)d \qquad S_n = \dfrac{1}{2}n(a_1 + a_n) = \dfrac{1}{2}n\{2a + (n-1)d\}$

シェーマ

等差数列　⇒　初項を a，公差を d とおく

等差数列 $\{a_n\}$ の和の最大・最小　⇒　$a_n > 0,\ (a_n = 0),\ a_n < 0$ となる n に着目

復習 109 等差数列 $\{a_n\}$ が $a_2 + a_4 + a_6 = 453$，$a_3 + a_7 = 296$ をみたしているとき，次の問いに答えよ．
(1) 一般項 a_n を求めよ．
(2) 初項から第 n 項までの和を S_n とする．S_n の最大値とそのときの n の値を求めよ．

TRIAL 復習 109 において，S_n の絶対値 $|S_n|$ の最小値とそのときの n の値を求めよ．

例題 110　等比数列

(1) 初項が3，公比が2，末項が768の等比数列の和を求めよ．
(2) 等比数列 $\{a_n\}$ において初項から第 n 項までの和を S_n とする．$S_2 = -10$，$S_6 = -910$ であるとき，数列 $\{a_n\}$ の一般項を求めよ．ただし $a_1 > 0$ とする．

解 (1) 末項を第 n 項とすると　$a_n = 3 \cdot 2^{n-1} = 768$　∴ $2^{n-1} = 256 = 2^8$　∴ $n = 9$
よって，求める和は第9項までの和で，これを S_9 とすると
$$S_9 = \frac{3(2^9 - 1)}{2 - 1} = 3 \cdot 511 = \mathbf{1533}$$

(2) $S_2 = -10 \cdots ①$　　$S_6 = -910 \cdots ②$．
$\{a_n\}$ の初項を a，公比を r とする．$r = 1$ とすると $\{a_n\}$ の各項はすべて a に等しく，$S_2 = 2a$，$S_6 = 6a$ となり，①②をみたさない．よって $r \neq 1$．このとき①②より
$$\frac{a(r^2 - 1)}{r - 1} = -10 \cdots ③ \qquad \frac{a(r^6 - 1)}{r - 1} = -910 \cdots ④$$
ここで　④は $\dfrac{a(r^2 - 1)(r^4 + r^2 + 1)}{r - 1} = -910$　と変形できるので，③を代入すると
$$-10(r^4 + r^2 + 1) = -910 \quad \therefore \quad r^4 + r^2 + 1 = 91$$
よって　$(r^2)^2 + r^2 - 90 = 0$　∴ $(r^2 + 10)(r^2 - 9) = 0$
$r^2 \geqq 0$ より　$r^2 = 9 \cdots ⑤$
③に代入して　$\dfrac{8a}{r - 1} = -10$　∴ $4a = 5(1 - r) \cdots ⑥$
ここで　$a = a_1 > 0$ であるから　$1 - r > 0$　∴ $r < 1$
よって，⑤より　$r = -3$　⑥より　$a = 5$
よって　$a_n = \mathbf{5(-3)^{n-1}}$

《等比数列の一般項と和》
初項を a，公比を r，一般項を a_n，第 n 項までの和を S_n とすると
$$a_n = ar^{n-1} \qquad S_n = \begin{cases} \dfrac{a(1 - r^n)}{1 - r} & (r \neq 1) \\ na & (r = 1) \end{cases}$$

シェーマ　等比数列　≫　初項を a，公比を r とおく

復習 110　初項から第 n 項までの和が240，初項から第 $2n$ 項までの和が300の等比数列において初項から第 $3n$ 項までの和を求めよ．

TRIAL　毎年度初めに a 円ずつ積み立てると，n 年度末には元利合計はいくらになるか．ただし，年利率を r，1年ごとの複利で計算せよ．

例題 111　和の計算

次の和を求めよ．

(1) $\displaystyle\sum_{k=1}^{11}(3k+7)$　　(2) $\displaystyle\sum_{k=1}^{n}3^{k+1}$　　(3) $\displaystyle\sum_{k=0}^{n}(2k+1)(3k+1)$

(4) $2\cdot n+4\cdot(n-1)+6\cdot(n-2)+\cdots\cdots+2n\cdot 1$

解 (1) $\displaystyle\sum_{k=1}^{11}(3k+7)=\frac{1}{2}\cdot 11\{(3\cdot 1+7)+(3\cdot 11+7)\}=275$　　(2) $\displaystyle\sum_{k=1}^{n}3^{k+1}=\frac{3^2(3^n-1)}{3-1}=\frac{1}{2}(3^{n+2}-9)$

(3) $\displaystyle\sum_{k=0}^{n}(2k+1)(3k+1)=\sum_{k=0}^{n}(6k^2+5k+1)=1+\sum_{k=1}^{n}(6k^2+5k+1)$　　← $k=0$ のときを分ける

$\displaystyle =6\sum_{k=1}^{n}k^2+5\sum_{k=1}^{n}k+\sum_{k=1}^{n}1+1=6\cdot\frac{1}{6}n(n+1)(2n+1)+5\cdot\frac{1}{2}n(n+1)+n+1$

$\displaystyle =\frac{1}{2}(n+1)(4n^2+7n+2)$

(4) $\displaystyle 2\cdot n+4\cdot(n-1)+6\cdot(n-2)+\cdots\cdots+2n\cdot 1=\sum_{k=1}^{n}2k(n-k+1)$　　← k 項目が $2k(n-k+1)$

$\displaystyle =\sum_{k=1}^{n}\{-2k^2+2(n+1)k\}=-2\cdot\frac{1}{6}n(n+1)(2n+1)+2(n+1)\cdot\frac{1}{2}n(n+1)$

$\displaystyle =\frac{1}{3}n(n+1)(n+2)$

Assist

《$\sum$ の定義》 数列 $\{a_n\}$ について第 m 項から第 n 項までの和を $\displaystyle\sum_{k=m}^{n}a_k$ と書く．

（$m\leqq n$ とする）　つまり　$\displaystyle\sum_{k=m}^{n}a_k=a_m+a_{m+1}+a_{m+2}+\cdots\cdots+a_n$

《$\sum$ の性質》 $\displaystyle\sum_{k=1}^{n}(a_k+b_k)=\sum_{k=1}^{n}a_k+\sum_{k=1}^{n}b_k,\ \sum_{k=1}^{n}pa_k=p\sum_{k=1}^{n}a_k$ （p は実数）

《$\sum$ の公式》

$\displaystyle\sum_{k=1}^{n}c=nc$（$c$ は実数）　$\displaystyle\sum_{k=1}^{n}k=\frac{1}{2}n(n+1)$　$\displaystyle\sum_{k=1}^{n}k^2=\frac{1}{6}n(n+1)(2n+1)$　$\displaystyle\sum_{k=1}^{n}k^3=\left\{\frac{1}{2}n(n+1)\right\}^2$

シェーマ

$\displaystyle\sum_{k=\square}^{\triangle}(ak+b)$ の形　➡　等差数列の和

$\displaystyle\sum_{k=\square}^{\triangle}ar^k$ の形　➡　等比数列の和

復習 111　次の和を求めよ．

(1) $\displaystyle\sum_{k=5}^{24}(7k-40)$　　(2) $\displaystyle\sum_{k=4}^{12}2^{k-2}$　　(3) $\displaystyle\sum_{k=1}^{n}k(k+1)(k+2)$

(4) $1\cdot(n+1),\ 2\cdot(n+2),\ 3\cdot(n+3),\ \cdots\cdots,\ n\cdot 2n$

TRIAL $50^2-49^2+48^2-47^2+\cdots\cdots+2^2-1^2$ を計算せよ．

例題 112　階差数列

(1) 次の数列 $\{a_n\}$ の一般項を求めよ.
　　1, 3, 7, 13, 21, 31, 43 ……

(2) $a_n = pn^2 + 3n$ で表される数列 $\{a_n\}$ の階差数列が公差 2 の等差数列であるような定数 p の値を求めよ.

解 (1) 数列 $\{a_n\}$ の階差数列を $\{b_n\}$ とすると, $\{b_n\}$ は

$$1 \vee 3 \vee 7 \vee 13 \vee 21 \vee 31 \vee 43$$
$$\quad 2 \quad 4 \quad 6 \quad 8 \quad 10 \quad 12$$

　　2, 4, 6, 8, 10, 12 …… となり, $b_n = 2n$

よって, $n \geq 2$ のとき $a_n = 1 + \sum_{k=1}^{n-1} 2k = 1 + 2 \cdot \frac{1}{2}(n-1)n = n^2 - n + 1$ ←| $a_1 = 1$

これは $n = 1$ のときも成り立つ. よって $a_n = n^2 - n + 1$

(2) $a_{n+1} - a_n = b_n$ とおくと $b_n = p(n+1)^2 + 3(n+1) - (pn^2 + 3n) = 2pn + p + 3$ ……①

$\{b_n\}$ は公差 2 の等差数列であるから $b_{n+1} - b_n = 2$

①を代入して $\{2p(n+1) + p + 3\} - (2pn + p + 3) = 2$ ∴ $2p = 2$ ∴ $p = 1$

《階差数列と一般項》　数列 $\{a_n\}$ に対して

$a_{n+1} - a_n = b_n$ $(n = 1, 2, 3, \ldots\ldots)$ で定まる数列 $\{b_n\}$ を数列 $\{a_n\}$ の階差数列といい

$$a_n = a_1 + \sum_{k=1}^{n-1} b_k \quad (n \geq 2)$$

Assist

$a_{k+1} - a_k = b_k$ に対して
k を $1, 2, 3, \ldots, n-1$ とした式の和をとると

$$a_n - a_1 = \sum_{k=1}^{n-1} b_k$$

となる. ここで $n - 1 \geq 1$ より
上の式は $n \geq 2$ で成立する.

よって　$a_n = a_1 + \sum_{k=1}^{n-1} b_k (n \geq 2)$ である

$a_2 - a_1 = b_1$
$a_3 - a_2 = b_2$
$a_4 - a_3 = b_3$
　　$\vdots$
$a_n - a_{n-1} = b_{n-1}$
―――――――――――
$a_n - a_1 = b_1 + b_2 + b_3 + \cdots\cdots + b_{n-1}$

シェーマ　差に規則性あり ⟹ 階差数列を作る

復習 112　次の数列 $\{a_n\}$ の一般項を求めよ.

(1) 1, 3, 7, 15, 31, 63, ……
(2) 1, -1, -2, -6, -1, -23, 36, ……

TRIAL　次の 3 つの条件によって定まる数列 $\{a_n\}$, $\{b_n\}$ の一般項を求めよ.

(i) $a_1 = 3$, $b_1 = 1$　(ii) 数列 $\{a_n + b_n\}$ の階差数列が初項 4, 公比 3 の等比数列である.
(iii) 数列 $\{a_n - b_n\}$ の階差数列が初項 6, 公差 4 の等差数列である.

§7 数列

例題 113　和の計算の応用①

次の和を求めよ．

(1) $\displaystyle\sum_{k=1}^{n}\frac{1}{k(k+1)}$　　(2) $\displaystyle\sum_{k=1}^{n}\frac{1}{k(k+2)}$　　(3) $\displaystyle\sum_{k=11}^{42}\frac{1}{\sqrt{3k-1}+\sqrt{3k+2}}$

解

(1) $\displaystyle\sum_{k=1}^{n}\frac{1}{k(k+1)}=\sum_{k=1}^{n}\left(\frac{1}{k}-\frac{1}{k+1}\right)$　　◀ 部分分数に分解する

$=\left(\dfrac{1}{1}-\dfrac{1}{2}\right)+\left(\dfrac{1}{2}-\dfrac{1}{3}\right)+\left(\dfrac{1}{3}-\dfrac{1}{4}\right)+\cdots+\left(\dfrac{1}{n}-\dfrac{1}{n+1}\right)$

$\dfrac{1}{(k+a)(k+b)}=\dfrac{1}{b-a}\left(\dfrac{1}{k+a}-\dfrac{1}{k+b}\right)$

$=1-\dfrac{1}{n+1}=\dfrac{n}{n+1}$

(2) $\displaystyle\sum_{k=1}^{n}\frac{1}{k(k+2)}=\frac{1}{2}\sum_{k=1}^{n}\left(\frac{1}{k}-\frac{1}{k+2}\right)$　　◀ 部分分数に分解する

$=\dfrac{1}{2}\left\{\left(\dfrac{1}{1}-\dfrac{1}{3}\right)+\left(\dfrac{1}{2}-\dfrac{1}{4}\right)+\left(\dfrac{1}{3}-\dfrac{1}{5}\right)+\left(\dfrac{1}{4}-\dfrac{1}{6}\right)+\cdots+\left(\dfrac{1}{n-1}-\dfrac{1}{n+1}\right)+\left(\dfrac{1}{n}-\dfrac{1}{n+2}\right)\right\}$

$=\dfrac{1}{2}\left(1+\dfrac{1}{2}-\dfrac{1}{n+1}-\dfrac{1}{n+2}\right)=\dfrac{n(3n+5)}{4(n+1)(n+2)}$

(3) $\displaystyle\sum_{k=11}^{42}\frac{1}{\sqrt{3k-1}+\sqrt{3k+2}}=\sum_{k=11}^{42}\frac{\sqrt{3k-1}-\sqrt{3k+2}}{(\sqrt{3k-1}+\sqrt{3k+2})(\sqrt{3k-1}-\sqrt{3k+2})}$

$=-\dfrac{1}{3}\displaystyle\sum_{k=11}^{42}(\sqrt{3k-1}-\sqrt{3k+2})$

$=-\dfrac{1}{3}\{(\sqrt{32}-\sqrt{35})+(\sqrt{35}-\sqrt{38})+(\sqrt{38}-\sqrt{41})+\cdots+(\sqrt{125}-\sqrt{128})\}$

$=-\dfrac{1}{3}(\sqrt{32}-\sqrt{128})=-\dfrac{1}{3}(4\sqrt{2}-8\sqrt{2})=\dfrac{4\sqrt{2}}{3}$

Assist

(1)は $a_k=\dfrac{1}{k}$，(3)は $a_k=\sqrt{3k-1}$ とおくと $\displaystyle\sum_{k=m}^{n}(a_k-a_{k+1})$ の形になり，例えば(1)では

$\displaystyle\sum_{k=1}^{n}(a_k-a_{k+1})=(a_1-a_2)+(a_2-a_3)+(a_3-a_4)+\cdots+(a_n-a_{n+1})=a_1-a_{n+1}$ と計算できる．

シェーマ

$a_{k+1}-a_k$ の和　　⟹　　$\displaystyle\sum_{k=1}^{n}(a_{k+1}-a_k)=a_{n+1}-a_1$ を利用

（階差数列の和）

復習 113　次の和を求めよ．

(1) $\displaystyle\sum_{k=3}^{20}\frac{1}{(3k-1)(3k+2)}$　　(2) $\displaystyle\sum_{k=1}^{n}\frac{1}{k(k+3)}$　　(3) $\displaystyle\sum_{k=1}^{n}\frac{1}{\sqrt{k+2}+\sqrt{k}}$

TRIAL　次の和を求めよ．

(1) $\displaystyle\sum_{k=1}^{n}\frac{1}{k(k+1)(k+2)}$　　(2) $\displaystyle\sum_{k=1}^{n}k(k+1)(k+2)(k+3)$

例題 114　和の計算の応用②

次の和 S を求めよ.
$$S = \sum_{k=1}^{n} (2k-1)3^{k-1}$$

解
$$S = 1 + 3\cdot 3 + 5\cdot 3^2 + \cdots\cdots + (2n-3)\cdot 3^{n-2} + (2n-1)\cdot 3^{n-1} \cdots ①$$

より

$$3S = \quad 1\cdot 3 + 3\cdot 3^2 + 5\cdot 3^3 + \cdots\cdots\cdots\cdots + (2n-3)\cdot 3^{n-1} + (2n-1)\cdot 3^n \cdots ②$$

①－②より

$$-2S = 1 + 2\cdot 3 + 2\cdot 3^2 + \cdots\cdots + 2\cdot 3^{n-1} - (2n-1)\cdot 3^n \quad \longleftarrow S - 3S \text{を計算}$$
$$= 2(1 + 3 + 3^2 + \cdots\cdots + 3^{n-1}) - 1 - (2n-1)\cdot 3^n$$
$$= 2\cdot \frac{3^n - 1}{3 - 1} - 1 - (2n-1)\cdot 3^n$$
$$= 3^n - 2 - (2n-1)\cdot 3^n = -2(n-1)\cdot 3^n - 2$$

∴　$S = (n-1)\cdot 3^n + 1$

Assist

$S = 1\cdot 1 + 3\cdot 3 + 5\cdot 3^2 + \cdots\cdots + (2n-3)\cdot 3^{n-2} + (2n-1)\cdot 3^{n-1}$ において

　　各項の前半が 1, 3, 5……, $2n-3$, $2n-1$ と等差数列

　　各項の後半が 1, 3, 3^2, ……, 3^{n-2}, 3^{n-1} と公比 3 の等比数列

なので S は $\sum_{k=1}^{n}$(等差数列)×(等比数列) の形をしており, 3 をかけて差をとることによって S が求まる.

シェーマ

S が (等差数列)×(等比数列) の和　　≫　　$S - rS$ を計算

　　　　　　　　　　　　　　　　　　　　（ただし r は「等比数列」の公比）

復習 114　r は定数とする. 次の和 S を求めよ.
$$S = \sum_{k=1}^{n} k r^{k-1}$$

§7　数列

例題 115　群数列

3で割って1余る自然数の列を次のように群に分ける．ただし第 n 群には 2^{n-1} 個の数が入るものとする．

$$1\,|\,4,\ 7\,|\,10,\ 13,\ 16,\ 19\,|\,22,\ 25,\ \cdots,\ 43\,|\,\cdots\cdots$$

(1) 第 n 群の末項(最後の項)を求めよ．　　(2) 第 n 群の総和 S を求めよ．

(3) 4000 は第何群の第何番目の数であるかを求めよ．

解 (1) 第 n 群の項数は 2^{n-1} だから，第 n 群の末項は一番はじめから数えると

$$1+2+2^2+2^3+\cdots\cdots+2^{n-1}=\frac{1(2^n-1)}{2-1}=2^n-1 \text{ より } 2^n-1\text{ 番目である．}$$

一方，もとの数列 1, 4, 7, 10, 13 …… の k 項目は　　← $a_k=3k-2$ とおくと
$1+(k-1)\cdot 3=3k-2$ であるから第 n 群の末項は　　　　第 n 群の末項は a_{2^n-1}
$k=2^n-1$ を代入して　$3(2^n-1)-2=\mathbf{3\cdot 2^n-5}$ となる．

(2) 第 n 群は(1)より初項が $(3\cdot 2^{n-1}-5)+3=3\cdot 2^{n-1}-2$ ($n=1$ でも成り立つ)，項数が 2^{n-1} の等差数列であるから　$S=\dfrac{2^{n-1}\{(3\cdot 2^{n-1}-2)+(3\cdot 2^n-5)\}}{2}=\mathbf{9\cdot 2^{2n-3}-7\cdot 2^{n-2}}$

(3) 4000 が第 n 群にあるとすると(1)より
$3\cdot 2^{n-1}-5<4000\leqq 3\cdot 2^n-5$　∴　$3\cdot 2^{n-1}<4005\leqq 3\cdot 2^n$
∴　$2^{n-1}<1335\leqq 2^n\cdots$①　ここで　$2^{10}=1024,\ 2^{11}=2048$

|　　　　　　　　第 $n-1$ 群　　　　　第 n 群
|………□|………4000………□|
　　　　↑　　　　　　　　　　↑
　　$3\cdot 2^{n-1}-5$　　　　　$3\cdot 2^n-5$

であるから，①をみたす自然数 n は 11．つまり 4000 は第 11 群．第 10 群の末項は
$3\cdot 2^{10}-5=3067$ で $\dfrac{4000-3067}{3}=311$ であるから，4000 は第 **11** 群の **311** 番目である．

Assist　群数列においては，各群の末項までの(先頭から数えた)項数に着目する．

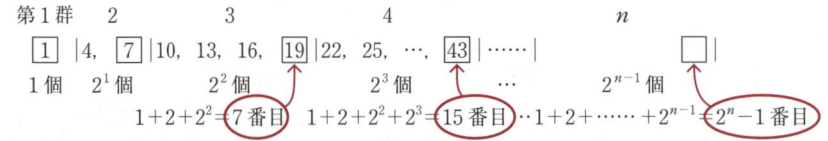

第1群　　2　　　　　3　　　　　　　4　　　　　　　　　　　n
⬚1⬚ |4, ⬚7⬚ |10, 13, 16, ⬚19⬚|22, 25, …, ⬚43⬚|……|　　　　　　　　⬚　⬚|
1個　　2^1 個　　　　2^2 個　　　　　　2^3 個　　　　…　　　　2^{n-1} 個
　　　$1+2+2^2=$(7番目)　$1+2+2^2+2^3=$(15番目)　$\cdots 1+2+\cdots\cdots+2^{n-1}=$($2^n-1$ 番目)

シェーマ　群数列　⟹　第 n 群の末項までの項数に注目

復習 115　正の奇数の列を次のように群に分ける．ただし第 n 群には $2n$ 個の奇数が入るものとする．　1, 3|5, 7, 9, 11|13, 15, 17, 19, 21, 23|25, 27, ……

(1) 第 n 群の総和を求めよ．　　(2) 2017 は第何群の第何番目の数か．

TRIAL　数列 $\dfrac{1}{1},\ \dfrac{1}{2},\ \dfrac{2}{2},\ \dfrac{1}{3},\ \dfrac{2}{3},\ \dfrac{3}{3},\ \cdots,\ \dfrac{1}{n},\ \dfrac{2}{n},\ \dfrac{3}{n},\ \cdots,\ \dfrac{n}{n},\ \cdots$ について

(1) $\dfrac{99}{100}$ という値が初めて現れるのは第何項か．

(2) 第 2005 項の値を求めよ．

例題 116　2項間漸化式 ①

n は自然数とする．次の式で定義される数列 $\{a_n\}$ の一般項を求めよ．

(1) $a_1 = 2$, $a_{n+1} = a_n + 5$　　　(2) $a_1 = 3$, $a_{n+1} = 4a_n$

(3) $a_1 = 1$, $a_{n+1} = a_n + 4n + 3$

(4) $a_1 = 8$, $a_{n+1} + 4 = -2(a_n + 4)$　　(5) $a_1 = \dfrac{1}{5}$, $\dfrac{1}{a_{n+1}} = \dfrac{1}{a_n} + 2^{n+1}$

解　(1) $a_n = 2 + (n-1)\cdot 5 = \mathbf{5n - 3}$　　　←$\{a_n\}$ は公差 5 の等差数列

(2) $a_n = \mathbf{3 \cdot 4^{n-1}}$　　　←$\{a_n\}$ は公比 4 の等比数列

(3) $\{a_n\}$ の階差数列は $\{4n+3\}$ であるから $n \geq 2$ のとき

$$a_n = 1 + \sum_{k=1}^{n-1}(4k+3) = 1 + 4 \cdot \frac{1}{2}(n-1)n + 3(n-1) = 2n^2 + n - 2$$

これは $n=1$ のときも成り立つ．　よって　$a_n = \mathbf{2n^2 + n - 2}$

(4) $b_n = a_n + 4 \cdots$ ①　とおくと与えられた漸化式は $b_{n+1} = -2b_n$ となる．
また，$b_1 = a_1 + 4 = 8 + 4 = 12$ であるから　$b_n = 12 \cdot (-2)^{n-1} = 3 \cdot (-2)^{n+1}$
①より　$a_n = \mathbf{3(-2)^{n+1} - 4}$

(5) $b_n = \dfrac{1}{a_n} \cdots$ ①　とおくと，与えられた漸化式は

$b_{n+1} - b_n = 2^{n+1}$ となる．　　　←$\{b_n\}$ の階差数列は 2^{n+1}

また，$b_1 = \dfrac{1}{a_1} = 5$ であるから，$n \geq 2$ のとき

$$b_n = 5 + \sum_{k=1}^{n-1} 2^{k+1} = 5 + \frac{2^2(2^{n-1}-1)}{2-1} = 2^{n+1} + 1$$

これは $n=1$ のときも成り立つ．よって $b_n = 2^{n+1} + 1$

①より　$a_n = \mathbf{\dfrac{1}{2^{n+1} + 1}}$

シェーマ

n は自然数，d, r は定数とする

$a_{n+1} - a_n = d$　≫　$a_n = a_1 + (n-1)d$　（等差数列）

$a_{n+1} = ra_n$　≫　$a_n = a_1 r^{n-1}$　（等比数列）

$a_{n+1} - a_n = b_n$　≫　$a_n = a_1 + \sum_{k=1}^{n-1} b_k \ (n \geq 2)$　（階差数列）

復習 116　n は自然数とする．次の式で定義される数列 $\{a_n\}$ の一般項を求めよ．

(1) $a_1 = 5$, $a_{n+1} - a_n = 4$　　(2) $a_1 = 6$, $a_{n+1} = 2a_n$　　(3) $a_1 = 1$, $a_{n+1} - a_n = 2^n - 3$

例題 117　2項間漸化式 ②

n は自然数とする．次の式で定義される数列 $\{a_n\}$ の一般項を求めよ．

(1) $a_1=1$, $a_{n+1}=3a_n+4$　　(2) $a_1=1$, $a_{n+1}=\dfrac{a_n}{4a_n+3}$

解　(1) $a_{n+1}=3a_n+4$ を変形すると
$$a_{n+1}+2=3(a_n+2)$$

　　← a_{n+1}, a_n をともに α とおくと
　　$\alpha=3\alpha+4$　∴ $\alpha=-2$（Assist 参照）

よって，数列 $\{a_n+2\}$ は初項 $a_1+2(=3)$　公比 3 の等比数列であるから
$$a_n+2=3\cdot 3^{n-1}=3^n \quad ∴\ a_n=3^n-2$$

　　← $c_n=a_n+2$ とおくと $c_{n+1}=3c_n$ であるから $c_n=c_1\cdot 3^{n-1}$ となる

(2) $a_1=1(>0)$ と漸化式の形から各項はすべて正である．

$a_{n+1}=\dfrac{a_n}{4a_n+3}$ の両辺の逆数をとって
$$\dfrac{1}{a_{n+1}}=\dfrac{4a_n+3}{a_n}=3\cdot\dfrac{1}{a_n}+4$$

$b_n=\dfrac{1}{a_n}\cdots①$　とおくと　$b_{n+1}=3b_n+4$

また $b_1=\dfrac{1}{a_1}=\dfrac{1}{1}=1$ であるから

(1)より　$b_n=3^n-2$　　①より $a_n=\dfrac{1}{b_n}=\dfrac{1}{3^n-2}$

Assist

一般に，$a_{n+1}=pa_n+q\cdots(*)$ は，a_n と a_{n+1} をともに α とおいた式 $\alpha=p\alpha+q\cdots(**)$ をみたす α が存在すれば，$(*)-(**)$ より $a_{n+1}-\alpha=p(a_n-\alpha)$ と変形でき，$\{a_n-\alpha\}$ が公比 p の等比数列であることがわかる．

シェーマ

$a_{n+1}=pa_n+q\ (p\neq 1)$ ⟹ $a_{n+1}-\alpha=p(a_n-\alpha)$　（ただし $\alpha=p\alpha+q$）と変形

$a_{n+1}=\dfrac{pa_n}{qa_n+r}$ ⟹ 両辺の逆数をとる

復習 117　n は自然数とする．次の式で定義される数列 $\{a_n\}$ の一般項を求めよ．

(1) $a_1=2$, $a_{n+1}=\dfrac{1}{2}a_n+2$　　(2) $a_1=2$, $a_{n+1}+1=\dfrac{a_n+1}{5a_n+7}$

例題 118　2項間漸化式 ③

n は自然数とする．次の式で定義される数列 $\{a_n\}$ の一般項を求めよ．
$$a_1=2,\ a_{n+1}=6a_n+2^{n+2} \cdots ①$$

解 ①の両辺を 2^{n+1} で割ると
$$\frac{a_{n+1}}{2^{n+1}}=\frac{6a_n}{2\cdot 2^n}+\frac{2^{n+2}}{2^{n+1}} \quad \therefore\ \frac{a_{n+1}}{2^{n+1}}=3\cdot\frac{a_n}{2^n}+2$$

$b_n=\dfrac{a_n}{2^n}\cdots②$ とおくと $b_{n+1}=3b_n+2$

これを変形すると $b_{n+1}+1=3(b_n+1)$

よって数列 $\{b_n+1\}$ は初項 b_1+1，公比 3 の等比数列だから

$$b_n+1=3^{n-1}(b_1+1) \quad \therefore\ b_n=2\cdot 3^{n-1}-1 \quad \left(b_1+1=\frac{a_1}{2^1}+1=\frac{2}{2}+1=2\right)$$

②より $a_n=2^n\cdot b_n=2^n(2\cdot 3^{n-1}-1)=\mathbf{4\cdot 6^{n-1}-2^n}$

$\triangleleft$ b_{n+1}，b_n をともに α に置き換えて $\alpha=3\alpha+2$ $\therefore\ \alpha=-1$
（例題117参照）

（別解1）①の両辺を 6^{n+1} で割って $\dfrac{a_{n+1}}{6^{n+1}}-\dfrac{a_n}{6^n}=2\left(\dfrac{1}{3}\right)^{n+1}$

$n\geq 2$ のとき
$$\frac{a_n}{6^n}=\frac{a_1}{6^1}+\sum_{k=1}^{n-1}2\left(\frac{1}{3}\right)^{k+1}=\frac{2}{6}+2\cdot\frac{\frac{1}{9}\left\{1-\left(\frac{1}{3}\right)^{n-1}\right\}}{1-\frac{1}{3}}$$
$$=\frac{1}{3}+\frac{1}{3}-\left(\frac{1}{3}\right)^n=\frac{2}{3}-\left(\frac{1}{3}\right)^n$$

$\triangleleft$ $c_n=\dfrac{a_n}{6^n}$ とおくと
$c_{n+1}-c_n=2\left(\dfrac{1}{3}\right)^{n+1}$ より
$c_n=c_1+\sum_{k=1}^{n-1}(c_{k+1}-c_k)$ となる

これは $n=1$ のときも成り立つ．よって $a_n=\mathbf{4\cdot 6^{n-1}-2^n}$

（別解2）まず $a_{n+1}-\alpha\cdot 2^{n+1}=6(a_n-\alpha\cdot 2^n)\cdots③$

$\triangleleft$ $\{a_n-\alpha\cdot 2^n\}$ が公比 6 の等比数列となる α を求める

をみたす定数 α を求める．①$-$③ より
$$\alpha\cdot 2^{n+1}=6\alpha\cdot 2^n+2^{n+2} \quad \therefore\ 2^{n+2}(\alpha+1)=0 \quad \therefore\ \alpha=-1$$

よって $a_{n+1}+2^{n+1}=6(a_n+2^n)(n\geq 1)$

数列 $\{a_n+2^n\}$ は初項 $a_1+2^1(=2+2=4)$ 公比 6 の等比
数列だから

$\triangleleft$ $d_n=a_n+2^n$ とおくと
$d_{n+1}=6d_n$ なので

$$a_n+2^n=4\cdot 6^{n-1} \quad \therefore\ a_n=\mathbf{4\cdot 6^{n-1}-2^n}$$

シェーマ

$a_{n+1}=pa_n+qr^n$ ▶ 両辺 p^{n+1} で割る or 両辺 r^{n+1} で割る or
$a_{n+1}-\alpha\cdot r^{n+1}=p(a_n-\alpha\cdot r^n)$ （$p\neq r$）の形に変形

復習 118 n は自然数とする．次の式で定義される数列 $\{a_n\}$ の一般項を求めよ．
$a_1=1,\ a_{n+1}=2a_n+3^n$

例題119　2項間漸化式 ④

$a_1=1$, $a_{n+1}=2a_n+n-1 (n=1, 2, 3\cdots\cdots)$ で定義される数列 $\{a_n\}$ がある．

(1) $a_{n+1}-\{\alpha(n+1)+\beta\}=2\{a_n-(\alpha n+\beta)\}$ をみたす実数の組 (α, β) を1つ求めよ．

(2) $\{a_n\}$ の一般項を求めよ．

解 (1) $a_{n+1}-\{\alpha(n+1)+\beta\}=2\{a_n-(\alpha n+\beta)\}$ より

$$a_{n+1}=2a_n-2(\alpha n+\beta)+\{\alpha(n+1)+\beta\}$$
$$=2a_n-\alpha n+\alpha-\beta$$

これと $a_{n+1}=2a_n+n-1$ の係数を比較して

$$-\alpha=1, \quad \alpha-\beta=-1$$
$$\therefore \alpha=-1, \quad \beta=0$$

(2) (1)より $a_{n+1}=2a_n+n-1$ は

$$a_{n+1}+(n+1)=2(a_n+n)$$

と変形できる．

$c_n=a_n+n$ とおくと
$c_{n+1}=2c_n$ となり
$c_n=c_1\cdot 2^{n-1}$

よって，数列 $\{a_n+n\}$ は初項 $a_1+1(=1+1=2)$　公比2の等比数列だから

$$a_n+n=2\cdot 2^{n-1}=2^n \quad \therefore a_n=2^n-n$$

Assist

1° このように $a_{n+1}=pa_n+qn+r$ という形の漸化式が与えられたとき $\{a_n-(\alpha n+\beta)\}$ が公比 p の等比数列となる定数 α，β を求めればよい．

2° $a_{n+1}=2a_n+n-1\cdots$ ① の n を $n+1$ に置き換えて　$a_{n+2}=2a_{n+1}+n\cdots$ ②
②-①より $a_{n+2}-a_{n+1}=2(a_{n+1}-a_n)+1$　　$a_{n+1}-a_n=b_n$ とおくと $b_{n+1}=2b_n+1$
これより b_n を求めてから a_n を求める方法もある．

シェーマ

$a_{n+1}=pa_n+qn+r (p \neq 1)$　　⟹　　$a_{n+1}-\{\alpha(n+1)+\beta\}=p\{a_n-(\alpha n+\beta)\}$
　　(n の1次式)　　　　　　　　　　　　　　　　の形に変形

復習 119　$a_1=-2$, $a_{n+1}=3a_n+8n (n=2, 3\cdots\cdots)$ で定義される数列 $\{a_n\}$ の一般項を求めよ．

TRIAL　$a_1=0$, $a_{n+1}=2a_n+n^2 (n=1, 2, 3\cdots\cdots)$ で定義される数列 $\{a_n\}$ がある．

(1) $a_{n+1}-\{\alpha(n+1)^2+\beta(n+1)+\gamma\}=2\{a_n-(\alpha n^2+\beta n+\gamma)\}$ をみたす実数の組 (α, β, γ) を求めよ．

(2) $\{a_n\}$ の一般項を求めよ．

例題 120 和と一般項

数列 $\{a_n\}$ の，初項から第 n 項までの和を S_n とする．

(1) $S_n=4^n$ をみたす数列 $\{a_n\}$ の一般項を求めよ．

(2) $S_n=2a_n+5n-12$ ($n=1, 2, 3\cdots\cdots$) で定められている数列 $\{a_n\}$ の一般項を求めよ．

解 (1) $n\geqq 2$ のとき $a_n=S_n-S_{n-1}=4^n-4^{n-1}=3\cdot 4^{n-1}$ ← $4^n=4\cdot 4^{n-1}$ より

一方 $a_1=S_1=4^1=4$

よって $\begin{cases} a_1=4 \\ a_n=3\cdot 4^{n-1}\ (n\geqq 2) \end{cases}$

(2) $S_n=2a_n+5n-12$ …① の n を $n+1$ に置き換えて

$\qquad S_{n+1}=2a_{n+1}+5(n+1)-12$ …②

②−①より $S_{n+1}-S_n=2a_{n+1}-2a_n+5$

$\therefore\ a_{n+1}=2a_{n+1}-2a_n+5$ ← $S_{n+1}-S_n=a_{n+1}$

$\therefore\ a_{n+1}=2a_n-5$ …③

また，①に $n=1$ を代入して $S_1=2a_1+5-12$

$\therefore\ a_1=2a_1+5-12 \quad \therefore\ a_1=7$ ← $S_1=a_1$

③を変形すると $a_{n+1}-5=2(a_n-5)$

よって，数列 $\{a_n-5\}$ は初項 $a_1-5(=7-5=2)$ 公比 2 の等比数列だから

$a_n-5=2\cdot 2^{n-1}=2^n \quad \therefore\ a_n=2^n+5$

《和と一般項》

$S_n=a_1+a_2+a_3+\cdots\cdots+a_n$ のとき $\begin{cases} a_n=S_n-S_{n-1}\ (n\geqq 2) \\ a_1=S_1 \end{cases}$

シェーマ

S_n と a_n の条件式 》》 $a_n=S_n-S_{n-1}\ (n\geqq 2)$ **を利用**
（または $a_{n+1}=S_{n+1}-S_n\ (n\geqq 1)$）

復習 120 数列 $\{a_n\}$ の，初項から第 n 項までの和を S_n とする．

(1) $S_n=n(n+1)(n+2)$ をみたす数列 $\{a_n\}$ の一般項を求めよ．

(2) $2S_n=n+1-a_n$ ($n=1, 2, 3\cdots\cdots$) で定められている数列 $\{a_n\}$ の一般項を求めよ．

例題 121　3項間漸化式

$a_1=1,\ a_2=3,\ a_{n+2}-6a_{n+1}+8a_n=0\ (n=1,\ 2,\ 3\cdots\cdots)$ で定められる数列 $\{a_n\}$ がある．

(1) $a_{n+2}-\alpha a_{n+1}=\beta(a_{n+1}-\alpha a_n)$ をみたす実数の組 $(\alpha,\ \beta)$ を2組求めよ．

(2) $\{a_n\}$ の一般項を求めよ．

解 (1) $a_{n+2}-\alpha a_{n+1}=\beta(a_{n+1}-\alpha a_n)$ より $a_{n+2}-(\alpha+\beta)a_{n+1}+\alpha\beta a_n=0$
$a_{n+2}-6a_{n+1}+8a_n=0$ と係数を比べて
$$\alpha+\beta=6,\ \alpha\beta=8$$
とすればよい．このとき $\alpha,\ \beta$ は
$$x^2-6x+8=0\ \therefore\ (x-2)(x-4)=0$$ ← 解と係数の関係

の2解であるから　$(\alpha,\beta)=(2,4),\ (4,2)$

(2) (i) $(\alpha,\beta)=(2,4)$ のとき $a_{n+2}-2a_{n+1}=4(a_{n+1}-2a_n)$
よって，数列 $\{a_{n+1}-2a_n\}$ は初項 $a_2-2a_1(=3-2\cdot1=1)$
公比4の等比数列であるから
$$a_{n+1}-2a_n=1\cdot4^{n-1}=4^{n-1}\cdots\text{①}$$

$b_n=a_{n+1}-2a_n$ とおくと
$b_{n+1}=4b_n$ なので
$b_n=b_1\cdot4^{n-1}$

(ii) $(\alpha,\beta)=(4,2)$ のとき $a_{n+2}-4a_{n+1}=2(a_{n+1}-4a_n)$
よって，数列 $\{a_{n+1}-4a_n\}$ は初項 $a_2-4a_1(=3-4\cdot1=-1)$
公比2の等比数列であるから
$$a_{n+1}-4a_n=-1\cdot2^{n-1}=-2^{n-1}\cdots\text{②}$$

$c_n=a_{n+1}-4a_n$ とおくと
$c_{n+1}=2c_n$ なので
$c_n=c_1\cdot2^{n-1}$

①－②より　$2a_n=4^{n-1}+2^{n-1}\ \therefore\ a_n=2^{2n-3}+2^{n-2}$

Assist
1° 一般に $a_{n+2}+pa_{n+1}+qa_n=0\cdots$(ア) は $a_{n+2}-\alpha a_{n+1}=\beta(a_{n+1}-\alpha a_n)\cdots$(イ) のように変形して(1)と同様に係数を比較すると，$\alpha+\beta=-p,\ \alpha\beta=q$ をみたすので，$\alpha,\ \beta$ を $x^2+px+q=0\cdots$(ウ) の2解とすれば(イ)のように変形できる．
(ウ)は(ア)において $a_{n+2},\ a_{n+1},\ a_n$ をそれぞれ $x^2,\ x,\ 1$ に置き換えた式でもある．

2° ①，②は $a_{n+1}=pa_n+qr^n$ の形をしているので，いずれか一方だけでも a_n は求まる．
（例題118参照）

シェーマ

$a_{n+2}+pa_{n+1}+qa_n=0$　▶　$a_{n+2}-\alpha a_{n+1}=\beta(a_{n+1}-\alpha a_n)$ の形に変形
（3項間漸化式）　　　　　　　　$(\alpha,\ \beta$ は $x^2+px+q=0$ の2解$)$

復習 121　n は自然数とする．次の式で定義される数列 $\{a_n\}$ の一般項を求めよ．

(1) $a_1=1,\ a_2=2,\ 5a_{n+2}=8a_{n+1}-3a_n$

(2) $a_1=1,\ a_2=3,\ a_{n+2}-4a_{n+1}+4a_n=0$

例題 122　連立漸化式

n は自然数とする．次の式で定義される数列 $\{a_n\}$, $\{b_n\}$ の一般項を求めよ．

(1) $a_1=4$, $b_1=3$
$\begin{cases} a_{n+1}=5a_n+2b_n \cdots ① \\ b_{n+1}=2a_n+5b_n \cdots ② \end{cases}$

(2) $a_1=12$, $b_1=-4$
$\begin{cases} a_{n+1}=7a_n+b_n \cdots ① \\ b_{n+1}=3a_n+5b_n \cdots ② \end{cases}$

解 (1) ①+② より　$a_{n+1}+b_{n+1}=7(a_n+b_n)$

よって，数列 $\{a_n+b_n\}$ は初項 $a_1+b_1(=4+3=7)$　公比 7 の等比数列なので

$$a_n+b_n=7\cdot 7^{n-1}=7^n \cdots ③$$

また ①－② より　$a_{n+1}-b_{n+1}=3(a_n-b_n)$

よって，数列 $\{a_n-b_n\}$ は初項 $a_1-b_1(=4-3=1)$　公比 3 の等比数列なので

$$a_n-b_n=1\cdot 3^{n-1}=3^{n-1} \cdots ④$$

$\dfrac{③+④}{2}$ より　$a_n=\dfrac{7^n+3^{n-1}}{2}$　　$\dfrac{③-④}{2}$ より　$b_n=\dfrac{7^n-3^{n-1}}{2}$

(2) ①－② より　$a_{n+1}-b_{n+1}=4(a_n-b_n)$

数列 $\{a_n-b_n\}$ は初項 $a_1-b_1(=12+4=16)$　公比 4 の等比数列なので

$$a_n-b_n=16\cdot 4^{n-1}=4^{n+1}　　\therefore b_n=a_n-4^{n+1} \cdots ③$$

③を①に代入して　$a_{n+1}=7a_n+(a_n-4^{n+1})$　$\therefore a_{n+1}=8a_n-4^{n+1}$

両辺 4^{n+1} で割ると　$\dfrac{a_{n+1}}{4^{n+1}}=\dfrac{8a_n}{4\cdot 4^n}-\dfrac{4^{n+1}}{4^{n+1}}$　$\therefore \dfrac{a_{n+1}}{4^{n+1}}=2\cdot \dfrac{a_n}{4^n}-1$

$c_n=\dfrac{a_n}{4^n} \cdots ④$ とおくと　$c_{n+1}=2c_n-1$　$\therefore c_{n+1}-1=2(c_n-1)$

よって　$c_n-1=2^{n-1}(c_1-1)$　$\therefore c_n=2^n+1$　$\left(c_1=\dfrac{12}{4^1}=3\right)$

よって　$a_n=4^n\cdot c_n=\mathbf{8^n+4^n}$　③より　$b_n=a_n-4^{n+1}=\mathbf{8^n-3\cdot 4^n}$

シェーマ

$\begin{cases} a_{n+1}=pa_n+qb_n \\ b_{n+1}=ra_n+sb_n \end{cases}$ (連立漸化式)　》》　辺々和と差をとってみる

復習 122　n は自然数とする．次の式で定義される数列 $\{a_n\}$, $\{b_n\}$ の一般項を求めよ．

(1) $a_1=2$, $b_1=1$, $a_{n+1}=-3a_n+b_n$, $b_{n+1}=a_n-3b_n$

(2) $a_1=1$, $b_1=-2$, $a_{n+1}=\dfrac{4a_n+b_n}{6}$, $b_{n+1}=\dfrac{-a_n+2b_n}{6}$

TRIAL　n は自然数とする．$a_1=4$, $b_1=-1$, $a_{n+1}=-a_n-6b_n$, $b_{n+1}=a_n+4b_n$ で定められる数列 $\{a_n\}$, $\{b_n\}$ がある．$a_{n+1}+\alpha b_{n+1}=\beta(a_n+\alpha b_n)$ をみたす実数の組 (α, β) を 2 組求め，$\{a_n\}$, $\{b_n\}$ の一般項を求めよ．

§7　数列

例題 123 　数学的帰納法

すべての自然数 n に対して，次の等式が成り立つことを数学的帰納法で証明せよ．

$$\frac{1}{2}+\frac{2}{4}+\frac{3}{8}+\cdots\cdots+\frac{n}{2^n}=2-\frac{n+2}{2^n} \cdots ①$$

解 (i) $n=1$ のとき　(左辺)$=\dfrac{1}{2^1}=\dfrac{1}{2}$, (右辺)$=2-\dfrac{1+2}{2^1}=\dfrac{1}{2}$

よって①は成り立つ

(ii) $n=k$ のとき①が成り立つと仮定すると

$$\frac{1}{2}+\frac{2}{4}+\frac{3}{8}+\cdots\cdots+\frac{k}{2^k}=2-\frac{k+2}{2^k}$$ 　←①に $n=k$ を代入した式

両辺に $\dfrac{k+1}{2^{k+1}}$ を足すと　$\dfrac{1}{2}+\dfrac{2}{4}+\dfrac{3}{8}+\cdots\cdots+\dfrac{k}{2^k}+\dfrac{k+1}{2^{k+1}}=2-\dfrac{k+2}{2^k}+\dfrac{k+1}{2^{k+1}} \cdots ②$

　　(②の右辺)$=2-\left\{\dfrac{2(k+2)}{2^{k+1}}-\dfrac{k+1}{2^{k+1}}\right\}=2-\dfrac{k+3}{2^{k+1}} \cdots ③$

となり②, ③より

$$\frac{1}{2}+\frac{2}{4}+\frac{3}{8}+\cdots\cdots+\frac{k}{2^k}+\frac{k+1}{2^{k+1}}=2-\frac{k+3}{2^{k+1}}$$ 　←①に $n=k+1$ を代入した式

よって，$n=k+1$ のときにも①が成り立つ．

(i), (ii)から数学的帰納法によりすべての自然数 n に対して①は成り立つ． 　終

《数学的帰納法》　自然数 n に関する事柄 P がすべての自然数 n について成り立つことを証明するには，次の(i)(ii)を示せばよい．
(i) $n=1$ のとき，P が成り立つ
(ii) $n=k$ のとき，P が成り立つと仮定すると，$n=k+1$ のときにも，P が成り立つ

Assist

$S=\dfrac{1}{2}+\dfrac{2}{4}+\dfrac{3}{8}+\cdots\cdots+\dfrac{n}{2^n}$ とおくと S は $\displaystyle\sum_{k=1}^{n}$(等差数列)×(等比数列) の形なので $S-\dfrac{1}{2}S$ を計算して S を求めて①を示すこともできる．　(例題114参照)

シェーマ　　自然数 n に関する命題の証明　≫　数学的帰納法

復習 123　数列 $\{a_n\}$ が，$a_1=\dfrac{2}{3}$, $a_{n+1}=\dfrac{2-a_n}{3-2a_n}$ ($n=1,\ 2,\ 3\cdots\cdots$) をみたしている．

(1) $a_2,\ a_3$ を求めよ．

(2) 一般項 a_n を推定し，それが正しいことを数学的帰納法で証明せよ．

TRIAL　n が2以上の自然数のとき，$\dfrac{1}{1^2}+\dfrac{1}{2^2}+\cdots\cdots+\dfrac{1}{n^2}<2-\dfrac{1}{n}$ が成り立つことを示せ．

例題 124 格子点

xy平面上の領域Dを
$$D \begin{cases} 0 \leq y \leq x^2 \\ 0 \leq x \leq n \end{cases} \quad (n は自然数)$$
とするとき、Dに含まれる格子点の個数Sを求めよ。ただし、xy平面上の格子点とは、その点のx座標とy座標がともに整数であるような点のことである。

解 $x=k$ $(k=0, 1, 2, \cdots n)$ のときの格子点の個数を a_k とおくと直線$x=k$上の格子点は
$$(k, 0), (k, 1), (k, 2), \cdots, (k, k^2)$$
であり k^2+1 個あるから ←| とりうる y 座標の個数を数える
$$a_k = k^2 + 1$$
よって
$$S = \sum_{k=0}^{n} a_k = \sum_{k=0}^{n}(k^2+1) = 1 + \sum_{k=1}^{n}(k^2+1)$$
$$= 1 + \frac{1}{6}n(n+1)(2n+1) + n$$
$$= \frac{1}{6}(n+1)\{n(2n+1)+6\}$$
$$= \frac{1}{6}(n+1)(2n^2+n+6)$$

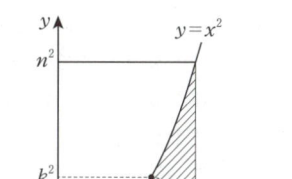

シェーマ

| 格子点の個数 ▶ | $x=k$ (or $y=k$)(固定)のときの格子点の個数を a_k($\square \leq k \leq \triangle$) として $\sum_{k=\square}^{\triangle} a_k$ を計算 |

復習 124

xy平面上の領域Dを
$$D: \begin{cases} x \leq y \leq x \cdot 2^x \\ 0 \leq x \leq n \end{cases} \quad (n は自然数)$$
とするとき、Dに含まれる格子点の個数Sを求めよ。ただし、格子点とは、x座標とy座標がともに整数であるような点のことである。

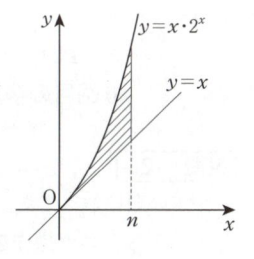

例題 125　確率漸化式

1個のさいころを n 回投げて，3の倍数が出る回数を数える．3の倍数が偶数回出る確率を p_n とする．ただし，3の倍数がまったく出ないとき（0回のとき）は偶数回出たと考える．
(1) p_1 を求めよ．
(2) p_{n+1} を p_n で表せ．
(3) p_n を n で表せ．

解 (1) p_1 はさいころを1回投げて3の倍数が出ない確率だから
$$p_1 = \frac{4}{6} = \frac{2}{3}$$
←1か2か4か5

(2) さいころを $n+1$ 回投げて3の倍数が偶数回出るのは，
　(i) n 回目までに3の倍数が偶数回出て，$n+1$ 回目は3の倍数が出ないか
　(ii) n 回目までに3の倍数が奇数回出て，$n+1$ 回目は3の倍数が出るか
のいずれか．よって　　　　　　　　　　　　　　←(i)と(ii)は排反
$$p_{n+1} = p_n \cdot \frac{2}{3} + (1-p_n) \cdot \frac{1}{3}$$
←さいころを n 回投げて3の倍数が偶数回出る確率は p_n，奇数回出る確率は $1-p_n$（余事象）
$$\therefore\ p_{n+1} = \frac{1}{3}p_n + \frac{1}{3} \cdots ①$$

(3) ①を変形すると
$$p_{n+1} - \frac{1}{2} = \frac{1}{3}\left(p_n - \frac{1}{2}\right)$$
数列 $\left\{p_n - \dfrac{1}{2}\right\}$ は初項 $p_1 - \dfrac{1}{2} = \dfrac{2}{3} - \dfrac{1}{2} = \dfrac{1}{6}$　公比 $\dfrac{1}{3}$ の等比数列だから
$$p_n - \frac{1}{2} = \frac{1}{6}\left(\frac{1}{3}\right)^{n-1} = \frac{1}{2}\left(\frac{1}{3}\right)^n$$
$$\therefore\ p_n = \frac{1}{2}\left\{1 + \left(\frac{1}{3}\right)^n\right\}$$

シェーマ

| $n+1$ 回目の事象を n 回目の事象で説明できる | ▶ | n 回目にこの事象が起こる確率 p_n の漸化式を作る |

復習 125　1から10までの数字を書いた10枚のカードを小さい数字から大きい数字の順に並べてある．この中から任意に2枚のカードを抜き出し，その場所を入れ換えるという操作を考える．この操作を n 回行ったとき，順に並べてある1枚目のカードの数字が1である確率を p_n とする．
(1) p_{n+1} を p_n で表せ．　(2) p_n を n で表せ．

復習の答（結果のみ）

001
(1) $27x^9 - 108x^6 + 144x^3 - 64$
(2) $8x^3 + 27y^3$
(3) $(a^2 - 4b^3)(a^4 + 4a^2b^3 + 16b^6)$
(4) $(x-2)(x^2+2x+4)(x+1)(x^2-x+1)$

002
(1) -108864 (2) 15120 (3) 7393

003
(1) 略 (2) 3^n (3) 略

004
(1) $125x - 69$
(2) $181 - 125\sqrt{2}$
TRIAL $45x^2 - 80x + 36$

005
(1) $\dfrac{-(11x+5)}{(x-1)(x+4)(x^2+x+1)}$
(2) (i) 11 (ii) $\pm\sqrt{13}$ (iii) 36
    (iv) 119

006
(1) $a = \dfrac{1}{2},\ b = \dfrac{11}{6},\ c = \dfrac{2}{3}$
(2) $a=1,\ b=1,\ c=-17,\ d=32,\ e=-14$
(3) 略

007
(1) 略 (2) $-1,\ 8$

008
(1) (i) 略
    (ii) 略
(2) 略
TRIAL $\dfrac{1}{3}$

009
(1) 略 (2) $\dfrac{4\sqrt{3}}{3}$

010
(1) $a = 0,\ -2$
(2) $z = \pm\dfrac{1}{\sqrt{2}} \pm \dfrac{1}{\sqrt{2}}i$ （複号同順）
(3) $\dfrac{1 \pm \sqrt{14}i}{3}$

011
(1) $\alpha + \beta = \dfrac{3}{2}$ $\alpha^2 + \beta^2 = \dfrac{5}{4}$ $\alpha^3 + \beta^3 = \dfrac{9}{8}$
    $8x^2 - 6x + 1 = 0$
(2) $(x, y) = \left(\dfrac{\sqrt{7}+i}{2}, \dfrac{\sqrt{7}-i}{2}\right),$
    $\left(\dfrac{\sqrt{7}-i}{2}, \dfrac{\sqrt{7}+i}{2}\right),$
    $\left(\dfrac{-\sqrt{7}+i}{2}, \dfrac{-\sqrt{7}-i}{2}\right),$
    $\left(\dfrac{-\sqrt{7}-i}{2}, \dfrac{-\sqrt{7}+i}{2}\right)$

012
(1) $\dfrac{4^n - (-1)^n}{5}x + \dfrac{4^n + 4(-1)^n}{5}$
(2) $2x - 62$
(3) $-18x^2 + 74x - 76$

013
(1) 略 (2) $a = 3,\ b = 1$

014
(1) 略 (2) 0 (3) $a = -\dfrac{1}{3},\ b = -\dfrac{2}{3}$
TRIAL $-3x - 1$

015
(1) $x = -3,\ \dfrac{5 \pm \sqrt{17}}{2}$
(2) $x = -\dfrac{1}{3},\ 1 \pm \sqrt{2}$
TRIAL $p < -\dfrac{5}{2},\ -\dfrac{5}{2} < p < 2 - 2\sqrt{2},\ 2 + 2\sqrt{2} < p$

016
(1) $\dfrac{33}{14}$
(2) $(x, y, z) = (-1, 2, 2),\ (2, -1, 2),$
    $(2, 2, -1)$

017
$p = -2 \pm \sqrt{2},\ -\dfrac{17}{4}$

018
(1) $2t^2 - t + 4$
(2) $x = \pm 1,\ \dfrac{1 \pm \sqrt{17}}{4}$
TRIAL $x = -1,\ 2 \pm \sqrt{3},\ \dfrac{-1 \pm \sqrt{3}i}{2}$

019
(1) $\sqrt{34}$
(2) $(0, 2)$ または $(0, 3)$
(3) $D(1, -3)$　　$E\left(\dfrac{11}{3}, -\dfrac{17}{3}\right)$
　　$G\left(\dfrac{20}{9}, -\dfrac{17}{9}\right)$
TRIAL 外接円の中心は $(-1, 0)$ 半径は 5

020
(1) l に平行な直線の方程式 $5x-2y=-13$
　　l に垂直な直線の方程式 $2x+5y=-11$
(2) AC に平行な直線　$y=-\dfrac{1}{3}x$
　　B, D を通る直線　$y=3x-8$
TRIAL (1) (i) 略
(2) 平行となる条件　$a=2\pm\sqrt{10}$
　　垂直となる条件　$a=-2\pm\sqrt{6}$

021
(1) $C(3, 0)$　(2) $P(4, 3)$
TRIAL $y=\dfrac{1}{3}x+2$

022
(1) $a \neq -25, \dfrac{75}{7}, \dfrac{15}{2}$
(2) $a=\dfrac{50}{3}, 100$

023
(1) $\dfrac{|x_1y_2-x_2y_1|}{\sqrt{x_2{}^2+y_2{}^2}}$
(2) 略
TRIAL 直線 $2x-4y+1=0$
　　または直線 $6x+3y-1=0$

024
(1) $(x+3)^2+(y-4)^2=26$
(2) $x^2+y^2+4x-2y-8=0$
(3) $(x+5)^2+(y+5)^2=25$
　　$(x+13)^2+(y+13)^2=169$
(4) $(x-5)^2+(y-1)^2=25$
　　$(x-1)^2+(y-5)^2=1$
TRIAL 略

025
(1) 円の中心 $\left(0, \dfrac{1}{2}\right)$, 半径 $\dfrac{1}{2}$
(2) $0<a<\dfrac{4}{3}$　(3) $a=\dfrac{1}{7}, 1$

026
(1) $x-\sqrt{2}y=3\sqrt{2}$
(2) $7x-y=-10$, $x+y=2$
TRIAL $x=0$, $3x+4y=12$
　　C と異なるもの $(x-6)^2+(y-6)^2=36$

027
$10<k<40$　　$k=10$ のとき $(-1, -3)$
　　　　　　　$k=40$ のとき $(2, 6)$
TRIAL $(x+8)^2+(y+13)^2=196$,
　　$(x-4)^2+(y+1)^2=4$

028
(1) $x+y-7=0$
(2) $x^2+y^2-4x-6y+3=0$
(3) $x^2+y^2+x-y-32=0$
TRIAL $(2, -1), (3, 2)$

029
(1) (境界を含む)

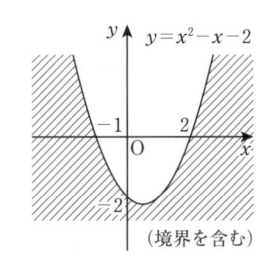

(2) (境界は実線部分のみ含む)

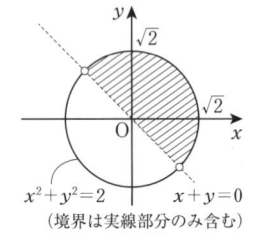

(3) (境界を含む)

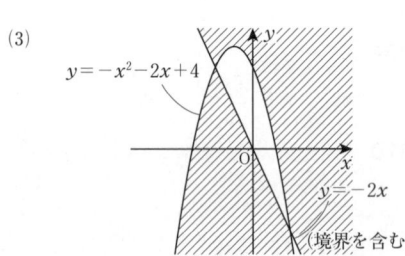

030
$\dfrac{3-\sqrt{33}}{2} \leq m \leq \dfrac{3+\sqrt{33}}{2}$

031
(1) 19　(2) 5　(3) -1　(4) 41

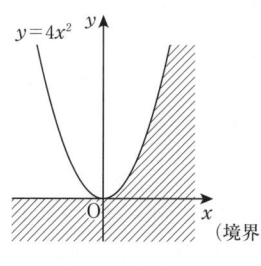

032
(1) 直線 $x=0$
(2) 円 $\left(x-\dfrac{13}{5}a\right)^2+y^2=\left(\dfrac{12}{5}a\right)^2$

TRIAL $x-8y+6=0$, $8x+y-17=0$

033
(1) 放物線 $y=x^2+x$ のうち $x\geqq 0$ の部分
(2) 放物線 $y=2x^2-7x+3$ のうち $2\leqq x\leqq 4$ の部分.

TRIAL 円 $(x-1)^2+(y-3)^2=4$

034
(1) $-\dfrac{\sqrt{3}}{3}<p<\dfrac{\sqrt{3}}{3}$
(2) 円 $(x-2)^2+y^2=4$ のうち $3<x\leqq 4$ の部分

035
(1) $\left(x+\dfrac{1}{2}\right)^2+\left(y-\dfrac{1}{2}\right)^2=\dfrac{1}{2}$
（ただし点 $(0,0)$ を除く）
(2) $\left(x+\dfrac{1}{2}\right)^2+\left(y-\dfrac{1}{2}\right)^2=\dfrac{1}{2}$
（$x\leqq 0$ ただし点 $(0,0)$ は除く）

036
(1) [図: $y=4x^2$ のグラフ、境界を含む]
(2) [図: $y=4x^2$ のグラフ、境界を含む]

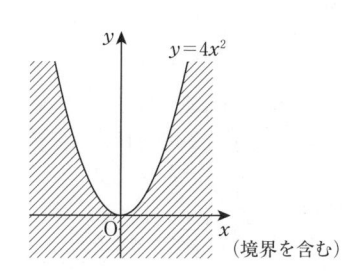

TRIAL [図: $(x-1)^2+y^2=1$ の円、境界含まない]

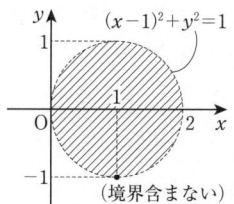

037 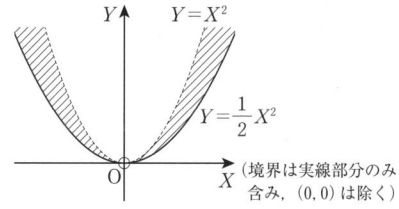
[図: $Y=X^2$ と $Y=\dfrac{1}{2}X^2$ のグラフ]
（境界は実線部分のみ含み, $(0,0)$ は除く）

038
(1) $\theta=\dfrac{2\pi}{3}$, $\dfrac{5\pi}{3}$
(2) $\theta=\dfrac{1}{24}\pi$, $\dfrac{17}{24}\pi$, $\dfrac{25}{24}\pi$, $\dfrac{41}{24}\pi$
(3) $\dfrac{5}{6}\pi\leqq\theta\leqq\dfrac{7}{6}\pi$

039
(1) $\sin x\cos x=\dfrac{4}{9}$
$\sin x+\cos x=\dfrac{\sqrt{17}}{3}$
$\sin^3 x-\cos^3 x=\dfrac{13}{27}$
(2) $\cos\theta=\pm\dfrac{2\sqrt{2}}{3}$　　$\tan\theta=\pm\dfrac{\sqrt{2}}{4}$
（複号同順）

040
(1) 4π 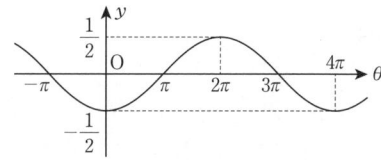
[グラフ]
(2) 2π
[グラフ]

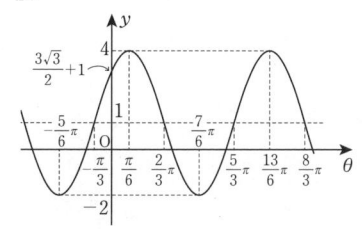

041
(1) $\theta=\dfrac{\pi}{10}$, $\dfrac{\pi}{6}$, $\dfrac{\pi}{2}$
(2) $(x,y)=\left(\dfrac{7}{6}\pi,\dfrac{5}{3}\pi\right)$
(3) 略

042
(1) $\theta = 0, \dfrac{1}{3}\pi, \dfrac{2}{3}\pi, \pi$

(2) $\theta = \dfrac{\pi}{6}, \dfrac{11}{6}\pi$ のとき最大値 $\dfrac{11}{4}$

$\theta = \pi$ のとき最小値 $1 - \sqrt{3}$

(3) (i) $0 \leqq \theta < \dfrac{\pi}{4}, \dfrac{\pi}{2} < \theta < \pi$

(ii) $\dfrac{\pi}{4} < \theta < \pi$

043
(1) $-\dfrac{\sqrt{6}+\sqrt{2}}{4}$ (2) $\sin(A-B) = -\dfrac{84}{85}$

TRIAL $\cos(\alpha+\beta) = \dfrac{9}{16}$

044
$\sin\alpha = -\dfrac{4}{5}$ $\sin\left(\dfrac{\pi}{2}-\alpha\right) = \dfrac{3}{5}$

$\cos\dfrac{\alpha}{2} = -\dfrac{2\sqrt{5}}{5}$

TRIAL 略

045
(1) $\sin 18° = \dfrac{-1+\sqrt{5}}{4}$

$\cos 18° = \dfrac{\sqrt{10+2\sqrt{5}}}{4}$

(2) $x = 45°, 120°, 135°$

046
(1)

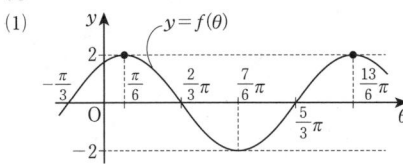

グラフ: $y = f(\theta)$, 点 $\left(\dfrac{\pi}{6}, 2\right)$, $\dfrac{2}{3}\pi$, $\dfrac{7}{6}\pi$, $\dfrac{5}{3}\pi$, $\left(\dfrac{13}{6}\pi, 2\right)$

(2) $\theta = -\dfrac{\pi}{6}, \dfrac{\pi}{2}$

(3) $0 < \theta < \dfrac{\pi}{3}$

TRIAL y の最大値 $\sqrt{5}$ y の最小値 2

047
$\theta = \dfrac{5}{12}\pi$ のとき最大値 $3 - \dfrac{\sqrt{3}}{2}$

$\theta = \dfrac{11}{12}\pi$ のとき最小値 $-3 - \dfrac{\sqrt{3}}{2}$

TRIAL $\dfrac{5-\sqrt{13}}{2}$

048
最大値 $3\sqrt{2}-1$ 最小値 -3

TRIAL (1) $-1 \leqq t \leqq 2$

(2) 最小値 -1 $\theta = -\dfrac{\pi}{6}, \dfrac{\pi}{2}$

049
(1) 2個
(2) 解説参照

TRIAL 解説参照

050
(1) $\sin\theta - \cos\theta = 0$

(2) $k = -6, \dfrac{2}{3}$

051
(1) $2\cos 20° \cos 50° + \cos 110° = \dfrac{\sqrt{3}}{2}$

$\cos 50° + \cos 70° - \sin 80° = 0$

(2) 略

TRIAL
(1) $\dfrac{1}{8}$ (2) $x = \dfrac{7}{10}\pi, \dfrac{17}{10}\pi$

052
(1) (i) $0 \leqq \cos A \leqq \dfrac{3}{4}$

(ii) 最大値 $\sqrt{2}$ 最小値 1

(2) 最大値 $2\sqrt{10}+12$
最小値 $-2\sqrt{10}+12$

053
(1) (i) $-2\sqrt[3]{3}$ (ii) 6

(2) $\dfrac{5}{31}$

TRIAL ab^2

054
(1) $x = 1, -3$ (2) $x > 3$

(3) $-2 < x < 1$

055
(1) 1 (2) 12 (3) 3

056
(1) $x = 3^{\frac{-5\pm\sqrt{31}}{3}}$

(2) $x = 1 + \sqrt{5}$

(3) $x = 10^{100}$

(4) $x = \dfrac{3+\sqrt{17}}{2}, 1, 2$

TRIAL $x = 1, y = 4$

057
(1) $6 < x < \dfrac{9+\sqrt{21}}{2}$

(2) $0 < a < 1$ のとき $1 < x \leqq 5$
$a > 1$ のとき $5 \leqq x$

(3) $\dfrac{1}{27} \leqq x \leqq 243$

058
(1) 65桁　(2) 5

TRIAL 小数第42位

059
$(x, y) = (10\sqrt{10}, 10\sqrt{10})$ のとき最大値 $\dfrac{9}{4}$

$(x, y) = (10, 100), (100, 10)$ のとき最小値 2

060

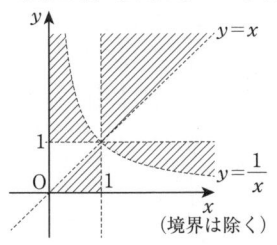

(図：$y=x$, $y=\dfrac{1}{x}$ を含むグラフ, 境界は除く)

TRIAL (図：$x=1$, $y=2x$, $y=\dfrac{x}{2}$, $y=1$ を含むグラフ, 境界は除く)

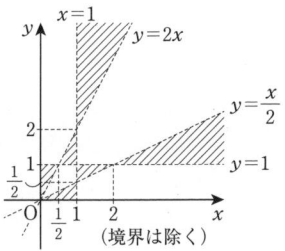

061
$-15 < a < -11$

062
(1) $9^x + 9^{-x} = t^2 - 2$

(2) $x = \log_3 \dfrac{9 \pm \sqrt{65}}{4}$ のとき y の最小値 $-\dfrac{81}{4}$

063
(1) 略　(2) 0.3

064
(1) (i) -2　(ii) 27　(2) $4x^3$

065
(1) $f'(x) = 9x^2 - 2x$
$f'(-1) = 11$

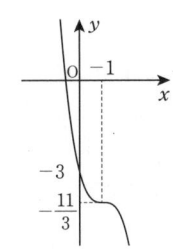

(2) $f'(x) = -4x^3 + 15x^2 + 12x - 1$
$f'(0) = -1$

066
(1) $y = 13x - 8$

(2) $y = -3x + 1$, $y = \dfrac{15}{4}x - \dfrac{23}{4}$

067
(1) (図：極大値3 at $x=-1$, 極小値 $\dfrac{49}{27}$ at $x=\dfrac{1}{3}$)

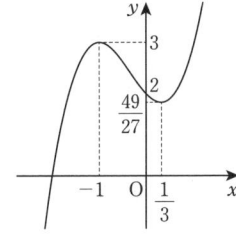

(2) (図：$x=-1$ で $y=-3$, 変曲点付近 $-\dfrac{11}{3}$)

(3) (図：y 切片 3 の増加曲線)

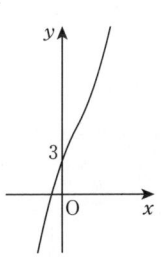

068
(1) $\dfrac{17}{27}$　(2) $a < -\sqrt{6}$, $\sqrt{6} < a$

(3) $a = 16$　極大値 16　極小値 $\dfrac{428}{27}$

TRIAL $\dfrac{-2(8+13\sqrt{13})}{27}$

069
(1) $x = 6$ のとき最大値 13
$x = 4$ のとき最小値 $-\dfrac{13}{3}$

(2) $x = 1$ のとき最大値 $\dfrac{14}{3}$
$x = -1$ のとき最小値 $-\dfrac{38}{3}$

070

$\begin{cases} 0<a\leqq1 \text{ のとき最大値 } -5a^2+8 \\ 1<a<2 \text{ のとき最大値 } 2a^3+a^2 \\ a\geqq2 \text{ のとき最大値 } 7a^2-8 \end{cases}$

$\begin{cases} 0<a\leqq1 \text{ のとき最小値 } 7a^2-8 \\ 1<a<2 \text{ のとき最小値 } -2a^3+a^2 \\ a\geqq2 \text{ のとき最小値 } -5a^2+8 \end{cases}$

071

(1) $-79\leqq k\leqq 129$

(2) $-4\leqq r<-2$

TRIAL $a<\dfrac{50}{27}$, $2<a$ のとき1個

$a=\dfrac{50}{27}$, 2 のとき2個

$\dfrac{50}{27}<a<2$ のとき3個

072

$a=\dfrac{1}{\sqrt[3]{35}}$, $-\dfrac{1}{3}\sqrt[3]{\dfrac{5}{3}}$

073

(1) $p\geqq\dfrac{1}{3}$ (2) $y=1-x^2\left(x\leqq-\dfrac{1}{6}\right)$

074

$a<-\dfrac{109}{27}$, $-4<a$

TRIAL $(-a^3-3a^2+b)(3a+b+1)<0$

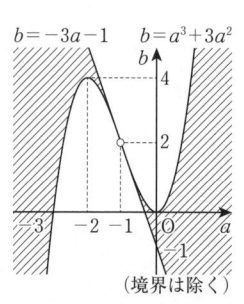

$b=-3a-1$ $b=a^3+3a^2$

(境界は除く)

075

(1) 略 (2) $0<p\leqq 6$

TRIAL $k=\dfrac{5}{4}$

076

$\dfrac{16}{27\pi}$ 倍

077

(1)

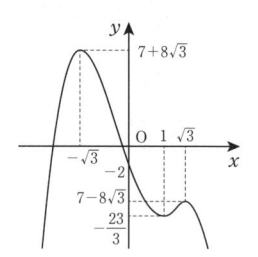

(2)

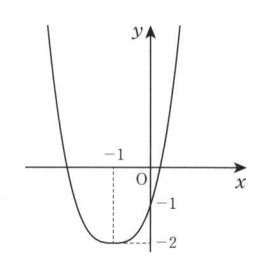

078

(1) $-\dfrac{1}{6}x^3+\dfrac{1}{3}x^2-5x+C$

(2) $-\dfrac{155}{6}$

079

(1) -36 (2) $-\dfrac{1}{6}$

080

(1) $f(x)=4x+\dfrac{24}{5}$

(2) $f(x)=6x^2-\dfrac{1}{2}x-8$

081

(1) $\dfrac{64}{3}$ (2) $\dfrac{46}{3}$

TRIAL 1

082

(1) 5 (2) 1

(3) $a\leqq 0$ のとき $-3a+\dfrac{9}{2}$

$0\leqq a\leqq 3$ のとき $a^2-3a+\dfrac{9}{2}$

$a\geqq 3$ のとき $3a-\dfrac{9}{2}$

083

(1) $\dfrac{32}{3}$ (2) $\dfrac{343}{54}$ (3) $\dfrac{8}{27}$

084

$\dfrac{1}{6}$

085

(1) 略　(2) $S_1:S_2=2:1$

086

(1) $y=(3t^2+a)x-2t^3$

$(-2t,\ -8t^3-2at)$

(2) $\dfrac{27}{4}t^4$

087

(1) $|\vec{a}-\vec{b}|=\sqrt{2}$

$|\vec{a}+\vec{b}|=2-\sqrt{2}$

(2) $\overrightarrow{AE}=(2+\sqrt{2})(\vec{a}+\vec{b})$

$\overrightarrow{AD}=(2+\sqrt{2})\vec{a}+(1+\sqrt{2})\vec{b}$

(3) $\vec{a}=\overrightarrow{AD}-\dfrac{\sqrt{2}}{2}\overrightarrow{AE}$

088

(1) $\overrightarrow{AP}=\dfrac{2\overrightarrow{AB}+\overrightarrow{AC}}{3}$

$\overrightarrow{AQ}=\dfrac{3}{4}\overrightarrow{AC}$

$\overrightarrow{AR}=\dfrac{6}{5}\overrightarrow{AB}$

(2) 略

089 $9:1$

090 略

TRIAL $\overrightarrow{OI}=\dfrac{4}{9}\overrightarrow{OA}+\dfrac{2}{9}\overrightarrow{OB}$

091

(1) $\overrightarrow{AP}=\dfrac{5}{k+8}\overrightarrow{AB}+\dfrac{3}{k+8}\overrightarrow{AC}$

(2) 略　(3) $S_1:S_2=8:k$

(4) $k=4$

092

(1) $\overrightarrow{AP}=\dfrac{6}{13}\overrightarrow{AB}+\dfrac{3}{13}\overrightarrow{AC}$

(2) $\overrightarrow{AQ}=\dfrac{2}{3}\overrightarrow{AB}+\dfrac{1}{3}\overrightarrow{AC}$

093

(1) $\cos\angle AOB=\dfrac{2}{5}$

(2) $OC=\dfrac{2\sqrt{30}}{3}$　$\cos\angle AOC=\dfrac{\sqrt{30}}{10}$

094

(1) $\vec{a}\cdot\vec{b}=-\dfrac{2}{3}$

(2) $k=\dfrac{9\pm\sqrt{97}}{4}$　(3) $x=\dfrac{5}{19}$

095

(1) $t=\dfrac{1}{10}$　(2) $t=\dfrac{1}{4}$　(3) $t=-\dfrac{2}{7}$

096

(1) $\overrightarrow{AB}\cdot\overrightarrow{AC}=\dfrac{15}{2}$

(2) $\overrightarrow{AO}=\dfrac{7}{15}\overrightarrow{AB}+\dfrac{1}{9}\overrightarrow{AC}$

(3) $\overrightarrow{AH}=\dfrac{1}{15}\overrightarrow{AB}+\dfrac{7}{9}\overrightarrow{AC}$

097

(1) 略

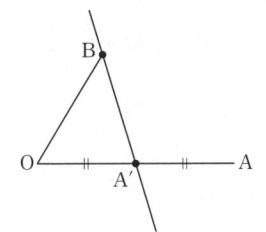

(2) 略

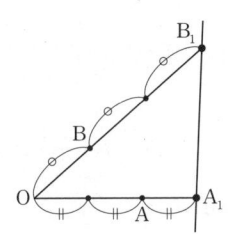

(3) $\dfrac{9}{2}$

098

(1) l と m が平行　$a=\dfrac{11}{7}$

l と m が垂直　$a=-2$

(2) $H\left(-\dfrac{8}{25},\ \dfrac{44}{25}\right)$

099

(1) 略

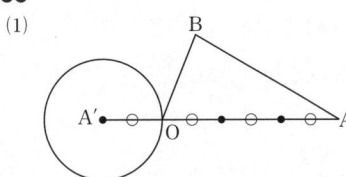

(2)

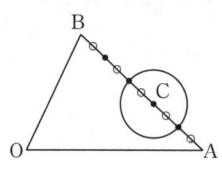

(3)

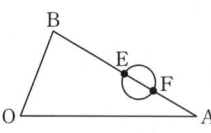

100
(1) $\angle AOB = \dfrac{\pi}{2}$　(2) $\angle ACB = \dfrac{\pi}{4}$

101
(1) $\overrightarrow{AC} = \vec{b} + 2\vec{a}$
$\overrightarrow{AI} = 2\vec{a} + \vec{b} + \vec{c}$
$\overrightarrow{AJ} = 2\vec{a} + 2\vec{b} + \vec{c}$
$\vec{a} = \dfrac{1}{2}\overrightarrow{AC} + \dfrac{1}{2}\overrightarrow{AI} - \dfrac{1}{2}\overrightarrow{AJ}$

(2) $u = -\dfrac{7}{8}$　　$t = \dfrac{4}{3}$

102
(1) $H(1, 1, 1)$　(2) $a = \dfrac{1}{4}$　(3) $a = 4$

103
$\overrightarrow{OR} = \dfrac{2}{5}\vec{a} + \dfrac{2}{5}\vec{b} + \dfrac{1}{5}\vec{c}$

104
(1) $\overrightarrow{MP} = -\dfrac{1}{2}\vec{a} - \dfrac{1}{2}\vec{b} + \dfrac{1}{3}\vec{c}$

(2) $\overrightarrow{AB} \cdot \overrightarrow{MP} = -\dfrac{2}{3}$

(3) $\cos\theta = -\dfrac{1}{5}$

105
(1) $t = 3$　　$\triangle OAB = 9$

(2) $\cos\theta = -\dfrac{3\sqrt{14}}{14}$　　$t = \dfrac{3(14 - 3\sqrt{14})}{5}$

(3) $\pm\dfrac{\sqrt{5}}{15}(2, -5, -4)$

106
(1) $\triangle ABC = 50$

(2) $H(0, 5, 0)$　(3) $\dfrac{500}{3}$

107
(1) 略　(2) $\dfrac{\sqrt{14}}{14}$

108
(1) $(3, -2, -6)$　(2) $H(6, 3, 2)$　　2

109
(1) $a_n = -3n + 163$
(2) $n = 54$　　$S_{54} = 4347$
TRIAL　$n = 108$　　$S_{108} = 54$

110
315
TRIAL　$\dfrac{a(1+r)\{(1+r)^n - 1\}}{r}$（円）

111
(1) 1230　(2) 2044

(3) $\dfrac{1}{4}n(n+1)(n+2)(n+3)$

(4) $\dfrac{1}{6}n(n+1)(5n+1)$

TRIAL　1275

112
(1) $a_n = 2^n - 1$

(2) $a_n = \dfrac{43}{16} - \dfrac{7}{4}n + \dfrac{1}{16}(-3)^{n-1}$

TRIAL　$a_n = 3^{n-1} + n^2 + 1$　　$b_n = 3^{n-1} - n^2 + 1$

113
(1) $\dfrac{9}{248}$

(2) $\dfrac{1}{3}\left(\dfrac{11}{6} - \dfrac{1}{n+1} - \dfrac{1}{n+2} - \dfrac{1}{n+3}\right)$

(3) $\dfrac{1}{2}(\sqrt{n+1} + \sqrt{n+2} - 1 - \sqrt{2})$

TRIAL

(1) $\dfrac{n(n+3)}{4(n+1)(n+2)}$

(2) $\dfrac{1}{5}n(n+1)(n+2)(n+3)(n+4)$

114
$S = \begin{cases} \dfrac{1 - (1+n)r^n + nr^{n+1}}{(1-r)^2} & (r \neq 1) \\ \dfrac{1}{2}n(n+1) & (r = 1) \end{cases}$

115
(1) $4n^3$
(2) 第 32 群の 17 番目

TRIAL
(1) 第 5049 項　(2) $\dfrac{52}{63}$

116
(1) $a_n = 4n+1$
(2) $a_n = 3 \cdot 2^n$
(3) $a_n = 2^n - 3n + 2$

117
(1) $a_n = 4 - \left(\dfrac{1}{2}\right)^{n-2}$
(2) $a_n = \dfrac{3}{2^{n+3}-15} - 1$

118
$a_n = 3^n - 2^n$

119
$a_n = 4 \cdot 3^{n-1} - 4n - 2$

TRIAL
(1) $\alpha = -1,\ \beta = -2,\ \gamma = -3$
(2) $a_n = 3 \cdot 2^n - n^2 - 2n - 3$

120
(1) $a_n = 3n(n+1)$
(2) $a_n = \dfrac{1}{2}\left\{1 + \left(\dfrac{1}{3}\right)^n\right\}$

121
(1) $a_n = \dfrac{7}{2} - \dfrac{5}{2}\left(\dfrac{3}{5}\right)^{n-1}$
(2) $a_n = (n+1) \cdot 2^{n-2}$

122
(1) $a_n = \dfrac{1}{2}\{3(-2)^{n-1} + (-4)^{n-1}\}$
　$b_n = \dfrac{1}{2}\{3(-2)^{n-1} - (-4)^{n-1}\}$
(2) $a_n = \dfrac{-n+4}{3 \cdot 2^{n-1}}$
　$b_n = \dfrac{n-7}{3 \cdot 2^{n-1}}$

TRIAL
$(\alpha, \beta) = (2, 1),\ (3, 2)$
$a_n = 6 - 2^n,\ b_n = 2^{n-1} - 2$

123
(1) $a_2 = \dfrac{4}{5}\quad a_3 = \dfrac{6}{7}$
(2) 略

TRIAL 略

124
$S = (n-1)2^{n+1} - \dfrac{1}{2}n^2 + \dfrac{1}{2}n + 3$

125
(1) $p_{n+1} = \dfrac{7}{9}p_n + \dfrac{1}{45}$
(2) $p_n = \dfrac{9}{10}\left(\dfrac{7}{9}\right)^n + \dfrac{1}{10}$

自己チェック表

問題	1回目	2回目	3回目	問題	1回目	2回目	3回目
001				026			
002				027			
003				028			
004				029			
005				030			
006				031			
007				032			
008				033			
009				034			
010				035			
011				036			
012				037			
013				038			
014				039			
015				040			
016				041			
017				042			
018				043			
019				044			
020				045			
021				046			
022				047			
023				048			
024				049			
025				050			

問題	1回目	2回目	3回目	問題	1回目	2回目	3回目
051				076			
052				077			
053				078			
054				079			
055				080			
056				081			
057				082			
058				083			
059				084			
060				085			
061				086			
062				087			
063				088			
064				089			
065				090			
066				091			
067				092			
068				093			
069				094			
070				095			
071				096			
072				097			
073				098			
074				099			
075				100			

問題	1回目	2回目	3回目
101			
102			
103			
104			
105			
106			
107			
108			
109			
110			
111			
112			
113			
114			
115			
116			
117			
118			
119			
120			
121			
122			
123			
124			
125			

数学Ⅱ・B　BASIC 125

著　者　桐山　宣雄
　　　　小寺　智也
　　　　小松崎和子

発行者　冨田　豊
印刷・製本　日経印刷株式会社

発行所　駿台文庫株式会社
〒101-0062　東京都千代田区神田駿河台1-7-4
小畑ビル内
TEL. 編集 03(5259)3302
販売 03(5259)3301
《①-216pp.》

Ⓒ Nobuo Kiriyama, Tomoya Kotera, and
Kazuko Komatsuzaki 2015

落丁・乱丁がございましたら，送料小社負担にて
お取替えいたします。

ISBN978-4-7961-1339-7　Printed in Japan

http://www.sundaibunko.jp
駿台文庫携帯サイトはこちらです→
http://www.sundaibunko.jp/mobile

駿台受験シリーズ

数学Ⅱ・B
BASIC*125*

復習の答

駿台文庫

§1 複素数と方程式・式と証明

001

(1) $(3x^3-4)^3$
$= (3x^3)^3 - 3(3x^3)^2 \cdot 4 + 3(3x^3) \cdot 4^2 - 4^3$
$= \mathbf{27x^9 - 108x^6 + 144x^3 - 64}$

(2) $(2x+3y)(4x^2-6xy+9y^2)$
$= (2x+3y)\{(2x)^2 - (2x)(3y) + (3y)^2\}$
$= (2x)^3 + (3y)^3 = \mathbf{8x^3 + 27y^3}$

(3) $a^6 - 64b^9 = (a^2)^3 - (4b^3)^3$
$= (a^2 - 4b^3)\{(a^2)^2 + (a^2)(4b^3) + (4b^3)^2\}$
$= \mathbf{(a^2-4b^3)(a^4+4a^2b^3+16b^6)}$

(4) $x^6 - 7x^3 - 8 = (x^3-8)(x^3+1)$
$= (x^3-2^3)(x^3+1^3)$
$= \mathbf{(x-2)(x^2+2x+4)(x+1)(x^2-x+1)}$

002

(1) $(2x^2-3)^8$ の展開式の一般項は
$${}_8C_r(2x^2)^{8-r}(-3)^r \quad (r=0, 1, 2, \cdots, 8)$$
つまり ${}_8C_r 2^{8-r}(-3)^r x^{16-2r}$
と表せる．このうち，x^6 の項となる r は
$16-2r=6 \quad \therefore \quad r=5$
よって x^6 の係数は
$${}_8C_5 2^{8-5}(-3)^5 = -{}_8C_3 2^3 \cdot 3^5$$
$$= -\frac{8 \cdot 7 \cdot 6}{3 \cdot 2 \cdot 1} \cdot 2^3 \cdot 3^5 = \mathbf{-108864}$$

(2) $\left(3x^3 - \dfrac{2}{x^2}\right)^7$ の展開式の一般項は
$${}_7C_r(3x^3)^{7-r}\left(-\frac{2}{x^2}\right)^r \quad (r=0, 1, 2, \cdots, 7)$$
つまり
$${}_7C_r 3^{7-r}(-2)^r x^{21-5r}$$
と表せるので，x の項となる r は
$21-5r=1 \quad \therefore \quad r=4$
よって x の係数は
$${}_7C_4 3^{7-4}(-2)^4 = \frac{7 \cdot 6 \cdot 5}{3 \cdot 2 \cdot 1} \cdot 3^3 \cdot 2^4 = \mathbf{15120}$$

(3) $\left(1 + \dfrac{2}{x} + x^2\right)^8 = \left\{1 + \left(\dfrac{2}{x} + x^2\right)\right\}^8$ の展開式の一般項は
$${}_8C_r 1^{8-r}\left(\frac{2}{x} + x^2\right)^r \quad (r=0, 1, 2, \cdots, 8)$$
さらに，$\left(\dfrac{2}{x} + x^2\right)^r$ の展開式の一般項は
$${}_rC_k\left(\frac{2}{x}\right)^{r-k}(x^2)^k = {}_rC_k 2^{r-k}\frac{x^{2k}}{x^{r-k}}$$
$$= {}_rC_k 2^{r-k} x^{3k-r}$$
$(k=0, 1, 2, \cdots, r)$
よって ${}_8C_r \cdot {}_rC_k \cdot 2^{r-k} x^{3k-r}$
このうち定数項となるのは
$3k-r=0 \quad \therefore \quad 3k=r$
$r=0, 1, 2, \cdots, 8$ より $r=0, 3, 6$
$\therefore (r,k) = (0,0), (3,1), (6,2)$
それぞれ係数は ${}_8C_r \cdot {}_rC_k \cdot 2^{r-k}$ で与えられるので定数項は
$${}_8C_0 + {}_8C_3 \cdot {}_3C_1 \cdot 2^{3-1} + {}_8C_6 \cdot {}_6C_2 \cdot 2^{6-2}$$
$$= 1 + \frac{8 \cdot 7 \cdot 6}{3 \cdot 2 \cdot 1} \cdot 3 \cdot 2^2 + \frac{8 \cdot 7}{2 \cdot 1} \cdot \frac{6 \cdot 5}{2 \cdot 1} \cdot 2^4$$
$$= 1 + 672 + 6720 = \mathbf{7393}$$

003

二項定理より
$(1+x)^n = {}_nC_0 \cdot 1^n + {}_nC_1 \cdot 1^{n-1} \cdot x + {}_nC_2 \cdot 1^{n-2} \cdot x^2$
$+ \cdots + {}_nC_{n-2} \cdot 1^2 \cdot x^{n-2} + {}_nC_{n-1} \cdot 1^1 \cdot x^{n-1}$
$+ {}_nC_n \cdot x^n \cdots ①$

(1) ①に $x=-1$ を代入すると
${}_nC_0 - {}_nC_1 + {}_nC_2 - \cdots + (-1)^n {}_nC_n = 0$ 　終

(2) ①に $x=2$ を代入すると
${}_nC_0 + {}_nC_1 \cdot 2 + {}_nC_2 \cdot 2^2 + \cdots + {}_nC_n \cdot 2^n = \mathbf{3^n}$

(3) ${}_nC_r = \dfrac{n!}{r!(n-r)!}$
${}_{n-1}C_r + {}_{n-1}C_{r-1}$
$= \dfrac{(n-1)!}{r!(n-1-r)!} + \dfrac{(n-1)!}{(r-1)!(n-r)!}$
$= \dfrac{(n-1)!}{(r-1)!(n-1-r)!}\left\{\dfrac{1}{r} + \dfrac{1}{n-r}\right\}$
$= \dfrac{(n-1)!}{(r-1)!(n-1-r)!} \cdot \dfrac{n}{r(n-r)}$
$= \dfrac{n!}{r!(n-r)!}$

よって ${}_nC_r = {}_{n-1}C_r + {}_{n-1}C_{r-1}$ 　終

（別解）　異なる n 個のものから r 個をとり出して作る組（総数は ${}_nC_r$）は次のように作ることもできる．まず n 個のものから特定の1個（これをAとする）をとり出す．r 個の組がAを含むとき，A以外の $n-1$ 個から $r-1$ 個をとり出し，Aを含まないとき，A以外の $n-1$ 個から r 個をとり出す．このようにすれば，題意をみたす r 個の組が過不足なく作れる．よって ${}_nC_r = {}_{n-1}C_r + {}_{n-1}C_{r-1}$

004

(1) $x^5 - x^4 + 2x^2 + x + 3$
$= (x^2 - 4x + 2)(x^3 + 3x^2 + 10x + 36)$
$\qquad + 125x - 69 \cdots$ ①

よって余りは $125x - 69$

(2) $x = 2 - \sqrt{2}$ より
$(x-2)^2 = (-\sqrt{2})^2 \quad \therefore x^2 - 4x + 4 = 2$
$\therefore x^2 - 4x + 2 = 0 \cdots$ ②

よって①に $x = 2 - \sqrt{2}$ を代入すると②より
$x^5 - x^4 + 2x^2 + x + 3$ の値は
$125(2 - \sqrt{2}) - 69 = \boldsymbol{181 - 125\sqrt{2}}$

TRIAL $x^{10} = (t+1)^{10}$
$= {}_{10}C_0 t^{10} + {}_{10}C_1 t^9 \cdot 1^1 + {}_{10}C_2 t^8 \cdot 1^2 + \cdots$
$\qquad + {}_{10}C_7 t^3 \cdot 1^7 + {}_{10}C_8 t^2 \cdot 1^8 + {}_{10}C_9 t \cdot 1^9 + {}_{10}C_{10} 1^{10}$
$= (x-1)^{10} + 10(x-1)^9 + {}_{10}C_2 (x-1)^8 + \cdots$
$\qquad + {}_{10}C_7 (x-1)^3 + {}_{10}C_8 (x-1)^2 + {}_{10}C_9 (x-1) + 1$
$= (x-1)^3 (x \text{ の整式}) + {}_{10}C_2 (x-1)^2$
$\qquad + {}_{10}C_1 (x-1) + 1$
$= (x-1)^3 (x \text{ の整式}) + 45(x^2 - 2x + 1)$
$\qquad + 10(x-1) + 1$
$= (x-1)^3 (x \text{ の整式}) + 45x^2 - 80x + 36$

よって，x^{10} を $(x-1)^3$ で割った余りは
$\boldsymbol{45x^2 - 80x + 36}$

005

(1) 与式 $= \dfrac{-3x - 2}{(x-1)(x^2+x+1)} + \dfrac{3}{(x-1)(x+4)}$
$= \dfrac{-(3x+2)(x+4) + 3(x^2+x+1)}{(x-1)(x^2+x+1)(x+4)}$
$= \dfrac{-(11x+5)}{(x-1)(x+4)(x^2+x+1)}$

(2) (i) $x - \dfrac{1}{x} = 3$ の両辺を 2 乗して
$x^2 - 2x \cdot \dfrac{1}{x} + \dfrac{1}{x^2} = 9 \quad \therefore x^2 + \dfrac{1}{x^2} = \boldsymbol{11}$

(ii) $\left(x + \dfrac{1}{x}\right)^2 = x^2 + 2x \cdot \dfrac{1}{x} + \dfrac{1}{x^2} = 11 + 2 = 13$
$\therefore x + \dfrac{1}{x} = \boldsymbol{\pm\sqrt{13}}$

(iii) $x^3 - \dfrac{1}{x^3} = x^3 - \left(\dfrac{1}{x}\right)^3$
$= \left(x - \dfrac{1}{x}\right)\left\{x^2 + x\left(\dfrac{1}{x}\right) + \left(\dfrac{1}{x}\right)^2\right\}$
$= \left(x - \dfrac{1}{x}\right)\left\{\left(x^2 + \dfrac{1}{x^2}\right) + 1\right\}$
$= 3(11 + 1) = \boldsymbol{36}$

(iv) $x^4 + \dfrac{1}{x^4} = \left(x^2 + \dfrac{1}{x^2}\right)^2 - 2x^2 \cdot \dfrac{1}{x^2}$
$= 11^2 - 2 = \boldsymbol{119}$

006

(1) $x^3 - x^2 - 2x = x(x-2)(x+1)$ に注意して
分母を払うと
$3x^2 - 1 = a(x-2)(x+1) + bx(x+1) + cx(x-2)$
$\therefore 3x^2 - 1 = (a+b+c)x^2 - (a-b+2c)x - 2a$
$x \neq -1, 0, 2$ のとき，つねにこの式が成り立つ条件は，この式が恒等式であることで，両辺の係数を比較して
$3 = a+b+c, \quad 0 = a-b+2c, \quad -1 = -2a$
$\therefore a = \dfrac{1}{2}, \quad b+c = \dfrac{5}{2}, \quad -b+2c = -\dfrac{1}{2}$
$\therefore \boldsymbol{a = \dfrac{1}{2}, \quad b = \dfrac{11}{6}, \quad c = \dfrac{2}{3}}$

(2) まず両辺の x^4 の係数を比較して
$1 = a \quad \therefore a = 1$
このとき与式は
$x^4 + 7x^3 - 3x^2 + 23x - 14$
$= x(x+1)(x+2)(x+3)$
$\qquad + bx(x+1)(x+2) + cx(x+1) + dx + e$
ここで $x = 0, -1, -2, -3$ を代入すると
$-14 = e, \quad -46 = -d + e,$
$-112 = 2c - 2d + e,$
$-218 = -6b + 6c - 3d + e$
$\therefore e = -14, \quad d = 32, \quad c = -17, \quad b = 1$
このとき，計算すると，与式の左辺と一致するので，たしかに恒等式になる．したがって
$\boldsymbol{a = 1, \quad b = 1, \quad c = -17, \quad d = 32,}$
$\boldsymbol{e = -14}$

(3) 左辺
$= a^2 x^2 + a^2 y^2 + a^2 z^2 + b^2 x^2 + b^2 y^2 + b^2 z^2$
$\qquad + c^2 x^2 + c^2 y^2 + c^2 z^2$
$= (ax + by + cz)^2 + a^2 y^2 + a^2 z^2 + b^2 x^2$
$\qquad + b^2 z^2 + c^2 x^2 + c^2 y^2$
$\qquad - 2(abxy + bcyz + cazx)$
$= (ax + by + cz)^2 + (bx - ay)^2$
$\qquad + (cy - bz)^2 + (az - cx)^2$
$= $ 右辺 ∎

007

(1) $c=-(a+b)$ を代入すると

左辺 $=\dfrac{1}{5}[a^5+b^5+\{-(a+b)\}^5]$

$=\dfrac{1}{5}\{a^5+b^5-(a^5+{}_5C_1a^4b+{}_5C_2a^3b^2$
$\qquad\qquad +{}_5C_3a^2b^3+{}_5C_4ab^4+b^5)\}$

$=-\dfrac{1}{5}(5a^4b+10a^3b^2+10a^2b^3+5ab^4)$

$=-ab(a^3+2a^2b+2ab^2+b^3)$

右辺 $=\dfrac{1}{2}[a^2+b^2+\{-(a+b)\}^2]\cdot$
$\qquad\qquad\dfrac{1}{3}[a^3+b^3+\{-(a+b)\}^3]$

$=\dfrac{1}{6}\{a^2+b^2+(a^2+2ab+b^2)\}$
$\qquad\{a^3+b^3-(a^3+3a^2b+3ab^2+b^3)\}$

$=\dfrac{1}{6}\cdot 2(a^2+ab+b^2)\{-3ab(a+b)\}$

$=-ab(a^3+2a^2b+2ab^2+b^3)$

よって左辺＝右辺となり，題意をみたす．　終

(2) $\dfrac{(a+b)c}{ab}=\dfrac{(b+c)a}{bc}=\dfrac{(c+a)b}{ca}=k$

とおくと

$(a+b)c=abk,\ (b+c)a=bck,\ (c+a)b=cak\cdots$①

辺々足して

$2(ab+bc+ca)=k(ab+bc+ca)$

$\therefore\ (ab+bc+ca)(k-2)=0$

$\therefore\ ab+bc+ca=0\cdots$②

または $k=2\cdots$③

①より

$\dfrac{(b+c)(c+a)(a+b)}{abc}$

$=\dfrac{\dfrac{bck}{a}\cdot\dfrac{cak}{b}\cdot\dfrac{abk}{c}}{abc}=k^3\cdots$④

ここで②のとき $\dfrac{(a+b)c}{ab}=\dfrac{ac+bc}{ab}$

$\qquad\qquad\qquad =\dfrac{-ab}{ab}=-1$

同様に $\dfrac{(b+c)a}{bc}=\dfrac{(c+a)b}{ca}=-1$ であるから

②のとき

$\quad k=-1$

よって，②③より $k=-1,\ 2$

よって，④より

$\dfrac{(b+c)(c+a)(a+b)}{abc}=k^3=\mathbf{-1,\ 8}$

008

(1) (ⅰ) 右辺－左辺 $=(a^2+b^2)(x^2+y^2)-(ax+by)^2$

$=a^2y^2+b^2x^2-2abxy$

$=(ay-bx)^2\cdots$①

①の右辺は 0 以上なので

$(ax+by)^2\leqq(a^2+b^2)(x^2+y^2)$　終

等号が成り立つのは①の右辺が 0 となるときで

$\qquad\boldsymbol{ay-bx=0}$ のとき

(ⅱ) 右辺－左辺 $=(a^2+b^2+c^2)(x^2+y^2+z^2)$
$\qquad\qquad -(ax+by+cz)^2$

$=a^2y^2+a^2z^2+b^2x^2+b^2z^2$
$\quad +c^2x^2+c^2y^2-2(abxy+bcyz+cazx)$

$=(ay-bx)^2+(bz-cy)^2+(cx-az)^2\cdots$②

よって②の右辺は 0 以上なので

$(ax+by+cz)^2\leqq(a^2+b^2+c^2)(x^2+y^2+z^2)$　終

等号が成り立つのは②の右辺が
0 となるときで

$\qquad\boldsymbol{ay=bx,\ bz=cy,\ cx=az}$ のとき

(2) $a+b+c=0$ より $b=-a-c$

これを代入すると

右辺－左辺 $=2(c-a)^2-3(a^2+b^2+c^2)$

$=2(c-a)^2-3\{a^2+(-a-c)^2+c^2\}$

$=-4a^2-4c^2-10ac$

$=-2(2a+c)(a+2c)\cdots$①

$a<b<c$ と $b=-a-c$ より

$\quad a<-a-c<c\quad\therefore\ 2a<-c,\ -a<2c$

$\therefore\ 2a+c<0,\ a+2c>0\cdots$②

ここで②より①の右辺は正であるから

$3(a^2+b^2+c^2)<2(c-a)^2$　終

TRIAL (1)の(ⅱ)の式において $a=b=c=1$

とおくと

$(x+y+z)^2\leqq(1^2+1^2+1^2)(x^2+y^2+z^2)$

$\therefore\ (x+y+z)^2\leqq 3(x^2+y^2+z^2)$

ここでさらに $x+y+z=1$ より

$1\leqq 3(x^2+y^2+z^2)\quad\therefore\ x^2+y^2+z^2\geqq\dfrac{1}{3}$

等号が成り立つのは，

(1)の答えより

$\qquad y=x,\ z=y,\ x=z\quad\therefore\ x=y=z$

のとき．$x+y+z=1$ より

$\qquad x=y=z=\dfrac{1}{3}$

このとき $x^2+y^2+z^2$ は最小となり

$\qquad$ 最小値 $\dfrac{1}{3}$

009

(1) 相加・相乗平均の関係より
$$b+c \geqq 2\sqrt{bc} \cdots ①$$
よって，$a>0$ より両辺を a で割って
$$\frac{b+c}{a} \geqq \frac{2\sqrt{bc}}{a} \cdots ②$$
ここで等号が成り立つのは①で等号が成り立つとき．つまり
$$b=c$$
のとき．同様に
$$\frac{c+a}{b} \geqq \frac{2\sqrt{ca}}{b} \cdots ③$$
（等号が成り立つのは $c=a$ のとき）
$$\frac{a+b}{c} \geqq \frac{2\sqrt{ab}}{c} \cdots ④$$
（等号が成り立つのは $a=b$ のとき）
②③④を辺々かけて
$$\left(\frac{b+c}{a}\right)\left(\frac{c+a}{b}\right)\left(\frac{a+b}{c}\right)$$
$$\geqq \frac{2\sqrt{bc}}{a} \cdot \frac{2\sqrt{ca}}{b} \cdot \frac{2\sqrt{ab}}{c}$$
ここで
$$\frac{2\sqrt{bc}}{a} \cdot \frac{2\sqrt{ca}}{b} \cdot \frac{2\sqrt{ab}}{c} = \frac{8abc}{abc} = 8$$
となり与式が成り立つ． 終
等号が成り立つのは②③④で等号が成り立つときで
$$a=b=c$$
のとき．

(2) 相加・相乗平均の関係より
$$\frac{1}{3}x + \frac{4}{x} \geqq 2\sqrt{\frac{x}{3} \cdot \frac{4}{x}} \quad \therefore \ y \geqq \frac{4\sqrt{3}}{3}$$
等号が成り立つのは
$$\frac{1}{3}x = \frac{4}{x} \quad \therefore \ x^2 = 12 \quad \therefore \ x = 2\sqrt{3}$$
のとき．よって，このとき
y の最小値 $\dfrac{4\sqrt{3}}{3}$

010

(1) 与式より
$$x^2 - x + (x^2 + x + a)i = 0$$
x を実数とすると
$$x^2 - x = 0 \cdots ① \text{ かつ } x^2 + x + a = 0 \cdots ②$$
①より $x = 0, \ 1$

これを②に代入して $a = 0, \ -2$

(2) $z = x + yi$（x と y は実数）と表すと
$z^2 = i$ より
$$(x+yi)^2 = i \quad \therefore \ x^2 - y^2 + 2xyi = i$$
よって，x と y が実数なので
$$x^2 - y^2 = 0 \cdots ① \text{ かつ } 2xy = 1 \cdots ②$$
①より $y = \pm x$
②より，$y = -x$ の方は不適で
$$y = x \text{ かつ } x = \pm \frac{1}{\sqrt{2}}$$
$$\therefore \ (x, y) = \left(\pm\frac{1}{\sqrt{2}}, \pm\frac{1}{\sqrt{2}}\right) \text{ （複号同順）}$$
よって $z = \pm\dfrac{1}{\sqrt{2}} \pm \dfrac{1}{\sqrt{2}}i$ （複号同順）

(3) $3x^2 - 2x + 5 = 0$ に解の公式を適用すると
$$x = \frac{1 \pm \sqrt{(-1)^2 - 3 \cdot 5}}{3} = \frac{1 \pm \sqrt{-14}}{3} = \frac{1 \pm \sqrt{14}i}{3}$$

011

(1) 解と係数の関係より
$$\alpha + \beta = \frac{3}{2}, \quad \alpha\beta = \frac{1}{2}$$
よって
$$\alpha^2 + \beta^2 = (\alpha+\beta)^2 - 2\alpha\beta$$
$$= \left(\frac{3}{2}\right)^2 - 2 \cdot \frac{1}{2} = \frac{5}{4}$$
また
$$\alpha^3 + \beta^3 = (\alpha+\beta)^3 - 3\alpha\beta(\alpha+\beta)$$
$$= \left(\frac{3}{2}\right)^3 - 3 \cdot \frac{1}{2} \cdot \frac{3}{2} = \frac{9}{8}$$
次に
$$\alpha^2\beta + \alpha\beta^2 = \alpha\beta(\alpha+\beta) = \frac{1}{2} \cdot \frac{3}{2} = \frac{3}{4}$$
$$(\alpha^2\beta)(\alpha\beta^2) = (\alpha\beta)^3 = \left(\frac{1}{2}\right)^3 = \frac{1}{8}$$
より $\alpha^2\beta$ と $\alpha\beta^2$ を2解にもつ2次方程式の1つは
$$x^2 - \frac{3}{4}x + \frac{1}{8} = 0 \quad \therefore \ 8x^2 - 6x + 1 = 0$$
（注）係数は分数のままでもよいが，最も簡単な整数比にしておくとよい．

(2) $x^2 + y^2 = 3 \cdots ①$ $x^2 + y^2 + xy = 5 \cdots ②$
② - ①より
$$xy = 2 \cdots ③$$
よって，①と③より

$(x+y)^2=(x^2+y^2)+2xy=3+2\cdot2=7$

∴ $x+y=\pm\sqrt{7}$ …④

③と④より，x と y は X の方程式
$$X^2\mp\sqrt{7}X+2=0\cdots⑤$$
の2解．

⑤ $\Leftrightarrow X=\dfrac{\sqrt{7}\pm i}{2}$ または $\dfrac{-\sqrt{7}\pm i}{2}$

より
$$(x,y)=\left(\dfrac{\sqrt{7}+i}{2},\dfrac{\sqrt{7}-i}{2}\right),$$
$$\left(\dfrac{\sqrt{7}-i}{2},\dfrac{\sqrt{7}+i}{2}\right),$$
$$\left(\dfrac{-\sqrt{7}+i}{2},\dfrac{-\sqrt{7}-i}{2}\right),$$
$$\left(\dfrac{-\sqrt{7}-i}{2},\dfrac{-\sqrt{7}+i}{2}\right)$$

012

(1) 求める余りを $ax+b$，商を $P(x)$ とすると，割り算の式は
$$x^n=(x^2-3x-4)P(x)+ax+b\cdots①$$
と表される．

ここで $x^2-3x-4=(x+1)(x-4)$ より，①に $x=-1, 4$ を代入すると
$$\begin{cases}(-1)^n=-a+b\\ 4^n=4a+b\end{cases}$$

∴ $a=\dfrac{4^n-(-1)^n}{5}$, $b=\dfrac{4^n+4(-1)^n}{5}$

よって，求める余りは
$$\dfrac{4^n-(-1)^n}{5}x+\dfrac{4^n+4(-1)^n}{5}$$

(2) 求める余りを $ax+b$，商を $P(x)$ とすると，割り算の式は
$$x^{12}-x^4+x^2=(x^2-2x+2)P(x)+ax+b$$
(a, b は実数) …①

と表せる．ここで $x^2-2x+2=0$ とおくと $x=1\pm i$ なので，①において $x=1+i$ を代入すると
$(x^2-2x+2=0$ となり$)$
$(1+i)^{12}-(1+i)^4+(1+i)^2=a(1+i)+b\cdots②$

ここで
$(1+i)^2=1+2i+i^2=2i$

よって
$(1+i)^4=\{(1+i)^2\}^2=(2i)^2=-4$

∴ $(1+i)^{12}=\{(1+i)^4\}^3=(-4)^3=-64$

であるから②の左辺は
$-64-(-4)+2i=-60+2i$

よって，②は
$-60+2i=a+b+ai$

a, b は実数であるから
$a+b=-60,\ a=2$

∴ $b=-62$

よって，求める余りは
$$2x-62$$

(3) $f(x)$ を $(x-2)^2(x-3)$ で割ったときの商を $P(x)$，余りを ax^2+bx+c とすると
$$f(x)=(x-2)^2(x-3)P(x)+ax^2+bx+c$$

$f(x)$ を $(x-2)^2$ で割ったときの余りが $2x-4$ であるから，ax^2+bx+c を $(x-2)^2$ で割った余りも $2x-4$．よって，商は a であり，
$$ax^2+bx+c=a(x-2)^2+2x-4$$
と表せるので
$$f(x)=(x-2)^2(x-3)P(x)$$
$$\quad+a(x-2)^2+2x-4\cdots①$$

ここで，$x=3$ を代入すると
$f(3)=a+2$ である．また条件より，
$$f(x)=(x-3)^2Q(x)-4x-4\ (Q(x)\text{は商})$$
と表せ，$f(3)=-16$ であるから
$a+2=-16$ ∴ $a=-18$

よって，求める余りは，①より
$-18(x-2)^2+2x-4=\mathbf{-18x^2+74x-76}$

013

(1) 整式 $f(x)$ に対して $f(\alpha)=0$ (α は定数) をみたすとする．$f(x)$ を $x-\alpha$ で割った余りを a とすると
$$f(x)=(x-\alpha)P(x)+a\ (P(x)\text{は商})$$
と表せる．ここで $x=\alpha$ を代入すると
$f(\alpha)=a$

ここで $f(\alpha)=0$ であるから $a=0$

つまり，$f(x)$ は $x-\alpha$ で割り切れる． 終

(2) 整式 $f(x)$ を $x+2$ で割ると -5 余り，$x-1$ で割ると 4 余るので，剰余の定理より
$$f(-2)=-5,\ f(1)=4\cdots①$$

一方，$f(x)$ を $(x+2)(x-1)$ で割った余りを $ax+b$ とすると
$$f(x)=(x+2)(x-1)P(x)+ax+b$$
$(P(x)\text{は商})$

と表せる．ここで $x=-2, 1$ を代入すると
$f(-2)=-2a+b,\ f(1)=a+b$

これと①より
$$-2a+b=-5,\ a+b=4$$
$$\therefore a=3,\ b=1$$

014

(1) 条件より
$$\omega^2+\omega+1=0 \cdots ①$$
両辺 $\omega-1$ 倍すると
$$(\omega-1)(\omega^2+\omega+1)=0 \quad \therefore \omega^3-1=0$$
$$\therefore \omega^3=1 \cdots ② \quad 終$$

(2) ②より
$$\omega^{100}=(\omega^3)^{33}\cdot\omega=1^{33}\cdot\omega=\omega$$
$$\omega^{200}=(\omega^3)^{66}\cdot\omega^2=1^{66}\cdot\omega^2=\omega^2$$
$$\omega^{300}=(\omega^3)^{100}=1^{100}=1$$
よって
$$\omega^{100}+\omega^{200}+\omega^{300}=\omega+\omega^2+1$$
これと①より
$$\omega^{100}+\omega^{200}+\omega^{300}=0$$

(3) ①より $\omega^2=-\omega-1$ であるから
$$(1+2\omega)(a+b\omega)=a+(2a+b)\omega+2b\omega^2$$
$$=a+(2a+b)\omega+2b(-\omega-1)$$
$$=a-2b+(2a-b)\omega$$
よって
$$(1+2\omega)(a+b\omega)=1 \Leftrightarrow a-2b+(2a-b)\omega=1$$
ここで $a,\ b$ が実数なので $a-2b,\ 2a-b$ は実数．また ω は虚数なので
$$a-2b=1 \text{ かつ } 2a-b=0$$
$$\therefore a=-\frac{1}{3},\ b=-\frac{2}{3}$$

TRIAL 商を $P(x)$, 余りを $ax+b$ として
$$x^{11}-2x^{10}=(x^2+x+1)P(x)+ax+b \cdots ①$$
($a,\ b$ は実数) と表す．
ここで $x^2+x+1=0$ の解は
$$x=\frac{-1\pm\sqrt{3}i}{2}$$
このうち一方を ω とおくと
$$\omega^2+\omega+1=0 \cdots ②$$
両辺を $\omega-1$ 倍すると
$$(\omega-1)(\omega^2+\omega+1)=0 \quad \therefore \omega^3-1=0$$
$$\therefore \omega^3=1 \cdots ③$$
ここで①に $x=\omega$ を代入すると
$$\omega^{11}-2\omega^{10}=(\omega^2+\omega+1)P(\omega)+a\omega+b$$
$$\therefore \omega^{11}-2\omega^{10}=a\omega+b \cdots ④$$
ここで ②③ より
$$\omega^{11}-2\omega^{10}=(\omega^3)^3\omega^2-2(\omega^3)^3\omega=\omega^2-2\omega$$
$$=(-\omega-1)-2\omega=-3\omega-1$$
であるから ④ は
$$-3\omega-1=a\omega+b$$
ここで $a,\ b$ は実数，ω は虚数なので
$$a=-3,\ b=-1$$
$x^{11}-2x^{10}$ を x^2+x+1 で割った余りは
$$-3x-1$$

015

(1) $x^3-2x^2-13x+6=0$ の整数解 x は存在するならば, 6の約数. よって, $x=\pm 1,\ \pm 2,\ \pm 3,\ \pm 6$ を順に代入すると, $x=-3$ を代入したとき左辺は0.
よって $x^3-2x^2-13x+6$ は $x+3$ で割り切れ, 割り算をすると
$$x^3-2x^2-13x+6=(x+3)(x^2-5x+2)$$
と因数分解される．よって与式は
$$(x+3)(x^2-5x+2)=0$$
$$\therefore x=-3,\ \frac{5\pm\sqrt{17}}{2}$$

(2) 定数項が -1, 最高次の係数が3であるから $x=\pm 1,\ \pm\frac{1}{3}$ を順に代入すると $x=-\frac{1}{3}$ を代入したとき左辺は0．よって与式の左辺は $3x+1$ で割り切れ
$$\text{与式} \Leftrightarrow (3x+1)(x^2-2x-1)=0$$
$$\Leftrightarrow x=-\frac{1}{3},\ 1\pm\sqrt{2}$$

TRIAL $x=1$ を代入すると解となるので因数定理より
$2x^3+px^2-x-p-1$ は $x-1$ で割り切れ
$$\text{与式} \Leftrightarrow (x-1)\{2x^2+(p+2)x+p+1\}=0$$
$$\Leftrightarrow x=1,\ 2x^2+(p+2)x+p+1=0$$
ここで $f(x)=2x^2+(p+2)x+p+1$ とおくと題意をみたす条件は $f(x)=0$ が異なる2実数解をもち, 1を解にもたないこと. よって $f(x)=0$ の判別式を D とおくと
$$D=(p+2)^2-8(p+1)>0 \text{ かつ}$$
$$f(1)=2p+5\neq 0$$
$$\therefore p^2-4p-4>0 \text{ かつ } p\neq-\frac{5}{2}$$
$$p<-\frac{5}{2},\ -\frac{5}{2}<p<2-2\sqrt{2},\ 2+2\sqrt{2}<p$$

016

(1) 解と係数の関係より
$$\alpha+\beta+\gamma=\frac{3}{2},\ \alpha\beta+\beta\gamma+\gamma\alpha=1,\ \alpha\beta\gamma=2$$
よって
$$\frac{3}{\dfrac{1}{1+\alpha}+\dfrac{1}{1+\beta}+\dfrac{1}{1+\gamma}}$$
$$=\frac{3}{\dfrac{(1+\beta)(1+\gamma)+(1+\gamma)(1+\alpha)+(1+\alpha)(1+\beta)}{(1+\alpha)(1+\beta)(1+\gamma)}}$$
$$=3\cdot\frac{1+(\alpha+\beta+\gamma)+(\alpha\beta+\beta\gamma+\gamma\alpha)+\alpha\beta\gamma}{3+2(\alpha+\beta+\gamma)+(\alpha\beta+\beta\gamma+\gamma\alpha)}$$
$$=3\cdot\frac{1+\dfrac{3}{2}+1+2}{3+2\cdot\dfrac{3}{2}+1}=\frac{33}{14}$$

(2) $x+y+z=3\cdots①$ $x^2+y^2+z^2=9\cdots②$
$xyz=-4\cdots③$
①と②より
$$xy+yz+zx$$
$$=\frac{1}{2}\{(x+y+z)^2-(x^2+y^2+z^2)\}$$
$$=\frac{1}{2}(3^2-9)=0\cdots④$$
①④③より，解と係数の関係から $x,\ y,\ z$ は X の方程式
$$X^3-3X^2+4=0\cdots⑤$$
の3つの解．⑤は $X=-1$ を代入すると成り立つので，因数定理より，⑤の左辺は $X+1$ で割り切れ，⑤は
$$(X+1)(X^2-4X+4)=0$$
$$\therefore\ (X+1)(X-2)^2=0$$
と変形されるので，求める解は
$$(x,\ y,\ z)=(-1,\ 2,\ 2),\ (2,\ -1,\ 2),$$
$$(2,\ 2,\ -1)$$

017

(1) $x=-2$ を解にもつので，
$$f(-2)=-4p-2q-7=0$$
$$\therefore\ q=-2p-\frac{7}{2}$$
よって $f(x)=x^3-px^2-\left(2p+\dfrac{7}{2}\right)x+1$
因数定理より $f(x)$ が $x+2$ で割り切れることに注意すると

$$f(x)=(x+2)\left\{x^2-(p+2)x+\frac{1}{2}\right\}$$
よって
$$f(x)=0\Leftrightarrow(x+2)\left\{x^2-(p+2)x+\frac{1}{2}\right\}=0$$
$$\Leftrightarrow x=-2\ \text{または}$$
$$x^2-(p+2)x+\frac{1}{2}=0\cdots①$$
したがって，与式が重解をもつ条件は①が重解をもつか -2 を解にもつことである．
$g(x)=x^2-(p+2)x+\dfrac{1}{2}$ とおき，$g(x)=0$ の判別式を D とすると
$$D=(p+2)^2-4\cdot\frac{1}{2}=p^2+4p+2=0$$
$$\therefore\ p=-2\pm\sqrt{2}$$
または
$$g(-2)=4+2(p+2)+\frac{1}{2}=0$$
$$\therefore\ p=-\frac{17}{4}$$
よって $p=-2\pm\sqrt{2},\ -\dfrac{17}{4}$

018

(1) $t=x-\dfrac{1}{x}\cdots①$ より
$$t^2=x^2-2+\frac{1}{x^2}\quad\therefore\ x^2+\frac{1}{x^2}=t^2+2$$
よって
$$2x^2-x+\frac{1}{x}+\frac{2}{x^2}=2\left(x^2+\frac{1}{x^2}\right)-\left(x-\frac{1}{x}\right)$$
$$=2(t^2+2)-t=2t^2-t+4\cdots②$$

(2) $2x^4-x^3-4x^2+x+2=0\cdots③$
代入すると $x=0$ が解でないことがわかるので，$x\ne0$ としてよい．このとき，②の両辺を x^2 で割ると
$$2x^2-x-4+\frac{1}{x}+\frac{2}{x^2}=0\cdots④$$
よって②より
$$(2t^2-t+4)-4=0$$
$$\therefore\ t(2t-1)=0\quad\therefore\ t=0,\ \frac{1}{2}$$
①より
$$x-\frac{1}{x}=0,\ \frac{1}{2}$$

$\therefore\ x^2-1=0,\ 2x^2-x-2=0$

$\therefore\ x=\pm 1,\ \dfrac{1\pm\sqrt{17}}{4}$

TRIAL $x^5-2x^4-5x^3-5x^2-2x+1=0$ は $x=-1$ を解にもつので，因数定理より $x^5-2x^4-5x^3-5x^2-2x+1$ は $x+1$ で割り切れ，実際割り算をすると
$$x^5-2x^4-5x^3-5x^2-2x+1 = (x+1)(x^4-3x^3-2x^2-3x+1)$$
よって
$$x^5-2x^4-5x^3-5x^2-2x+1=0$$
$$\Leftrightarrow x=-1,\ x^4-3x^3-2x^2-3x+1=0 \cdots ①$$
ここで①に代入すると $x=0$ が解でないことがわかるので，$x\neq 0$ としてもよい．このとき，①の両辺を x^2 で割ると
$$x^2-3x-2-\dfrac{3}{x}+\dfrac{1}{x^2}=0\cdots ②$$
ここで $t=x+\dfrac{1}{x}\cdots ③$ とおくと
$$t^2=x^2+2+\dfrac{1}{x^2}\quad \therefore\ x^2+\dfrac{1}{x^2}=t^2-2$$
よって
$$x^2-3x-2-\dfrac{3}{x}+\dfrac{1}{x^2}$$
$$=\left(x^2+\dfrac{1}{x^2}\right)-3\left(x+\dfrac{1}{x}\right)-2$$
$$=(t^2-2)-3t-2=t^2-3t-4$$
このとき②より
$$t^2-3t-4=0$$
$\therefore\ (t+1)(t-4)=0$
$\therefore\ t=-1,\ 4$
③より
$$x+\dfrac{1}{x}=-1,\ 4$$
$\therefore\ x^2+x+1=0,\ x^2-4x+1=0$
$\therefore\ x=\dfrac{-1\pm\sqrt{3}i}{2},\ 2\pm\sqrt{3}$
よって与式の解は
$$x=-1,\ 2\pm\sqrt{3},\ \dfrac{-1\pm\sqrt{3}i}{2}$$

§2 図形と方程式

019

(1) $AB=\sqrt{\{-4-(-1)\}^2+(-3-2)^2}$
$\quad =\sqrt{9+25}=\sqrt{34}$

(2) $P(0,\ y)$ (y は実数) と表され，$\angle APB=90°$ の直角三角形であることから $AP^2+BP^2=AB^2$ が成り立ち，これより
$$\{(0-1)^2+(y-1)^2\}+\{(0-2)^2+(y-4)^2\}=(2-1)^2+(4-1)^2$$
$\therefore\ (y^2-2y+2)+(y^2-8y+20)=10$
$\therefore\ 2y^2-10y+12=0\quad \therefore\ y^2-5y+6=0$
$\therefore\ (y-2)(y-3)=0$
$\therefore\ y=2,\ 3$
よって，点Pの座標は $(0,\ 2)$ または $(0,\ 3)$

(3) 点DはABを $4:1$ に内分するので
$$D\left(\dfrac{1\cdot(-3)+4\cdot 2}{4+1},\ \dfrac{1\cdot 1+4\cdot(-4)}{4+1}\right)$$
$\therefore\ D(1,\ -3)$
点EはABを $4:1$ に外分するので
$$E\left(\dfrac{(-1)\cdot(-3)+4\cdot 2}{4-1},\ \dfrac{(-1)\cdot 1+4\cdot(-4)}{4-1}\right)$$
$\therefore\ E\left(\dfrac{11}{3},\ -\dfrac{17}{3}\right)$
よって△CDEの重心Gの座標は
$$G\left(\dfrac{2+1+\dfrac{11}{3}}{3},\ \dfrac{3+(-3)+\left(-\dfrac{17}{3}\right)}{3}\right)$$
$\therefore\ G\left(\dfrac{20}{9},\ -\dfrac{17}{9}\right)$

TRIAL 外接円の中心を $P(x,\ y)$ とすると
$AP=BP=CP$
$AP^2=BP^2$ より
$$(x-3)^2+(y-3)^2=\{x-(-4)\}^2+(y-4)^2$$
$\therefore\ x^2+y^2-6x-6y+18=x^2+y^2+8x-8y+32$
$\therefore\ 14x-2y=-14$
$\therefore\ 7x-y=-7\cdots ①$
また $BP^2=CP^2$ より
$$\{x-(-4)\}^2+(y-4)^2=\{x-(-1)\}^2+(y-5)^2$$
$x^2+y^2+8x-8y+32=x^2+y^2+2x-10y+26$
$\therefore\ 6x+2y=-6\quad \therefore\ 3x+y=-3\cdots ②$
①②より
$x=-1,\ y=0\quad \therefore\ P(-1,\ 0)$
$AP^2=(-1-3)^2+(0-3)^2=25$
よって，外接円の中心は $(-1,\ 0)$ 半径は 5

020

(1) 直線 l の傾きは $\dfrac{5}{2}$ であるから，Aを通り l に平行な直線の方程式は

$y = \dfrac{5}{2}(x+3) - 1$ ∴ $y = \dfrac{5}{2}x + \dfrac{13}{2}$

∴ $5x - 2y = -13$

点Aを通りlに垂直な直線の方程式は

$y = \left(-\dfrac{2}{5}\right)(x+3) - 1$

∴ $y = -\dfrac{2}{5}x - \dfrac{11}{5}$

∴ $2x + 5y = -11$

(2) ACの傾きは $\dfrac{3-5}{7-1} = -\dfrac{1}{3}$

よって，原点を通りACに平行な直線は

$y = -\dfrac{1}{3}x$

2点B，Dを通る直線は，ACの

中点 $\left(\dfrac{1+7}{2}, \dfrac{5+3}{2}\right)$ つまり，(4, 4) を通り，ACに垂直な直線．よって

$y = 3(x-4) + 4$ ∴ $y = 3x - 8$

TRIAL (1) (i) 2直線 $ax + by + c = 0$ …①

$a'x + b'y + c' = 0$ …②

の傾きは $b \neq 0$, $b' \neq 0$ のとき

それぞれ $-\dfrac{a}{b}$ と $-\dfrac{a'}{b'}$

よってこのとき2直線が平行となる条件は

$-\dfrac{a}{b} = -\dfrac{a'}{b'}$ ∴ $ab' = a'b$

∴ $ab' - a'b = 0$ …③

$b = 0$（このとき $a \neq 0$ である）のとき①はy軸に平行な直線となり，平行となる条件は $b' = 0$．③において $b = 0$（$a \neq 0$として）とおくと $b' = 0$ を得るので，$b = 0$ のときも③が平行となる条件である．（$b' = 0$ のときも同様）

(ii) (i)と同様に $b \neq 0$, $b' \neq 0$ のとき
2直線が垂直となる条件は

$\left(-\dfrac{a}{b}\right)\left(-\dfrac{a'}{b'}\right) = -1$ ∴ $aa' = -bb'$

∴ $aa' + bb' = 0$ …④

$b = 0$（このとき $a \neq 0$ である）のとき①はy軸に平行な直線となり，垂直となる条件は $a' = 0$．④において $b = 0$（$a \neq 0$として）とおくと $b' = 0$ を得るので，$b = 0$ のときも④が垂直となる条件である．（$b' = 0$ のときも同様）

(i)(ii)より(*)が成り立つ． 終

(2) 2直線lとmが平行となる条件は，Assistの(*)より

$(a+2)(-3) - (a-1)(-a) = 0$

∴ $a^2 - 4a - 6 = 0$

∴ $a = 2 \pm \sqrt{10}$

2直線lとmが垂直となる条件は，同様に

$(a+2)(a-1) + (-a)(-3) = 0$

∴ $a^2 + 4a - 2 = 0$

∴ $a = -2 \pm \sqrt{6}$

021

(1) C(a, b) とすると

線分ACの中点 $\left(\dfrac{1+a}{2}, \dfrac{4+b}{2}\right)$ がl上より

$\dfrac{4+b}{2} = \dfrac{1}{2} \cdot \dfrac{1+a}{2} + 1$ ∴ $a - 2b = 3$ …①

またACとlが垂直なので，(lの傾き)$= \dfrac{1}{2}$ より

$\dfrac{b-4}{a-1} \times \dfrac{1}{2} = -1$ ∴ $b - 4 = -2(a-1)$

∴ $2a + b = 6$ …②

①②より $a = 3$, $b = 0$ ∴ C$(3, 0)$

(2) AとCはlに関して対称なので
AP + PB = CP + PB

よって，AP + PB が最小となるのは CP + PB が最小となるときで，これは3点 C, P, B が一直線上にあるとき．つまり点PがCBとlの交点のとき．

直線CBの方程式は $y = \dfrac{6-0}{5-3}(x-3)$

∴ $y = 3x - 9$

これとlの式を連立して，$x = 4$, $y = 3$
求める点Pの座標は (4, 3)

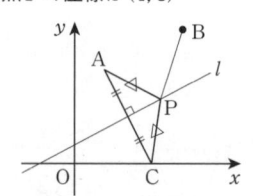

TRIAL まず直線 $l : y = 2x + 3$ と
直線 $3x + y = 0$ …①の交点Pは，

2式を連立してP$\left(-\dfrac{3}{5}, \dfrac{9}{5}\right)$

次に，①上の点Oの，直線lに関して対称な点O'を求める．O'(a, b)とすると

線分OO'の中点 $\left(\dfrac{a}{2}, \dfrac{b}{2}\right)$ が l 上より

$$\dfrac{b}{2}=2\cdot\dfrac{a}{2}+3$$

∴ $2a-b=-6$ …②

また，OO' と l が垂直なので，l の傾き=2 より

$$\dfrac{b}{a}\times 2=-1 \quad ∴ \ 2b=-a \text{…③}$$

②③より

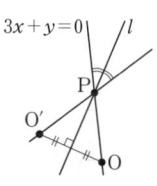

$a=-\dfrac{12}{5}$, $b=\dfrac{6}{5}$ ∴ O'$\left(-\dfrac{12}{5}, \dfrac{6}{5}\right)$

l に関して直線 $3x+y=0$ と対称な直線は，この直線上にPとO'があるので，直線PO'．

PO'の傾き $= \dfrac{\dfrac{9}{5}-\dfrac{6}{5}}{-\dfrac{3}{5}-\left(-\dfrac{12}{5}\right)} = \dfrac{1}{3}$

であるから

$$y=\dfrac{1}{3}\left(x+\dfrac{3}{5}\right)+\dfrac{9}{5} \quad ∴ \ y=\dfrac{1}{3}x+2$$

022

(1) $x+2y=1$ …① $3x-4y=1$ …②
$ax+(a-25)y=1$ …③

この3直線が三角形を作るのは，次の(i)(ii)のいずれでもないとき

(i) ①，②，③のうちいずれか2つが平行であるか

(ii) ①，②，③が1点で交わるとき

(i)のとき

①の傾きは $-\dfrac{1}{2}$，②の傾きは $\dfrac{3}{4}$ であるから，①と②は平行ではない．

③は $a=25$ のとき $x=\dfrac{1}{25}$ となり①②のいずれとも平行でない．

$a\neq 25$ とすると③の傾きは $-\dfrac{a}{a-25}$

よって，③が①か②と平行になる条件は

$-\dfrac{a}{a-25}=-\dfrac{1}{2}, \ \dfrac{3}{4}$

∴ $2a=a-25$ または $-4a=3(a-25)$

∴ $a=-25, \ \dfrac{75}{7}$

(ii)のとき

①と②の交点は $\left(\dfrac{3}{5}, \dfrac{1}{5}\right)$

1点で交わる条件はこれが③上にあることで

$\dfrac{3}{5}a+\dfrac{1}{5}(a-25)=1$

∴ $4a-25=5$ ∴ $a=\dfrac{15}{2}$

以上より，求める条件は

$a\neq -25, \ \dfrac{75}{7}, \ \dfrac{15}{2}$ …④

(2) 題意をみたすのは，④のもとで①②③のいずれか2直線が垂直なとき．
$a=25$ のとき③は y 軸に平行な直線となり，このとき，他の2直線のどちらとも垂直とはならない．よって $a\neq 25$ としてもよい．

このとき，③の傾きは $-\dfrac{a}{a-25}$

①と②は垂直ではないので題意をみたす条件は①と③が垂直か②と③が垂直．

よって $\left(-\dfrac{a}{a-25}\right)\times\left(-\dfrac{1}{2}\right)=-1$

または $\left(-\dfrac{a}{a-25}\right)\times\dfrac{3}{4}=-1$

∴ $a=-2(a-25)$ または $3a=4(a-25)$

∴ $a=\dfrac{50}{3}, \ 100$

023

(1) 直線OBの式は $x_2\neq 0$ のとき

$$y=\dfrac{y_2}{x_2}x$$

∴ $y_2x-x_2y=0$ …①

①は $x_2=0$ のときも（このとき $y_2\neq 0$ であるから）成り立つ．よって点Aから直線OBにおろした垂線の長さ d は，点と直線の距離より

$$d=\dfrac{|y_2x_1-x_2y_1|}{\sqrt{y_2{}^2+(-x_2)^2}}=\dfrac{|x_1y_2-x_2y_1|}{\sqrt{x_2{}^2+y_2{}^2}}$$

(2) (1)より

$$S=\dfrac{1}{2}\text{OB}\times d$$

$$= \frac{1}{2}\sqrt{x_2^2+y_2^2} \times \frac{|x_1y_2-x_2y_1|}{\sqrt{x_2^2+y_2^2}}$$
$$= \frac{1}{2}|x_1y_2-x_2y_1| \qquad 終$$

TRIAL 2直線 $8x-y=0$ と $4x+7y-2=0$ からの距離が等しい点を $P(a,b)$ とすると点と直線の距離より

$$\frac{|8a-b|}{\sqrt{8^2+(-1)^2}} = \frac{|4a+7b-2|}{\sqrt{4^2+7^2}}$$

∴ $|8a-b|=|4a+7b-2|$
よって $8a-b=4a+7b-2$
   または $8a-b=-(4a+7b-2)$
∴ $4a-8b+2=0$
   または $12a+6b-2=0$
∴ $2a-4b+1=0$ または $6a+3b-1=0$
a, b を x, y に直して
直線 $2x-4y+1=0$ または 直線 $6x+3y-1=0$

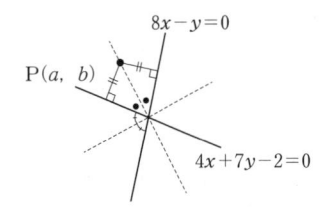

024

(1) $A(2,3)$, $B(-8,5)$ とすると, 円の中心はABの中点で $\left(\frac{2+(-8)}{2}, \frac{3+5}{2}\right)$
∴ $(-3, 4)$
半径は $\frac{1}{2}AB$ であり
$AB=\sqrt{(-8-2)^2+(5-3)^2}=2\sqrt{26}$ より $\sqrt{26}$
よって $(x+3)^2+(y-4)^2=26$

(2) 円の方程式を $x^2+y^2+ax+by+c=0$ とおくと3点 $(-5,3)$, $(0,4)$, $(1,-1)$ を通るので
$-5a+3b+c=-34$ …①
かつ $4b+c=-16$ …②
かつ $a-b+c=-2$ …③
②より $c=-4b-16$
①③に代入して $-5a-b=-18$, $a-5b=14$
∴ $a=4$, $b=-2$ ∴ $c=-8$
よって $x^2+y^2+4x-2y-8=0$

(3) 円の半径を r とすると, 条件より円の中心は第3象限にあり, $(-r, -r)$ である.

よって, 円の式は $(x+r)^2+(y+r)^2=r^2$ と表され, この円上に点 $(-1,-8)$ があるので
$(-1+r)^2+(-8+r)^2=r^2$
∴ $r^2-18r+65=0$
∴ $(r-5)(r-13)=0$
∴ $r=5, 13$
よって
$(x+5)^2+(y+5)^2=25$
$(x+13)^2+(y+13)^2=169$

(4) 円の半径を r とすると, y 軸に接し $(1,4)$ を通るので
中心の x 座標 $=r$
よって中心は (r, a) と表せ, 円の方程式は
$(x-r)^2+(y-a)^2=r^2$
$(1,4)$, $(2,5)$ を通るので
$\begin{cases}(1-r)^2+(4-a)^2=r^2 \\ (2-r)^2+(5-a)^2=r^2\end{cases}$
∴ $\begin{cases}-2r+a^2-8a+17=0 \cdots ① \\ -4r+a^2-10a+29=0 \cdots ②\end{cases}$
$2 \times ① - ②$ より
$a^2-6a+5=0$
∴ $(a-1)(a-5)=0$
∴ $a=1, 5$
∴ $(a, r)=(1,5), (5,1)$
よって求める円の方程式は
$(x-5)^2+(y-1)^2=25$
$(x-1)^2+(y-5)^2=1$

TRIAL 2点 $A(x_1, y_1)$, $B(x_2, y_2)$ を直径の両端とする円上の点を $P(x, y)$ とすると, Pがこの円上にある条件は
   $AP \perp BP$ または $P=A$ または $P=B$
$AP \perp BP$ となるのは $x \neq x_1$, x_2 のとき
   APの傾き $=\dfrac{y-y_1}{x-x_1}$
   BPの傾き $=\dfrac{y-y_2}{x-x_2}$

より
$$\frac{y-y_1}{x-x_1} \cdot \frac{y-y_2}{x-x_2} = -1$$
∴ $(y-y_1)(y-y_2)=-(x-x_1)(x-x_2)$
∴ $(x-x_1)(x-x_2)+(y-y_1)(y-y_2)=0$
   …(*)
$x=x_1$ または $x=x_2$ のとき
2点 $A(x_1, y_1)$, $B(x_2, y_2)$ を直径の両端とする円上にある点は

(x_1, y_1), (x_1, y_2), (x_2, y_1), (x_2, y_2) のいずれかであり，このときも（＊）で表される．よって（＊）が A, B を直径の両端とする円の方程式である　　　　　　　　　　終

025

$$ax+y-a=0 \cdots ① \quad x^2+y^2-y=0 \cdots ②$$

(1) $② \Leftrightarrow x^2+\left(y-\dfrac{1}{2}\right)^2=\dfrac{1}{4}$ より

円②の中心は $\left(0, \dfrac{1}{2}\right)$，半径は $\dfrac{1}{2}$

(2) ①と②が異なる 2 点で交わる条件は②の中心から直線①までの距離が②の半径未満のときで

$$\dfrac{\left|a\cdot 0+\dfrac{1}{2}-a\right|}{\sqrt{a^2+1^2}} < \dfrac{1}{2}$$

$\therefore \ |1-2a| < \sqrt{a^2+1^2}$
$(1-2a)^2 < a^2+1$

$\therefore \ a(3a-4)<0 \quad \therefore \ 0<a<\dfrac{4}{3}$

(3) 円②の中心を A とする．A から直線①におろした垂線を AH とすると

$$AH = \dfrac{\left|a\cdot 0+\dfrac{1}{2}-a\right|}{\sqrt{a^2+1^2}} = \dfrac{|1-2a|}{2\sqrt{a^2+1^2}} \cdots ③$$

$PQ = 2PH = 2\sqrt{AP^2-AH^2}$ より線分 PQ の長さが $\dfrac{1}{\sqrt{2}}$ となる条件は

$$2\sqrt{AP^2-AH^2} = \dfrac{1}{\sqrt{2}}$$

$\therefore \ \sqrt{AP^2-AH^2} = \dfrac{1}{2\sqrt{2}}$

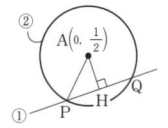

$\therefore \ AP^2-AH^2 = \dfrac{1}{8}$

$\therefore \ AH^2 = AP^2 - \dfrac{1}{8} = \left(\dfrac{1}{2}\right)^2 - \dfrac{1}{8} = \dfrac{1}{8}$

③より

$$\dfrac{(1-2a)^2}{4(a^2+1)} = \dfrac{1}{8}$$

$\therefore \ 2(1-2a)^2 = a^2+1$
$\therefore \ 7a^2-8a+1=0$
$\therefore \ (7a-1)(a-1)=0$
$\therefore \ a=\dfrac{1}{7}, \ 1$

026

(1) 接線の方程式は公式より
$$\sqrt{2}\cdot x + (-2)\cdot y = 6 \quad \therefore \ \sqrt{2}x - 2y = 6$$
$\therefore \ x - \sqrt{2}y = 3\sqrt{2}$

(2) 円上の接点を $P(a, b)$ とすると，点 P における接線の方程式は
$$ax+by=2 \cdots ①$$
これが点 $(-1, 3)$ を通るので
$$-a+3b=2 \quad \therefore \ a=3b-2 \cdots ②$$
一方，点 P は円上なので
$$a^2+b^2=2 \cdots ③$$
②と③を連立して
$$(3b-2)^2+b^2=2 \quad \therefore \ 5b^2-6b+1=0$$
$\therefore \ (5b-1)(b-1)=0 \quad \therefore \ b=\dfrac{1}{5}, \ 1$

$\therefore \ (a, b) = \left(-\dfrac{7}{5}, \dfrac{1}{5}\right), \ (1, 1)$

①に代入して $\quad 7x-y=-10, \ x+y=2$

TRIAL

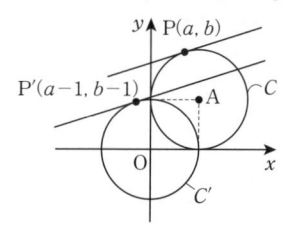

C は中心が $A(1, 1)$ 半径が 1 の円．
接点を $P(a, b)$ とすると，P は円 C 上なので
$$(a-1)^2+(b-1)^2=1 \cdots ①$$
いま，x 軸方向に -1，y 軸方向に -1 だけ平行移動すると円 C は
　　円 $C': x^2+y^2=1$
に移り，点 P は
　　点 $P'(a-1, b-1)$
に移る．ここで P′ における円 C' の接線の方程式は
$$(a-1)x+(b-1)y=1$$
これを x 軸方向に 1，y 軸方向に 1 だけ平行移動したものが点 P における円 C の接線で
$$(a-1)(x-1)+(b-1)(y-1)=1 \cdots ②$$
これが $(0, 3)$ を通るので
$$-(a-1)+2(b-1)=1 \cdots ③$$
①③より
$$\{2(b-1)-1\}^2+(b-1)^2=1$$
$$5(b-1)^2-4(b-1)=0$$

$(b-1)\{5(b-1)-4\}=0$

∴ $b-1=0, \dfrac{4}{5}$

∴ $(a-1, b-1)=(-1, 0), \left(\dfrac{3}{5}, \dfrac{4}{5}\right)$

②に代入して，求める接線の方程式は

$-(x-1)=1, \dfrac{3}{5}(x-1)+\dfrac{4}{5}(y-1)=1$

∴ $x=0, \ 3x+4y=12$

次にx軸，y軸に接する円で第1象限にあるものは，その半径をrとすると中心が(r, r)と表せる．これが上の接線$3x+4y=12$と接する条件は

$\dfrac{|3r+4r-12|}{\sqrt{3^2+4^2}}=r$ ∴ $(7r-12)^2=(5r)^2$

∴ $24r^2-168r+144=0$

∴ $24(r-1)(r-6)=0$

∴ $r=1, \ 6$

Cと異なる方は$r=6$．よって題意をみたす円の方程式は

$(x-6)^2+(y-6)^2=36$

027

$x^2+y^2=k$ ⋯①
$x^2+y^2-x-3y-20=0$ ⋯②

円①の中心はO，半径は$\sqrt{k}$，

②⇔$\left(x-\dfrac{1}{2}\right)^2+\left(y-\dfrac{3}{2}\right)^2=\dfrac{45}{2}$

円②の中心はA$\left(\dfrac{1}{2}, \dfrac{3}{2}\right)$，

半径は$\sqrt{\dfrac{45}{2}}=\dfrac{3}{2}\sqrt{10}$．

(i) ①と②が外接するとき

OA$=\sqrt{k}+\dfrac{3}{2}\sqrt{10}$

OA$=\sqrt{\left(\dfrac{1}{2}\right)^2+\left(\dfrac{3}{2}\right)^2}=\dfrac{1}{2}\sqrt{10}$ より

$\sqrt{k}=-\sqrt{10}$ となり不適

(ii) ①と②が内接するとき

OA$=\left|\sqrt{k}-\dfrac{3}{2}\sqrt{10}\right|$

∴ $\sqrt{k}-\dfrac{3}{2}\sqrt{10}=\pm\dfrac{1}{2}\sqrt{10}$ ∴ $k=10, \ 40$

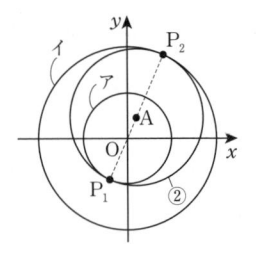

よって2円が交わる条件は，円①が原点中心で半径$\sqrt{k}$であり，円②が定円で原点はその内部にあるので

$10<k<40$

また，接するとき

$k=10, \ 40$

いま接点をPとする．

(ア) $k=10$のとき，円①が円②に内接している．このとき，A, O, Pがこの順に一直線上にあり（図のP_1）

OP$=\sqrt{k}=\sqrt{10}$，AP$=\dfrac{3}{2}\sqrt{10}$

よって接点PはOAを2:3に外分する点．

よって$\left(\dfrac{-3\cdot 0+2\cdot\frac{1}{2}}{2-3}, \dfrac{-3\cdot 0+2\cdot\frac{3}{2}}{2-3}\right)$

∴ $(-1, -3)$

(イ) $k=40$のとき，円②が円①に内接している．このとき，O, A, Pがこの順に一直線上にあり（図のP_2）

OP$=\sqrt{k}=2\sqrt{10}$，AP$=\dfrac{3}{2}\sqrt{10}$

よって接点PはOAを4:3に外分する点．

よって$\left(\dfrac{-3\cdot 0+4\cdot\frac{1}{2}}{4-3}, \dfrac{-3\cdot 0+4\cdot\frac{3}{2}}{4-3}\right)$

∴ $(2, 6)$

TRIAL $x^2+(y-2)^2=9$ ⋯①
$(x-4)^2+(y+4)^2=1$ ⋯②

円①の中心はA(0, 2) 半径3，円②の中心はB(4, -4) 半径1

求める円の中心をP(x, y)とすると，円の半径rは①②と外接することと$x=6$に接することから，Pは直線$x=6$の左側で

$r=6-x \ (x<6)$

①②と外接することより

AP$=3+r$，BP$=1+r$

∴ $\sqrt{x^2+(y-2)^2}=9-x$

かつ $\sqrt{(x-4)^2+(y+4)^2}=7-x$

∴ $x^2+(y-2)^2=(9-x)^2$
　　かつ $(x-4)^2+(y+4)^2=(7-x)^2$

∴ $18x+y^2-4y-77=0$ …③
　　かつ $6x+y^2+8y-17=0$ …④

④×3−③ より
$2y^2+28y+26=0$

∴ $2(y+13)(y+1)=0$

∴ $y=-13,\ -1$

∴ $(x,y)=(-8,-13),\ r=14$
　　$(x,y)=(4,-1),\ r=2$

よって，求める円の方程式は
$(x+8)^2+(y+13)^2=196$,
$(x-4)^2+(y+1)^2=4$

028
$x^2+y^2-2x-4y-11=0$ …①
$x^2+y^2-3x-5y-4=0$ …②

(1) ①−② より $x+y-7=0$ …③
③は2円①，②の2交点を通る直線の方程式である．

(2) ①+k×②の式
$x^2+y^2-2x-4y-11$
$+k(x^2+y^2-3x-5y-4)=0$ …④
(k は実数の定数)

は2円①，②の2交点を通る図形の方程式である．これが$(1,0)$を通るkの値を求めると，代入して
$-12-6k=0$　∴ $k=-2$

よって，求める円の式は
$x^2+y^2-2x-4y-11$
$-2(x^2+y^2-3x-5y-4)=0$

∴ $x^2+y^2-4x-6y+3=0$

(3) $k=-1$ のとき，④は直線なので$k\neq-1$
このとき
④ $\Leftrightarrow (k+1)x^2+(k+1)y^2$
$-(3k+2)x-(5k+4)y-4k-11=0$

$\Leftrightarrow x^2+y^2-\dfrac{3k+2}{k+1}x-\dfrac{5k+4}{k+1}y$

$-\dfrac{4k+11}{k+1}=0$

$\Leftrightarrow \left\{x-\dfrac{3k+2}{2(k+1)}\right\}^2+\left\{y-\dfrac{5k+4}{2(k+1)}\right\}^2$

$=(k\text{の式})$

よって，④の中心は $\left(\dfrac{3k+2}{2(k+1)},\dfrac{5k+4}{2(k+1)}\right)$

したがって，中心が$x+y=0$上にある条件は
$\dfrac{3k+2}{2(k+1)}+\dfrac{5k+4}{2(k+1)}=0$

∴ $8k+6=0$　∴ $k=-\dfrac{3}{4}$

よって，求める円の方程式は
$x^2+y^2-2x-4y-11$
$-\dfrac{3}{4}(x^2+y^2-3x-5y-4)=0$

∴ $x^2+y^2+x-y-32=0$

TRIAL $x^2+y^2+(3a+1)x-(a+3)y-7a-10=0$
$\Leftrightarrow x^2+y^2+x-3y-10+(3x-y-7)a=0$

任意のaで成り立つ条件は
$x^2+y^2+x-3y-10=0$
かつ $3x-y-7=0$

y を消去すると
$x^2-5x+6=0$　∴ $(x-2)(x-3)=0$

∴ $x=2,\ 3$

∴ $(x,y)=(2,-1),\ (3,2)$

よって，この円は
つねに，点$(2,-1),\ (3,2)$を通る．

029
(1) $y\leqq x^2-x-2$ で表される領域は
放物線 $y=x^2-x-2$ およびその下側．

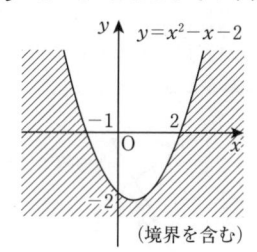

(境界を含む)

(2) $x+y>0$ で表される領域は
直線 $y=-x$ の上側．
$x^2+y^2\leqq 2$ で表される領域は
中心O 半径 $\sqrt{2}$ の円周および円の内部
この2つの領域の共通部分が求めるもの．

$x^2+y^2=2$ $x+y=0$
（境界は実線部分のみ含む）

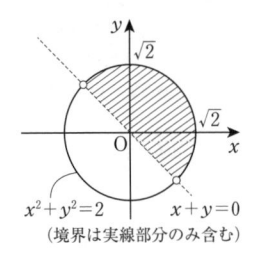

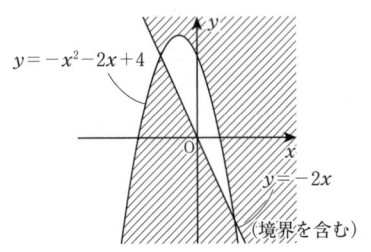

(3) 与式より
$$\begin{cases} x^2+2x+y-4\geq 0 \\ y+2x\geq 0 \end{cases} \text{または} \begin{cases} x^2+2x+y-4\leq 0 \\ y+2x\leq 0 \end{cases}$$
$$\begin{cases} y\geq -x^2-2x+4 \\ y\geq -2x \end{cases} \text{または} \begin{cases} y\leq -x^2-2x+4 \\ y\leq -2x \end{cases}$$
よって求める領域は図の通り.

$y=-x^2-2x+4$

$y=-2x$

（境界を含む）

030

$mx+y-m^2+2=0\cdots$①

直線①が線分ABと共有点をもつ条件は（線分の端点も含むので）端点A, Bの少なくとも一方が直線①上にあるか, 2点AとBのうち一方が直線①の上側にあり, もう一方が下側にあるとき.

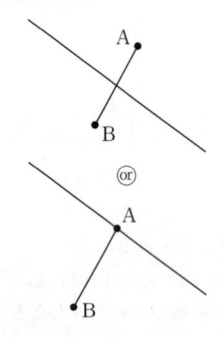

よって，
$f(x, y)=mx+y-m^2+2$
とおくと
$f(3, 4)\cdot f(2, -4)\leq 0$
$\therefore (-m^2+3m+6)(-m^2+2m-2)\leq 0$

$\therefore (m^3-3m-6)(m^2-2m+2)\leq 0\cdots$①
ここで
$m^2-2m+2=(m-1)^2+1$
より, つねに
$m^2-2m+2>0$
であるから, ①は
$m^2-3m-6\leq 0$
$\therefore \dfrac{3-\sqrt{33}}{2}\leq m\leq \dfrac{3+\sqrt{33}}{2}$

031

(1) 4つの不等式 $y\leq \dfrac{1}{2}x+3$, $y\leq -5x+25$, $x\geq 0$, $y\geq 0$ で表される領域を D とする. これは3点A(5, 0), B(4, 5), C(0, 3)をとると, 四角形OABCの周および内部である.
$x+3y=k(k\text{は実数})\cdots$① とおくと, 実数 k のとりうる値の範囲は座標平面上で領域 D と直線①が共有点をもつ実数 k の集合である.

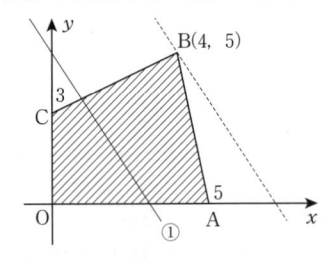

① $\Leftrightarrow y=-\dfrac{1}{3}x+\dfrac{k}{3}$

より, 直線①は, 傾きが $-\dfrac{1}{3}$, y切片が $\dfrac{k}{3}$ である. よって, 実数 k が最大となるのは, 直線①が領域 D と共有点をもつ範囲で y 切片が最大のとき.
これは
（ABの傾き）<（①の傾き）<（BCの傾き）
より直線①が点B(4, 5)を通るとき. よって
k の最大値 $4+3\cdot 5=\mathbf{19}$

(2) $x-y=l(l\text{は実数})\cdots$② とおくと, 実数 l のとりうる値の範囲は座標平面上で領域 D と直線②が共有点をもつ実数 l の集合である.
② $\Leftrightarrow y=x-l$
より, 直線②は, 傾きが 1, y 切片が $-l$ である. よって, 実数 l が最大となるのは, 直線②が領域 D と共有点をもつ範囲で y 切片

が最小のとき．これは直線②が
点 A(5, 0) を通るとき．よって
l の最大値　$5-0=5$

(3) $\dfrac{y+1}{2x-14}=m$ (m は実数) とおく．ここで点
P(x, y)，点 E(7, -1) をとると
$$m=\dfrac{1}{2}\cdot\dfrac{y-(-1)}{x-7}=\dfrac{1}{2}\text{(EP の傾き)}$$

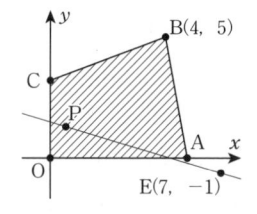

点 P は領域 D 上なので，m が最小となるのは EP の傾きが最小のときで，点 P が点 B のとき．このとき
$$m\text{ の最小値}\quad \dfrac{5+1}{2\cdot 4-14}=-1$$

(4) $x^2+y^2=n$ (n は実数) とおく．このとき
$n=\text{OP}^2$
よって，n が最大になるのは OP が最大のときで，点 P が点 B(4, 5) のとき．このとき
n の最大値　$4^2+5^2=41$

032
(1) 点 P の座標を (x, y) とすると
AP : BP = 1 : 1 ⇔ AP = BP ⇔ AP^2 = BP^2
⇔ $(x+a)^2+y^2=(x-a)^2+y^2$
⇔ $x=0$
よって点 P の軌跡は直線 $x=0$
（別解）　AP : BP = 1 : 1　∴　AP = BP をみたす点 P は 2 点 A，B から等距離の点であるから，求める点 P の軌跡は線分 AB の垂直二等分線．これは AB の中点 O を通り，AB (x 軸) に垂直な直線なので $x=0$

(2) 点 P の座標を (x, y) とすると
AP : BP = 3 : 2 ⇔ 2AP = 3BP
⇔ 4AP^2 = 9BP^2
⇔ $4\{(x+a)^2+y^2\}=9\{(x-a)^2+y^2\}$
⇔ $5x^2+5y^2-26ax+5a^2=0$
⇔ $x^2+y^2-\dfrac{26}{5}ax+a^2=0$
⇔ $\left(x-\dfrac{13}{5}a\right)^2+y^2=\dfrac{144}{25}a^2$

点 P の軌跡は円 $\left(x-\dfrac{13}{5}a\right)^2+y^2=\left(\dfrac{12}{5}a\right)^2$

TRIAL　$3x-4y=2\cdots①$　$5x+12y=22\cdots②$
①，②のなす角の二等分線上の点を P(x, y) とすると
(P から①までの距離) = (P から②までの距離)
∴　$\dfrac{|3x-4y-2|}{\sqrt{3^2+(-4)^2}}=\dfrac{|5x+12y-22|}{\sqrt{5^2+12^2}}$
∴　$13|3x-4y-2|=5|5x+12y-22|$
よって
$13(3x-4y-2)=\pm 5(5x+12y-22)$
∴　$14x-112y+84=0$，$64x+8y-136=0$
∴　$x-8y+6=0$，$8x+y-17=0$
(注) 023 **TRIAL** を参照

033
(1) $x=t^2\cdots①$　$y=t^4+t^2\cdots②$
①を②に代入して $y=x^2+x\cdots③$
t がすべての実数値をとるので①より $x\geqq 0$
よって点 P の軌跡は
放物線 $y=x^2+x$ のうち $x\geqq 0$ の部分

(2) $x=t+2\cdots①$　$y=2t^2+t-3\cdots②$
①より $t=x-2\cdots①'$
①'を②に代入して
$y=2(x-2)^2+(x-2)-3$
∴　$y=2x^2-7x+3\cdots③$
$0\leqq t\leqq 2$ にも①'を代入して
$0\leqq x-2\leqq 2$　∴　$2\leqq x\leqq 4\cdots④$
点 P の軌跡の式は③かつ④
放物線 $y=2x^2-7x+3$ のうち
$2\leqq x\leqq 4$ の部分．

TRIAL　$x=1+2\cos t\cdots①$　$y=3-2\sin t\cdots②$
①②より
$\cos t=\dfrac{x-1}{2}$，$\sin t=\dfrac{-y+3}{2}$
$\cos^2 t+\sin^2 t=1$ に代入して
$\left(\dfrac{x-1}{2}\right)^2+\left(\dfrac{-y+3}{2}\right)^2=1$
∴　$(x-1)^2+(y-3)^2=4$
よって点 P の軌跡は
円 $(x-1)^2+(y-3)^2=4$

034
(1) ①②より y を消去して
$(x-4)^2+(px)^2=4$

∴ $(p^2+1)x^2-8x+12=0$ …③

①と②が2点で交わるので，③は異なる2実数解をもつ．③の判別式をDとすると

$$\frac{D}{4}=16-12(p^2+1)>0 \quad ∴ p^2<\frac{1}{3}$$

∴ $-\frac{\sqrt{3}}{3}<p<\frac{\sqrt{3}}{3}$ …④

(2) ③の2つの実数解をα, βとすると，これらはP, Qのx座標であるから，PQの中点をM(x, y)とすると

$$x=\frac{\alpha+\beta}{2} \text{…⑤}$$

また，中点Mも直線l上なので $y=px$ …⑥
ここでα, βは③の解なので解と係数の関係より

$\alpha+\beta=\frac{8}{p^2+1}$ であるから，⑤は

$$x=\frac{4}{p^2+1} \text{…⑦}$$

(i) $x=0$のとき⑦をみたさない．よってこのとき軌跡上の点は存在しない．

(ii) $x\neq0$のとき⑥より

$$p=\frac{y}{x} \text{…⑧}$$

⑦ $\Leftrightarrow x(p^2+1)=4$ …⑦′より，⑧を⑦′に代入して

$$x\left\{\left(\frac{y}{x}\right)^2+1\right\}=4 \quad ∴ y^2+x^2=4x$$

∴ $(x-2)^2+y^2=4$ …⑨

また⑧を④に代入して

$$-\frac{\sqrt{3}}{3}<\frac{y}{x}<\frac{\sqrt{3}}{3}$$

ここで⑨と$x\neq0$より$x>0$であるから

$$-\frac{\sqrt{3}}{3}x<y<\frac{\sqrt{3}}{3}x \text{…⑩}$$

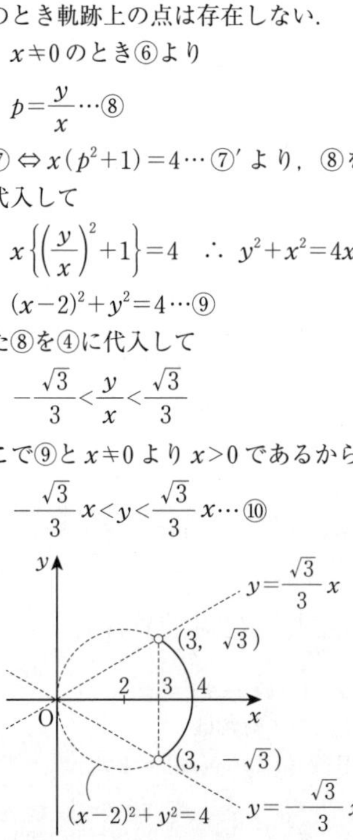

(i)(ii)より点Mの軌跡は⑨かつ⑩
図を参照して

円$(x-2)^2+y^2=4$のうち $3<x\leq4$の部分

035

(1) $(t-1)x-y+1=0$ …①
$tx+(t-2)y+2=0$ …②
① $\Leftrightarrow xt=x+y-1$ …①′

(i) $x=0$のとき
①，②より $y=1$, $t=0$
つまり，$t=0$のとき交点が$(0,1)$

(ii) $x\neq0$のとき
①′より $t=\frac{x+y-1}{x}$ …③
② $\Leftrightarrow t(x+y)-2y+2=0$ …②′ より③を②′に代入すると

$$\frac{x+y-1}{x}(x+y)-2y+2=0$$

∴ $(x+y-1)(x+y)+x(-2y+2)=0$
∴ $x^2+y^2+x-y=0$
∴ $\left(x+\frac{1}{2}\right)^2+\left(y-\frac{1}{2}\right)^2=\frac{1}{2}$ …④

以上より
$(x, y)=(0,1)$ または ($x\neq0$ かつ④)
よってPの軌跡は

円 $\left(x+\frac{1}{2}\right)^2+\left(y-\frac{1}{2}\right)^2=\frac{1}{2}$

（ただし点$(0,0)$を除く）

(2) tが$t\geq0$をみたして変化するときの交点Pの軌跡はtが実数値をとるので，(1)の条件をみたす．また(1)の(i)は$t=0$より(ii)の範囲に含まれる．

(ii)のときは，$t\geq0$と③より

$$\frac{x+y-1}{x}\geq0$$

∴ $\begin{cases}x>0 \\ x+y-1\geq0\end{cases}$ または $\begin{cases}x<0 \\ x+y-1\leq0\end{cases}$

∴ $\begin{cases}x>0 \\ y\geq-x+1\end{cases}$ または $\begin{cases}x<0 \\ y\leq-x+1\end{cases}$ …⑤

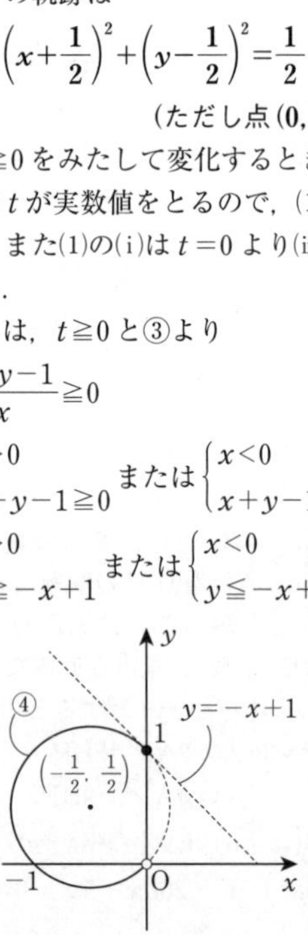

よってPの軌跡は
$(x, y)=(0,1)$ または ($x\neq0$ かつ④ かつ⑤)

つまり $\left(x+\dfrac{1}{2}\right)^2+\left(y-\dfrac{1}{2}\right)^2=\dfrac{1}{2}$
($x\leqq 0$ ただし点$(0,0)$は除く)

036

(1) 直線①の通り得る範囲は，
「$y=4tx-t^2\cdots①$ をみたす実数tが
　　　　　　　　　　　　存在する」$\cdots(*)$
ような(x,y)の集合である．
　①$\Leftrightarrow t^2-4xt+y=0\cdots①'$
$(*)$はtの2次方程式と見なした①'が実数解
をもつことなので①'の判別式をDとすると
　$\dfrac{D}{4}=(2x)^2-y\geqq 0$　∴ $y\leqq 4x^2\cdots②$
よって①の通り得る範囲は $y\leqq 4x^2$ であり，
下図の斜線部分である．ただし境界を含む．

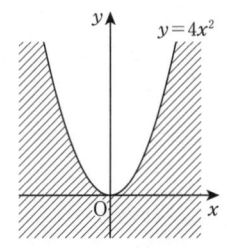

(2) (1)と同様にして，直線①の通り得る範囲は，
「①をみたす0以上の実数tが
　　　　　　　　　　　　存在する」$\cdots(*)$
ような(x,y)の集合である．
よって，$(*)$はtの2次方程式と見なした①'
が0以上の解を少なくとも1つもつことであ
る．①'の2解をα, βとすると，α, βは実
数であり，
　　$\alpha\beta\leqq 0$ または ($\alpha\beta>0$ かつ $\alpha+\beta>0$)
であるから，
②のもとで
　　2解の積 $=y\leqq 0$
　　または
　　(2解の積 $=y>0$ かつ 2解の和 $=4x>0$)
　∴ $y\leqq 0$ または ($y>0$ かつ $x>0$)
であり，下図の斜線部分である．ただし境
界を含む．

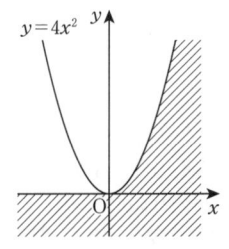

TRIAL $2kx+(k^2-1)y+(k-1)^2=0\cdots①$
①$\Leftrightarrow (y+1)k^2+2(x-1)k-y+1=0\cdots①'$
直線①が通らない点の集合は，①'をみたす
実数kが存在しない点(x,y)の集合である．
(i) $y=-1$ のとき
　　①'$\Leftrightarrow (x-1)k=-1$
　　より $x=1$
(ii) $y\neq -1$ のとき
　　①'をkの2次方程式と見たときの判別
　　式をDとすると
　　$\dfrac{D}{4}=(x-1)^2-(y+1)(-y+1)<0$
　∴ $(x-1)^2+y^2<1$
よって求める点の集合は
　$(x,y)=(1,-1)$ または $(x-1)^2+y^2<1$

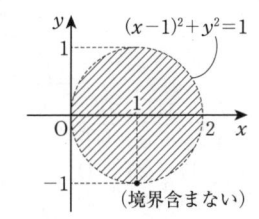

037

$xy>0\cdots①$
$X=x+y\cdots②$　$Y=x^2+y^2\cdots③$
②③より
　$xy=\dfrac{1}{2}\{(x+y)^2-(x^2+y^2)\}$
　　$=\dfrac{1}{2}(X^2-Y)\cdots④$
②④よりxとyはtの2次方程式
　$t^2-Xt+\dfrac{1}{2}(X^2-Y)=0\cdots⑤$
の2解である．xとyは実数なので，⑤の判
別式をDとすると
　$D=X^2-4\cdot\dfrac{1}{2}(X^2-Y)\geqq 0$

$\therefore Y \geqq \dfrac{1}{2}X^2 \cdots ⑥$

また，①④より

$\dfrac{1}{2}(X^2-Y)>0 \quad \therefore Y<X^2 \cdots ⑦$

よって点 $Q(X, Y)$ の存在範囲は⑥かつ⑦であり下図の斜線部分である．ただし，境界は実線部分のみ含み，$(0, 0)$ は除く．

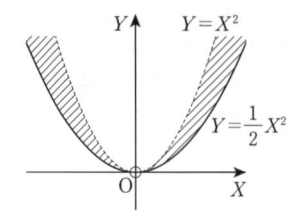

§3 三角関数

038

(1) $\theta = \dfrac{2\pi}{3}, \dfrac{5\pi}{3}$

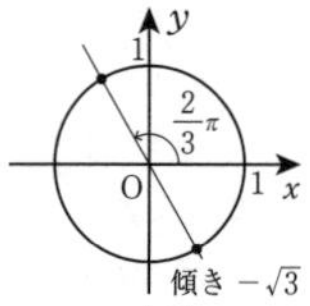

(2) $0 \leqq \theta < 2\pi$ より

$-\dfrac{1}{4}\pi \leqq 2\theta - \dfrac{1}{4}\pi < \dfrac{15}{4}\pi$

であるから

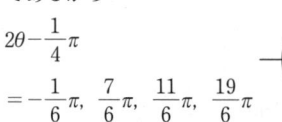

$2\theta - \dfrac{1}{4}\pi$

$= -\dfrac{1}{6}\pi, \dfrac{7}{6}\pi, \dfrac{11}{6}\pi, \dfrac{19}{6}\pi$

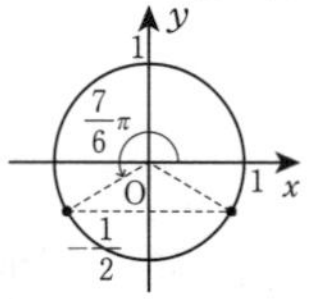

$\therefore \theta = \dfrac{1}{24}\pi, \dfrac{17}{24}\pi, \dfrac{25}{24}\pi, \dfrac{41}{24}\pi$

(3) $\dfrac{5}{6}\pi \leqq \theta \leqq \dfrac{7}{6}\pi$

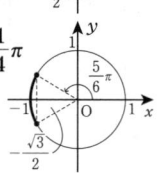

039

(1) $\sin x - \cos x = \dfrac{1}{3}$ より

$(\sin x - \cos x)^2 = \dfrac{1}{9}$

$\therefore \sin^2 x - 2\sin x \cos x + \cos^2 x = \dfrac{1}{9}$

$\therefore 1 - 2\sin x \cos x = \dfrac{1}{9}$

$\therefore \sin x \cos x = \dfrac{4}{9} \cdots ①$

また

$(\sin x + \cos x)^2$

$= \sin^2 x + 2\sin x \cos x + \cos^2 x$

$= 1 + 2 \cdot \dfrac{4}{9} = \dfrac{17}{9}$

①より $0 < x < \dfrac{\pi}{2}$ であるから

$\therefore \sin x + \cos x = \dfrac{\sqrt{17}}{3}$

$\sin^3 x - \cos^3 x$

$= (\sin x - \cos x)(\sin^2 x + \sin x \cos x + \cos^2 x)$

$= \dfrac{1}{3}\left(1 + \dfrac{4}{9}\right) = \dfrac{13}{27}$

(2) $\sin \theta = \dfrac{1}{3}$ より

$\cos \theta = \pm\sqrt{1 - \sin^2 \theta}$

$= \pm\sqrt{1 - \left(\dfrac{1}{3}\right)^2} = \pm\dfrac{2\sqrt{2}}{3}$

$\therefore \tan \theta = \dfrac{\sin \theta}{\cos \theta} = \dfrac{\dfrac{1}{3}}{\pm\dfrac{2\sqrt{2}}{3}} = \pm\dfrac{\sqrt{2}}{4}$ (複号同順)

040

(1) $y = -\dfrac{1}{2}\cos\dfrac{\theta}{2}$ のグラフは $y = -\cos\theta$ のグラフを θ 軸方向に 2 倍に拡大し，y 軸方向に $\dfrac{1}{2}$ 倍に縮小したもの．

正の最小の周期は 4π

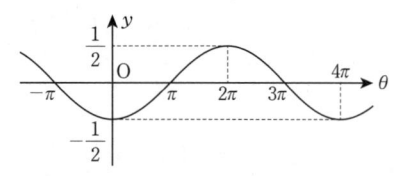

(2) $y = 3\sin\left(\theta + \dfrac{\pi}{3}\right) + 1$ のグラフは，

$y = 3\sin\left(\theta - \left(-\dfrac{\pi}{3}\right)\right) + 1$ より $y = \sin\theta$ のグラフを θ 軸方向に $-\dfrac{\pi}{3}$ だけ平行移動し，y 軸方向に 3 倍に拡大し，さらに y 軸方向に 1 だけ平行移動したもの．

正の最小の周期は 2π

041

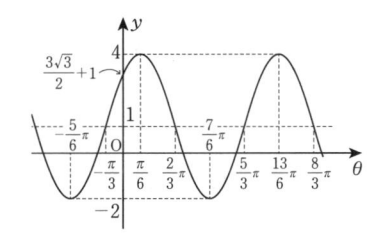

(1) 与式より $\cos\left(\dfrac{\pi}{2}-4\theta\right)=\cos\theta$

よって
$$\dfrac{\pi}{2}-4\theta=\pm\theta+2n\pi \quad (n:整数)$$

$\therefore \theta=\dfrac{1}{10}\pi-\dfrac{2n}{5}\pi,\ \dfrac{\pi}{6}-\dfrac{2n}{3}\pi$

$0\leqq\theta\leqq\dfrac{\pi}{2}$ より,

$\theta=\dfrac{1}{10}\pi-\dfrac{2n}{5}\pi$ の方は $n=0,\ -1$

$\therefore \theta=\dfrac{\pi}{10},\ \dfrac{5}{10}\pi$

$\theta=\dfrac{\pi}{6}-\dfrac{2n}{3}\pi$ の方は $n=0$

$\therefore \theta=\dfrac{\pi}{6}$

以上より $\theta=\dfrac{\pi}{10},\ \dfrac{\pi}{6},\ \dfrac{\pi}{2}$

(2) 与式より
$\cos y=1+\sin x \cdots$ ①
$\sin y=-\sqrt{3}-\cos x \cdots$ ②
$\cos^2 y+\sin^2 y=1$ より
$(1+\sin x)^2+(-\sqrt{3}-\cos x)^2=1$
$\therefore (1+2\sin x+\sin^2 x)$
$\qquad +(3+2\sqrt{3}\cos x+\cos^2 x)=1$
$\therefore 4+1+2\sin x+2\sqrt{3}\cos x=1$
$\therefore \sin x=-2-\sqrt{3}\cos x \cdots$ ③
これを $\sin^2 x+\cos^2 x=1$ に代入して
$(-2-\sqrt{3}\cos x)^2+\cos^2 x=1$
$\therefore 4\cos^2 x+4\sqrt{3}\cos x+3=0$
$\therefore (2\cos x+\sqrt{3})^2=0$
$\therefore \cos x=-\dfrac{\sqrt{3}}{2}$

③に代入して

$(\cos x,\ \sin x)=\left(-\dfrac{\sqrt{3}}{2},\ -\dfrac{1}{2}\right)$

$\therefore x=\dfrac{7}{6}\pi$

①②より
$(\cos y,\ \sin y)=\left(\dfrac{1}{2},\ -\dfrac{\sqrt{3}}{2}\right)$

$\therefore y=\dfrac{5}{3}\pi$

よって $(x,\ y)=\left(\dfrac{7}{6}\pi,\ \dfrac{5}{3}\pi\right)$

(3) 円 $x^2+y^2=1$ 上で, x 軸から半直線 OA までの角が α である点を A, x 軸から半直線 OP までの角が θ である点を P とする.

(i) $\cos\theta=\cos\alpha \cdots$ (ア) をみたすとき, 点 P は点 A と一致するか, x 軸に関し点 A と対称な点 B (x 軸から半直線 OB までの角は $-\alpha$ と表せる) に一致する. よって(ア)をみたす条件は,
$\theta=\pm\alpha+2n\pi (n:整数)$

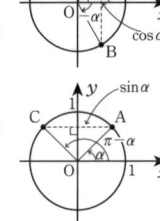

(ii) $\sin\theta=\sin\alpha \cdots$ (イ) をみたすとき, 点 P は点 A と一致するか, y 軸に関し点 A と対称な点 C (x 軸から半直線 OC までの角は $\pi-\alpha$ と表せる) に一致する. よって(イ)をみたす条件は,
$\theta=\alpha+2n\pi$ または
$\theta=\pi-\alpha+2n\pi \quad (n:整数)$

042

(1) 与式より
$2(1-\cos^2 2\theta)+\cos 2\theta-1=0$
$\therefore 2\cos^2 2\theta-\cos 2\theta-1=0$
$\therefore (2\cos 2\theta+1)(\cos 2\theta-1)=0$
$\therefore \cos 2\theta=-\dfrac{1}{2},\ 1$

$0\leqq\theta\leqq\pi$ より $0\leqq 2\theta\leqq 2\pi$

$2\theta=\dfrac{2}{3}\pi,\ \dfrac{4}{3}\pi,\ 0,\ 2\pi$

$\therefore \theta=0,\ \dfrac{1}{3}\pi,\ \dfrac{2}{3}\pi,\ \pi$

(2) $y=\sqrt{3}\cos\theta+(1-\cos^2\theta)+1$
$\quad =-\cos^2\theta+\sqrt{3}\cos\theta+2$

$$= -\left(\cos\theta - \frac{\sqrt{3}}{2}\right)^2 + \frac{11}{4}$$

$0 \leqq \theta \leqq 2\pi$ より $-1 \leqq \cos\theta \leqq 1$ であるから

(i) $\cos\theta = \dfrac{\sqrt{3}}{2}$ $\therefore$ $\theta = \dfrac{\pi}{6}, \dfrac{11}{6}\pi$ のとき

　　最大値 $\dfrac{11}{4}$

(ii) $\cos\theta = -1$ $\therefore$ $\theta = \pi$ のとき

　　最小値 $1 - \sqrt{3}$

(3) (i) 与式より

$\cos\theta \sin\theta + (1 - \cos^2\theta) < 1$

$\therefore$ $\cos\theta(\sin\theta - \cos\theta) < 0$

$\therefore$ ($\cos\theta > 0$ かつ $\sin\theta < \cos\theta$)

　　または ($\cos\theta < 0$ かつ $\sin\theta > \cos\theta$)

$0 \leqq \theta < \pi$ より

$\left(0 \leqq \theta < \dfrac{\pi}{2} \text{ かつ } \sin\theta < \cos\theta\right)$

　　または $\left(\dfrac{\pi}{2} < \theta < \pi \text{ かつ } \sin\theta > \cos\theta\right)$

$\therefore$ $0 \leqq \theta < \dfrac{\pi}{4}, \ \dfrac{\pi}{2} < \theta < \pi$

(ii) 与式より

$(\cos\theta - \sin\theta)(\cos^2\theta + \cos\theta\sin\theta + \sin^2\theta) < 0$

$\therefore$ $(\cos\theta - \sin\theta)(1 + \cos\theta\sin\theta) < 0$

ここで $1 + \cos\theta\sin\theta = 1 + \dfrac{1}{2}\sin 2\theta > 0$

であるから，与式は，

$\cos\theta - \sin\theta < 0$ $\therefore$ $\cos\theta < \sin\theta$

$0 \leqq \theta < \pi$ より

$\dfrac{\pi}{4} < \theta < \pi$

043

(1) $\cos 165° = \cos(120° + 45°)$

$= \cos 120° \cos 45° - \sin 120° \sin 45°$

$= \left(-\dfrac{1}{2}\right) \cdot \dfrac{\sqrt{2}}{2} - \dfrac{\sqrt{3}}{2} \cdot \dfrac{\sqrt{2}}{2} = -\dfrac{\sqrt{6} + \sqrt{2}}{4}$

(2) $0° \leqq A \leqq 90°$ より

$\cos A = \sqrt{1 - \sin^2 A} = \sqrt{1 - \left(\dfrac{8}{17}\right)^2}$

$= \sqrt{\dfrac{17^2 - 8^2}{17^2}} = \dfrac{15}{17}$

$90° \leqq B \leqq 180°$ より

$\cos B = -\sqrt{1 - \sin^2 B} = -\sqrt{1 - \left(\dfrac{4}{5}\right)^2}$

$= -\dfrac{3}{5}$

よって

$\sin(A - B) = \sin A \cos B - \cos A \sin B$

$= \dfrac{8}{17} \cdot \left(-\dfrac{3}{5}\right) - \dfrac{15}{17} \cdot \dfrac{4}{5} = -\dfrac{84}{85}$

TRIAL $(\sin\alpha - \sin\beta)^2 = \left(\dfrac{5}{4}\right)^2$ より

$\sin^2\alpha - 2\sin\alpha\sin\beta + \sin^2\beta = \dfrac{25}{16}$ ···①

$(\cos\alpha + \cos\beta)^2 = \left(\dfrac{5}{4}\right)^2$ より

$\cos^2\alpha + 2\cos\alpha\cos\beta + \cos^2\beta = \dfrac{25}{16}$ ···②

①と②を辺々足して

$2 + 2\cos\alpha\cos\beta - 2\sin\alpha\sin\beta = \dfrac{50}{16}$

$\therefore$ $\cos\alpha\cos\beta - \sin\alpha\sin\beta = \dfrac{9}{16}$

よって

$\cos(\alpha + \beta) = \cos\alpha\cos\beta - \sin\alpha\sin\beta$

$= \dfrac{9}{16}$

044

$\pi < \alpha < 2\pi$ より

$\sin\alpha = -\sqrt{1 - \cos^2\alpha} = -\sqrt{1 - \left(\dfrac{3}{5}\right)^2} = -\dfrac{4}{5}$

$\sin\left(\dfrac{\pi}{2} - \alpha\right) = \cos\alpha = \dfrac{3}{5}$

$\cos^2\dfrac{\alpha}{2} = \dfrac{1 + \cos\alpha}{2} = \dfrac{1 + \dfrac{3}{5}}{2} = \dfrac{4}{5}$

$\pi < \alpha < 2\pi$ より $\dfrac{\pi}{2} < \dfrac{\alpha}{2} < \pi$ であるから

$\cos\dfrac{\alpha}{2} = -\sqrt{\dfrac{4}{5}} = -\dfrac{2\sqrt{5}}{5}$

TRIAL

$\tan\dfrac{\theta}{2} = t$ とおくと

$\sin\theta = 2\sin\dfrac{\theta}{2}\cos\dfrac{\theta}{2} = 2\left(\tan\dfrac{\theta}{2}\cos\dfrac{\theta}{2}\right)\cos\dfrac{\theta}{2}$

$= 2\tan\dfrac{\theta}{2}\cos^2\dfrac{\theta}{2} = 2\tan\dfrac{\theta}{2} \cdot \dfrac{1}{1 + \tan^2\dfrac{\theta}{2}}$

$= \dfrac{2t}{1 + t^2}$ 　終

$$\cos\theta = 2\cos^2\frac{\theta}{2} - 1 = 2\cdot\frac{1}{1+\tan^2\frac{\theta}{2}} - 1$$

$$= \frac{1-\tan^2\frac{\theta}{2}}{1+\tan^2\frac{\theta}{2}} = \frac{1-t^2}{1+t^2}$$ 終

よって

$$\tan\theta = \frac{\sin\theta}{\cos\theta} = \frac{\frac{2t}{1+t^2}}{\frac{1-t^2}{1+t^2}} = \frac{2t}{1-t^2}$$ 終

045

(1) $\alpha = 18°$ とすると $5\alpha = 90°$
$3\alpha = 90° - 2\alpha$ より
$\cos 3\alpha = \cos(90° - 2\alpha) = \sin 2\alpha$
∴ $4\cos^3\alpha - 3\cos\alpha = 2\sin\alpha\cos\alpha$
∴ $\cos\alpha(4\cos^2\alpha - 3 - 2\sin\alpha) = 0$
$\cos\alpha \neq 0$ より
$4\cos^2\alpha - 3 - 2\sin\alpha = 0$
∴ $4(1-\sin^2\alpha) - 3 - 2\sin\alpha = 0$
∴ $4\sin^2\alpha + 2\sin\alpha - 1 = 0$
$\sin\alpha > 0$ より
$\sin\alpha = \frac{-1+\sqrt{5}}{4}$ ∴ $\sin 18° = \frac{-1+\sqrt{5}}{4}$

また $\cos 18° > 0$ より
$\cos 18° = \sqrt{1 - \sin^2 18°}$
$= \sqrt{1 - \left(\frac{-1+\sqrt{5}}{4}\right)^2}$
$= \sqrt{\frac{10+2\sqrt{5}}{16}} = \frac{\sqrt{10+2\sqrt{5}}}{4}$

(2) 与式より
$\cos x + (2\cos^2 x - 1)$
$+ (4\cos^3 x - 3\cos x) = 0$
∴ $4\cos^3 x + 2\cos^2 x - 2\cos x - 1 = 0$
∴ $2\cos^2 x(2\cos x + 1) - (2\cos x + 1) = 0$
∴ $(2\cos x + 1)(2\cos^2 x - 1) = 0$
∴ $\cos x = -\frac{1}{2}, \pm\frac{1}{\sqrt{2}}$
$0° \leq x \leq 180°$ より
$x = 45°, 120°, 135°$

046

(1) $f(\theta) = 2\left(\frac{1}{2}\sin\theta + \frac{\sqrt{3}}{2}\cos\theta\right)$
$= 2\left(\sin\theta\cos\frac{\pi}{3} + \cos\theta\sin\frac{\pi}{3}\right)$
$= 2\sin\left(\theta + \frac{\pi}{3}\right)$ …①

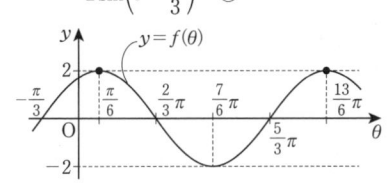

(2) ①より $f(\theta) = 1$ は
$2\sin\left(\theta + \frac{\pi}{3}\right) = 1$ ∴ $\sin\left(\theta + \frac{\pi}{3}\right) = \frac{1}{2}$
$-\pi < \theta < \pi$ より $-\frac{2}{3}\pi < \theta + \frac{\pi}{3} < \frac{4}{3}\pi$ …②
であるから
$\theta + \frac{\pi}{3} = \frac{\pi}{6}, \frac{5}{6}\pi$ ∴ $\theta = -\frac{\pi}{6}, \frac{\pi}{2}$

(3) $\sin\theta > -\sqrt{3}\cos\theta + \sqrt{3}$ より
$f(\theta) > \sqrt{3}$
∴ $\sin\left(\theta + \frac{\pi}{3}\right) > \frac{\sqrt{3}}{2}$

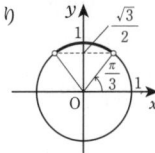

②より
$\frac{\pi}{3} < \theta + \frac{\pi}{3} < \frac{2}{3}\pi$ ∴ $0 < \theta < \frac{\pi}{3}$

TRIAL $y = \sin\theta + 2\cos\theta$
$= \sqrt{5}\left(\frac{1}{\sqrt{5}}\sin\theta + \frac{2}{\sqrt{5}}\cos\theta\right)$
$= \sqrt{5}\sin(\theta + \alpha)$

(ただし α は $\cos\alpha = \frac{1}{\sqrt{5}}$, $\sin\alpha = \frac{2}{\sqrt{5}}$,
$0 < \alpha < \frac{\pi}{2}$ をみたす角)

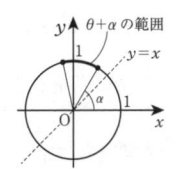

$0 \leq \theta \leq \frac{\pi}{4}$ より $\alpha \leq \theta + \alpha \leq \frac{\pi}{4} + \alpha$

$\cos\alpha = \frac{1}{\sqrt{5}}$, $\sin\alpha = \frac{2}{\sqrt{5}}$ より $\cos\alpha < \sin\alpha$

であるから $\dfrac{\pi}{4}<\alpha<\dfrac{\pi}{2}$

よって $\alpha<\dfrac{\pi}{2}<\dfrac{\pi}{4}+\alpha$

よって $\theta+\alpha=\dfrac{\pi}{2}$ となる θ が $0\leqq\theta\leqq\dfrac{\pi}{4}$ の範囲に存在する．このとき

y の最大値 $\sqrt{5}$

また

$\theta=0$ のとき $y=2$，

$\theta=\dfrac{\pi}{4}$ のとき $y=\dfrac{3}{2}\sqrt{2}$

であるから $\theta=0$ のとき

y の最小値 2

047
公式より
$$\sin^2\theta=\dfrac{1-\cos 2\theta}{2},\quad \sin\theta\cos\theta=\dfrac{\sin 2\theta}{2},$$
$$\cos^2\theta=\dfrac{1+\cos 2\theta}{2}$$
であるから代入すると
$$f(\theta)=\sqrt{3}\cdot\dfrac{1-\cos 2\theta}{2}+3\cdot\dfrac{\sin 2\theta}{2}$$
$$\qquad\qquad -2\sqrt{3}\cdot\dfrac{1+\cos 2\theta}{2}$$
$$=\dfrac{3}{2}\sin 2\theta-\dfrac{3\sqrt{3}}{2}\cos 2\theta-\dfrac{\sqrt{3}}{2}$$
$$=\dfrac{3}{2}(\sin 2\theta-\sqrt{3}\cos 2\theta)-\dfrac{\sqrt{3}}{2}$$
$$=\dfrac{3}{2}\cdot 2\left(\dfrac{1}{2}\sin 2\theta-\dfrac{\sqrt{3}}{2}\cos 2\theta\right)-\dfrac{\sqrt{3}}{2}$$
$$=3\sin\left(2\theta-\dfrac{\pi}{3}\right)-\dfrac{\sqrt{3}}{2}$$

ここで $0\leqq\theta<\pi$ より

$-\dfrac{\pi}{3}\leqq 2\theta-\dfrac{\pi}{3}<\dfrac{5}{3}\pi$ であるから

$2\theta-\dfrac{\pi}{3}=\dfrac{\pi}{2}\quad\therefore\quad \theta=\dfrac{5}{12}\pi$ のとき

$f(\theta)$ の最大値 $\ 3-\dfrac{\sqrt{3}}{2}$

$2\theta-\dfrac{\pi}{3}=\dfrac{3}{2}\pi\quad\therefore\quad \theta=\dfrac{11}{12}\pi$ のとき

$f(\theta)$ の最小値 $\ -3-\dfrac{\sqrt{3}}{2}$

TRIAL $x^2+y^2=1$ より

$x=\cos\theta,\ y=\sin\theta(0\leqq\theta<2\pi)$ と表せ，このとき

$4x^2+2xy+y^2$
$=4\cos^2\theta+2\cos\theta\sin\theta+\sin^2\theta$
$=4\cdot\dfrac{1+\cos 2\theta}{2}+2\cdot\dfrac{\sin 2\theta}{2}+\dfrac{1-\cos 2\theta}{2}$
$=\sin 2\theta+\dfrac{3}{2}\cos 2\theta+\dfrac{5}{2}$
$=\dfrac{1}{2}(2\sin 2\theta+3\cos 2\theta)+\dfrac{5}{2}$
$=\dfrac{\sqrt{13}}{2}\left(\dfrac{2}{\sqrt{13}}\sin 2\theta+\dfrac{3}{\sqrt{13}}\cos 2\theta\right)+\dfrac{5}{2}$
$=\dfrac{\sqrt{13}}{2}\sin(2\theta+\alpha)+\dfrac{5}{2}$

ただし α は，$\cos\alpha=\dfrac{2}{\sqrt{13}}$，$\sin\alpha=\dfrac{3}{\sqrt{13}}$

$\left(0<\alpha<\dfrac{\pi}{2}\right)$ をみたす角．

$0\leqq\theta<2\pi$ より $\alpha\leqq 2\theta+\alpha<4\pi+\alpha$ であるから

$\sin(2\theta+\alpha)=-1$ をみたす θ が存在し，

このとき $4x^2+2xy+y^2$ は最小値をとり

最小値 $=\dfrac{5-\sqrt{13}}{2}$

048

$t=\sin\theta+\cos\theta\cdots$① とおくと

$t^2=\sin^2\theta+2\sin\theta\cos\theta+\cos^2\theta$

$\therefore\ t^2=1+2\sin\theta\cos\theta$

$\therefore\ \sin\theta\cos\theta=\dfrac{t^2-1}{2}\cdots$②

①②を与式に代入すると

$y=3t-2\cdot\dfrac{t^2-1}{2}=-t^2+3t+1$

$\qquad =-\left(t-\dfrac{3}{2}\right)^2+\dfrac{13}{4}\cdots$③

① より $t=\sqrt{2}\sin\left(\theta+\dfrac{\pi}{4}\right)$

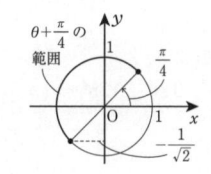

$0\leqq\theta\leqq\pi$ であるから $\ \dfrac{\pi}{4}\leqq\theta+\dfrac{\pi}{4}\leqq\dfrac{5}{4}\pi$

よって，$\sin\left(\theta+\dfrac{\pi}{4}\right)$ のとりうる値の範囲は

$-\dfrac{1}{\sqrt{2}} \leqq \sin\left(\theta+\dfrac{\pi}{4}\right) \leqq 1$ であるから，

t のとりうる値の範囲は $-1 \leqq t \leqq \sqrt{2}$

③より

$\quad t=\sqrt{2}$ のとき y の最大値 $\quad 3\sqrt{2}-1$

$\quad t=-1$ のとき y の最小値 $\quad -3$

TRIAL (1) $t = \sin\theta + \sqrt{3}\cos\theta$
$= 2\left(\dfrac{1}{2}\sin\theta + \dfrac{\sqrt{3}}{2}\cos\theta\right)$
$= 2\sin\left(\theta+\dfrac{\pi}{3}\right)\cdots ①$

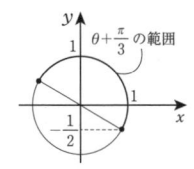

$-\dfrac{\pi}{2} \leqq \theta \leqq \dfrac{\pi}{2}$ より $-\dfrac{\pi}{6} \leqq \theta + \dfrac{\pi}{3} \leqq \dfrac{5}{6}\pi \cdots ②$

よって $\sin\left(\theta+\dfrac{\pi}{3}\right)$ のとりうる値の範囲は

$-\dfrac{1}{2} \leqq \sin\left(\theta+\dfrac{\pi}{3}\right) \leqq 1$

よって t のとりうる値の範囲は

$-1 \leqq t \leqq 2 \cdots ③$

(2) $t^2 = (\sin\theta + \sqrt{3}\cos\theta)^2$
$= \sin^2\theta + 2\sqrt{3}\sin\theta\cos\theta + 3\cos^2\theta$
$= (1-\cos^2\theta) + 2\sqrt{3}\sin\theta\cos\theta + 3\cos^2\theta$
$= 2(\cos^2\theta + \sqrt{3}\sin\theta\cos\theta) + 1$

$\therefore \cos^2\theta + \sqrt{3}\sin\theta\cos\theta = \dfrac{t^2-1}{2}$

よって

$f(\theta) = \dfrac{t^2-1}{2} - t = \dfrac{1}{2}t^2 - t - \dfrac{1}{2} = \dfrac{1}{2}(t-1)^2 - 1$

よって③より $t=1$ のとき $f(\theta)$ は最小で

最小値 -1

このとき①より $\sin\left(\theta+\dfrac{\pi}{3}\right) = \dfrac{1}{2}$

②より $\theta + \dfrac{\pi}{3} = \dfrac{\pi}{6},\ \dfrac{5}{6}\pi$ $\therefore \theta = -\dfrac{\pi}{6},\ \dfrac{\pi}{2}$

049

(1) 与式より $\sin\theta = \dfrac{-1\pm\sqrt{17}}{8}$

$\dfrac{-1-\sqrt{17}}{8} < 0 < \dfrac{-1+\sqrt{17}}{8} < 1$ かつ $0 \leqq \sin\theta \leqq 1$

であるから $\sin\theta = \dfrac{-1+\sqrt{17}}{8}$

よって $4\sin^2\theta + \sin\theta - 1 = 0$ $(0 \leqq \theta \leqq \pi)$ の解の個数は **2個**

(2) 与式より

$(2\cos^2\theta - 1) + 2\cos\theta - a = 0$

$\therefore 2\cos^2\theta + 2\cos\theta - 1 = a$

$\cos\theta = t \cdots ①$ とおくと $2t^2 + 2t - 1 = a \cdots ②$

①と $0 \leqq \theta < 2\pi \cdots ③$ より

$\quad -1 < t < 1$ をみたす各 t に対して，
$\quad\quad$ ③をみたす実数 θ が2つ対応する
$\quad t = \pm 1$ をみたす各 t に対して，
$\quad\quad$ ③をみたす実数 θ が1つ対応する

よって t の方程式②の解のうち，

$\quad -1 < t < 1$ をみたすものの個数を N_1
$\quad t = \pm 1$ をみたすものの個数を N_2

とすると，元の方程式の解の個数 N は
$N = 2N_1 + N_2$ で与えられる．

$f(t) = 2t^2 + 2t - 1$ とおくと

$f(t) = 2\left(t+\dfrac{1}{2}\right)^2 - \dfrac{3}{2}$

②の実数解 t は $y = f(t)$ のグラフと $y = a$ のグラフの共有点の t 座標．グラフより

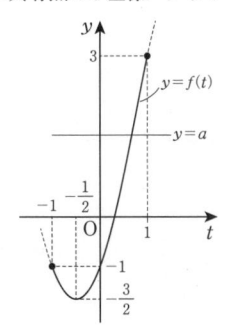

a	$\cdots$	$-\dfrac{3}{2}$	$\cdots$	-1	$\cdots$	3	$\cdots$
N_1	0	1	2	1	1	0	0
N_2	0	0	0	1	0	1	0
N	0	2	4	3	2	1	0

TRIAL 上の(2)の①と $0 \leqq \theta < \dfrac{3}{2}\pi \cdots ③$ より

$-1 < t < 0$ をみたす各 t に対して，
$\quad$ ③をみたす実数 θ が2つ対応する
$t = -1,\ 0 \leqq t \leqq 1$ をみたす各 t に対して，

③をみたす実数 θ が 1 つ対応する

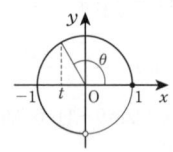

よって t の方程式②の解のうち，$-1<t<0$ をみたすものの個数を N_3，$t=-1$, $0\leq t\leq 1$ をみたすものの個数を N_4 とすると，元の方程式の解の個数 N は $N=2N_3+N_4$ で与えられる．

a	$\cdots$	$-\dfrac{3}{2}$	$\cdots$	-1	$\cdots$	3	$\cdots$
N_3	0	1	2	0	0	0	0
N_4	0	0	0	2	1	1	0
N	0	2	4	2	1	1	0

050

(1) $x-4y+3=0\cdots$① $5x-3y-10=0\cdots$②
2 直線①，②と x 軸の正の向きとのなす角を各々 α, β とすると

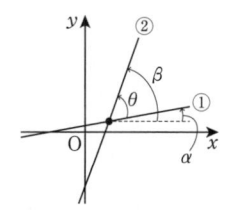

$$\tan\alpha=\frac{1}{4}(\text{①の傾き})$$
$$\tan\beta=\frac{5}{3}(\text{②の傾き})$$

より $0<\alpha<\beta<\dfrac{\pi}{2}$ とすることができ，このとき $\theta=\beta-\alpha$ であり

$$\tan\theta=\tan(\beta-\alpha)=\frac{\tan\beta-\tan\alpha}{1+\tan\beta\tan\alpha}$$
$$=\frac{\dfrac{5}{3}-\dfrac{1}{4}}{1+\dfrac{5}{3}\cdot\dfrac{1}{4}}=\frac{17}{17}=1$$

よって $\theta=\dfrac{\pi}{4}$ となり

$$\sin\theta-\cos\theta=\frac{1}{\sqrt{2}}-\frac{1}{\sqrt{2}}=0$$

(2) $k=0$ とすると②は y 軸に平行な直線 $(x=-1)$ となり $\theta=\dfrac{\pi}{4}$ とはならないので $k\neq0$.
①，②が x 軸の正の向きとなす角をそれぞれ α, β とすると

$$\tan\alpha=-2(\text{①の傾き})$$
$$\tan\beta=\frac{2}{k}(\text{②の傾き})$$

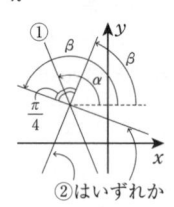

②はいずれか

$\theta=\dfrac{\pi}{4}$ より $\alpha-\beta=\dfrac{\pi}{4}$ または $\beta-\alpha=\dfrac{\pi}{4}$ であるから

$$\left(\tan(\alpha-\beta)=\tan\frac{\pi}{4} \text{ または}\right.$$
$$\left.-\tan(\alpha-\beta)=\tan\frac{\pi}{4} \text{ より}\right)$$
$$|\tan(\beta-\alpha)|=\tan\frac{\pi}{4}$$

ここで

$$|\tan(\beta-\alpha)|=\left|\frac{\tan\beta-\tan\alpha}{1+\tan\beta\tan\alpha}\right|$$
$$=\left|\frac{\dfrac{2}{k}-(-2)}{1+\dfrac{2}{k}\cdot(-2)}\right|$$
$$=\left|\frac{2k+2}{k-4}\right|$$

より

$$\left|\frac{2k+2}{k-4}\right|=1 \quad\therefore\ |2k+2|=|k-4|$$
$$\therefore\ 2k+2=\pm(k-4)$$
$$\therefore\ k=-6, \dfrac{2}{3}$$

051

(1) $2\cos20°\cos50°+\cos110°$
$=\{\cos(20°+50°)+\cos(20°-50°)\}+\cos110°$
$=\cos70°+\cos30°+\cos110°$
$=\cos30°=\dfrac{\sqrt{3}}{2}$

($\cos110°=-\cos(180°-110°)=-\cos70°$ より)

$\cos50°+\cos70°-\sin80°$

$$= 2\cos\frac{50°+70°}{2}\cos\frac{50°-70°}{2} - \sin 80°$$
$$= 2\cos 60° \cos 10° - \sin 80°$$
$$= \cos 10° - \sin(90°-10°)$$
$$= \cos 10° - \cos 10°$$
$$= \mathbf{0}$$

(2) $C = \pi - (A+B)$ より
$\cos A + \cos B + \cos C$
$$= \cos A + \cos B + \cos(\pi - (A+B))$$
$$= 2\cos\frac{A+B}{2}\cos\frac{A-B}{2} - \cos(A+B)$$
$$= 2\cos\frac{A+B}{2}\cos\frac{A-B}{2} - \left(2\cos^2\frac{A+B}{2} - 1\right)$$
$$= 1 + 2\cos\frac{A+B}{2}\left(\cos\frac{A-B}{2} - \cos\frac{A+B}{2}\right)$$
$$= 1 + 2\cos\frac{\pi-C}{2}\left(2\sin\frac{A}{2}\sin\frac{B}{2}\right)$$
$$= \mathbf{1 + 4\sin\frac{A}{2}\sin\frac{B}{2}\sin\frac{C}{2}} \qquad \blacksquare$$

TRIAL

(1) $\sin 10° \sin 50° \sin 70°$
$$= \left(-\frac{1}{2}\right)\{\cos(10°+50°) - \cos(10°-50°)\}\sin 70°$$
$$= \left(-\frac{1}{2}\right)\{\cos 60° - \cos(-40°)\}\sin 70°$$
$$= \left(-\frac{1}{2}\right)\left(\frac{1}{2}\sin 70° - \cos 40° \sin 70°\right)$$
$$= \left(-\frac{1}{2}\right)\left[\frac{1}{2}\sin 70° - \frac{1}{2}\{\sin(70°+40°) + \sin(70°-40°)\}\right]$$
$$= \left(-\frac{1}{4}\right)(\sin 70° - \sin 110° - \sin 30°)$$

ここで $\sin 70° = \sin 110°$ より
$$\text{与式} = \frac{1}{4}\sin 30° = \frac{\mathbf{1}}{\mathbf{8}}$$

(2) $\cos\left(x+\frac{2}{5}\pi\right)\cos\left(x+\frac{\pi}{5}\right)$
$$= \frac{1}{2}\left\{\cos\left(\left(x+\frac{2}{5}\pi\right)+\left(x+\frac{\pi}{5}\right)\right)\right.$$
$$\left. + \cos\left(\left(x+\frac{2}{5}\pi\right)-\left(x+\frac{\pi}{5}\right)\right)\right\}$$
$$= \frac{1}{2}\left\{\cos\left(2x+\frac{3}{5}\pi\right) + \cos\left(\frac{1}{5}\pi\right)\right\}$$

$\cos\left(2x+\frac{3}{5}\pi\right) = 1$ となれば
そのとき 与式は最大となる.
$0 \leq x < 2\pi$ より $\frac{3}{5}\pi \leq 2x + \frac{3}{5}\pi < \frac{23}{5}\pi$ なので
$$2x + \frac{3}{5}\pi = 2\pi, \ 4\pi$$
$$\therefore \ x = \frac{7}{10}\pi, \ \frac{17}{10}\pi$$

このとき $\cos\left(x+\frac{2}{5}\pi\right)\cos\left(x+\frac{\pi}{5}\right)$ は最大

052

(1) (i) $AB = AC = 1$ より △ABC に余弦定理を用いると
$$\cos A = \frac{1^2 + 1^2 - BC^2}{2 \cdot 1 \cdot 1} = 1 - \frac{1}{2}BC^2$$

$\frac{1}{2} \leq BC^2 \leq 2$ であるから
$$1 - \frac{1}{2} \cdot 2 \leq 1 - \frac{1}{2}BC^2 \leq 1 - \frac{1}{2} \cdot \frac{1}{2}$$
$$\therefore \ 0 \leq 1 - \frac{1}{2}BC^2 \leq \frac{3}{4}$$

よって $\mathbf{0 \leq \cos A \leq \frac{3}{4}}$

(ii) $\sin A + \cos A = \sqrt{2}\sin\left(A+\frac{\pi}{4}\right)$

ここで $\cos A = \frac{3}{4}$ をみたす角 A を α とすると
α は $\cos\alpha = \frac{3}{4} > \frac{\sqrt{2}}{2}$ より
$0 < \alpha < \frac{\pi}{4}$ …① であり
$$\alpha \leq A \leq \frac{\pi}{2}$$

よって
$$\alpha + \frac{\pi}{4} \leq A + \frac{\pi}{4} \leq \frac{3}{4}\pi$$

ここで①より
$$\frac{\pi}{4} < \alpha + \frac{\pi}{4} < \frac{\pi}{2}$$
であるから $\sin\left(A+\dfrac{\pi}{4}\right)$ のとりうる値の範囲は
$$\frac{1}{\sqrt{2}} \leq \sin\left(A+\frac{\pi}{4}\right) \leq 1$$
よって $\sin A + \cos A$ のとりうる値の範囲は
$$1 \leq \sin A + \cos A \leq \sqrt{2}$$
よって
  $\sin A + \cos A$ の最大値 $\sqrt{2}$
  $\sin A + \cos A$ の最小値 1

(2) 点 P の座標を $P(\cos\theta, \sin\theta) (0 \leq \theta < 2\pi)$ と表すと
$$PA^2 + PB^2$$
$$= (\cos\theta-1)^2 + (\sin\theta-2)^2$$
$$\quad + (\cos\theta-2)^2 + (\sin\theta+1)^2$$
$$= 12 - 6\cos\theta - 2\sin\theta$$
$$= -2(\sin\theta + 3\cos\theta) + 12$$
$$= -2\sqrt{10}\left(\frac{1}{\sqrt{10}}\sin\theta + \frac{3}{\sqrt{10}}\cos\theta\right) + 12$$
$$= -2\sqrt{10}\sin(\theta+\alpha) + 12$$
（ただし α は $\cos\alpha = \dfrac{1}{\sqrt{10}},\ \sin\alpha = \dfrac{3}{\sqrt{10}}$
       をみたす定角）
$\alpha \leq \theta + \alpha < 2\pi + \alpha$ より
$\sin(\theta+\alpha) = -1$ のとき
  $PA^2 + PB^2$ の最大値 $2\sqrt{10} + 12$
$\sin(\theta+\alpha) = 1$ のとき
  $PA^2 + PB^2$ の最小値 $-2\sqrt{10} + 12$

§4 指数・対数

053
(1) (i) 与式 $= \sqrt[3]{2^3 \cdot 3} - \sqrt[3]{3} - \sqrt[3]{3^4}$
    $= 2\sqrt[3]{3} - \sqrt[3]{3} - 3\sqrt[3]{3}$
    $= -2\sqrt[3]{3}$
 (ii) 与式 $= (2^2)^{\frac{2}{3}} \div (2^3 \cdot 3)^{\frac{1}{3}} \times (2 \cdot 3^2)^{\frac{2}{3}}$
    $= 2^{\frac{4}{3}} \div (2 \cdot 3^{\frac{1}{3}}) \times (2^{\frac{2}{3}} \cdot 3^{\frac{4}{3}})$
    $= 2^{\frac{4}{3}-1+\frac{2}{3}} \times 3^{-\frac{1}{3}+\frac{4}{3}}$
    $= 2 \times 3$
    $= 6$

(2) 与式 $= \dfrac{a^x - a^{-x}}{(a^x)^3 - (a^{-x})^3}$
   $= \dfrac{a^x - a^{-x}}{(a^x - a^{-x})(a^{2x} + a^x \cdot a^{-x} + a^{-2x})}$
   $= \dfrac{1}{a^{2x} + 1 + a^{-2x}}$
   $= \dfrac{1}{5 + 1 + \dfrac{1}{5}}$
   $= \dfrac{5}{31}$

TRIAL
与式 $= \sqrt[3]{\left(a^{\frac{7}{2}}b^{\frac{2}{2}}\right)\left(a^{\frac{5}{2}}b^{\frac{4}{2}}\right)} \div \dfrac{a}{b}$
  $= \sqrt[3]{\left(a^{\frac{7}{2}+\frac{5}{2}}b^{1+2}\right)} \div \dfrac{a}{b}$
  $= \sqrt[3]{a^6 b^3} \div \dfrac{a}{b} = a^{\frac{6}{3}}b^{\frac{3}{3}} \div a^1 b^{-1}$
  $= a^{2-1} b^{1+1}$
  $= ab^2$

054
(1) 与式 $\Leftrightarrow (2^3)^{x+1} - 17 \cdot (2^2)^x + 2 \cdot 2^x = 0$
  $2^3 \cdot 2^{3x} - 17 \cdot 2^{2x} + 2 \cdot 2^x = 0$
  $2^x = X$ とおくと $(X > 0)$
  $8X^3 - 17X^2 + 2X = 0$
  $X(X-2)(8X-1) = 0$
  $X > 0$ より $X = 2,\ \dfrac{1}{8}$ $\therefore 2^x = 2,\ 2^{-3}$
    $\therefore x = 1,\ -3$

(2) 与式 $\Leftrightarrow \dfrac{1}{(3^3)^{x-1}} < \dfrac{1}{(3^2)^x} \Leftrightarrow \left(\dfrac{1}{3}\right)^{3x-3} < \left(\dfrac{1}{3}\right)^{2x}$
 底が $\dfrac{1}{3}(<1)$ であるから $3x - 3 > 2x$
  $\therefore x > 3$

(3) 与式 $\Leftrightarrow a \cdot (a^x)^2 - a^2 \cdot a^x - \dfrac{1}{a} \cdot a^x + 1 < 0$
  $a^x = X$ とおくと $(X > 0)$
  $aX^2 - a^2 X - \dfrac{1}{a} X + 1 < 0$
  $a^2 X^2 - a^3 X - X + a < 0$
  $(X - a)(a^2 X - 1) < 0$

 (i) $0 < a < 1$ のとき $a < X < \dfrac{1}{a^2}$
  $\therefore a < a^x < a^{-2}$ $a < 1$ より $1 > x > -2$
  $\therefore -2 < x < 1$

(ii) $a>1$ のとき $\dfrac{1}{a^2}<X<a$

∴ $a^{-2}<a^x<a$　$a>1$ より $-2<x<1$

(i), (ii) より $-2<x<1$

055

(1) 与式 $=\log_5\sqrt{2}+\log_5\left(\dfrac{25}{12}\right)^{\frac{1}{2}}+\log_5\left(\dfrac{1}{\sqrt{6}}\right)^{-1}$

$=\log_5\sqrt{2}+\log_5\sqrt{\dfrac{25}{12}}+\log_5\sqrt{6}$

$=\log_5\left(\sqrt{2}\times\sqrt{\dfrac{25}{12}}\times\sqrt{6}\right)$

$=\log_5 5$

$=1$

(2) 与式 $=\left(\dfrac{\log_2 81}{\log_2 4}+\dfrac{\log_2 9}{\log_2 8}\right)\left(\log_3 16+\dfrac{\log_3 2}{\log_3 9}\right)$

$=\left(2\log_2 3+\dfrac{2}{3}\log_2 3\right)\left(4\log_3 2+\dfrac{\log_3 2}{2}\right)$

$=\left(\dfrac{8}{3}\log_2 3\right)\left(\dfrac{9}{2}\log_3 2\right)$

$=\dfrac{8}{3}\cdot\dfrac{9}{2}(\log_2 3)(\log_3 2)$

$=12(\log_2 3)\cdot\dfrac{\log_2 2}{\log_2 3}$

$=12$

(3) 与式 $=\left(10^{\frac{1}{2}}\right)^{\log_{10}9}=10^{\frac{1}{2}\log_{10}9}=10^{\log_{10}\sqrt{9}}$

$=10^{\log_{10}3}$

$=3$

056

(1) 与式 $\Leftrightarrow 3(\log_3 x)^2+5(\log_3 3+\log_3 x^2)-7=0$

$\log_3 x=X$ とおくと $3X^2+5(1+2X)-7=0$

∴ $3X^2+10X-2=0$　∴ $X=\dfrac{-5\pm\sqrt{31}}{3}$

よって $\log_3 x=\dfrac{-5\pm\sqrt{31}}{3}$

∴ $x=3^{\frac{-5\pm\sqrt{31}}{3}}$

(2) 真数は正であるから

$x+1>0$ かつ $x^2-2>0$

∴ $x>\sqrt{2}$ …①

このとき

与式 $\Leftrightarrow \log_2(x+1)+1=\log_2(x^2-2)$

$\Leftrightarrow \log_2(x+1)+\log_2 2=\log_2(x^2-2)$

$\Leftrightarrow \log_2 2(x+1)=\log_2(x^2-2)$

$\Leftrightarrow 2(x+1)=x^2-2$

$\Leftrightarrow x^2-2x-4=0$

$\Leftrightarrow x=1\pm\sqrt{5}$

① より $x=1+\sqrt{5}$

(3) $x>1$ より $\log_{10}x>0$ であるから

与式の両辺は正なので常用対数をとると

与式 $\Leftrightarrow \log_{10}(\log_{10}x)^{\log_{10}x}=\log_{10}x^2$

$\Leftrightarrow (\log_{10}x)\log_{10}(\log_{10}x)=2\log_{10}x$

ここで $\log_{10}x=X$ とおくと $(X>0)$

$X\log_{10}X=2X$

$X>0$ より

$\log_{10}X=2$

∴ $X=10^2$

よって　$\log_{10}x=100$　∴ $x=10^{100}$

(4) 真数は正であるから $x>0$ かつ $(x-3)^2>0$

∴ $x>0$ かつ $x\ne 3$ …①

このとき

与式 $\Leftrightarrow \log_2 x+\dfrac{\log_2(x-3)^2}{\log_2 4}=1$

$\Leftrightarrow 2\log_2 x+\log_2(x-3)^2=2$

$\Leftrightarrow \log_2 x^2(x-3)^2=\log_2 2^2$

$\Leftrightarrow x^2(x-3)^2=4$

$\Leftrightarrow x(x-3)=\pm 2$

よって $x^2-3x\pm 2=0$

(i) $x^2-3x+2=0$ のとき $(x-1)(x-2)=0$

∴ $x=1, 2$ (①をみたす)

(ii) $x^2-3x-2=0$ のとき $x=\dfrac{3\pm\sqrt{17}}{2}$

① より $x=\dfrac{3+\sqrt{17}}{2}$

以上より　$x=\dfrac{3+\sqrt{17}}{2}, 1, 2$

(4)の別解

真数は正であるから $x>0$ かつ $x\ne 3$ …①

このとき

与式 $\Leftrightarrow \log_2 x+2\log_4|x-3|=1$

$\Leftrightarrow \log_2 x+\dfrac{2\log_2|x-3|}{\log_2 4}=1$

$\Leftrightarrow \log_2 x+\log_2|x-3|=1$

$\Leftrightarrow \log_2 x|x-3|=\log_2 2$

$\Leftrightarrow x|x-3|=2$

(i) $x>3$ のとき

$x(x-3)=2$

∴ $x^2-3x-2=0$　∴ $x=\dfrac{3\pm\sqrt{17}}{2}$

①より $x=\dfrac{3+\sqrt{17}}{2}$

(ii) $x<3$ のとき
$-x(x-3)=2$ ∴ $(x-1)(x-2)=0$
∴ $x=1, 2$ (①をみたす)

以上より $x=1, 2, \dfrac{3+\sqrt{17}}{2}$

TRIAL

$x^2\log_2 y + y\log_4 x = 2 \cdots$ ①

$\log_2 x + \log_4(\log_2 y) = \dfrac{1}{2} \cdots$ ②

真数は正であるから $x>0$, $y>0$, $\log_2 y>0$
∴ $x>0$, $y>1 \cdots$ ③
このとき②より

② $\Leftrightarrow \log_2 x + \dfrac{\log_2(\log_2 y)}{\log_2 4} = \dfrac{1}{2}$

$\Leftrightarrow 2\log_2 x + \log_2(\log_2 y) = 1$

$\Leftrightarrow \log_2 x^2 + \log_2(\log_2 y) = 1$

$\Leftrightarrow \log_2(x^2 \log_2 y) = \log_2 2$

$\Leftrightarrow x^2 \log_2 y = 2 \cdots$ ④

①に代入すると
$2 + y\log_4 x = 2$ ∴ $y\log_4 x = 0$
③より $\log_4 x = 0$ ∴ $x=1$
④に代入して $y=4$ (③をみたす)
以上より $x=1, y=4$

057

(1) 真数条件より
$x-3>0$ かつ $x-6>0$
∴ $x>6 \cdots$ ①
このとき
与式 $\Leftrightarrow \log_3(x-3)(x-6) < \log_3 3$
底は $3(>1)$ なので
$(x-3)(x-6) < 3$
∴ $x^2-9x+15<0$
∴ $\dfrac{9-\sqrt{21}}{2} < x < \dfrac{9+\sqrt{21}}{2}$

これと①より $6 < x < \dfrac{9+\sqrt{21}}{2}$

(2) 真数は正であるから
$x-1>0$ かつ $x+11>0$ ∴ $x>1 \cdots$ ①
このとき

与式 $\Leftrightarrow \log_a(x-1) \geqq \dfrac{\log_a(x+11)}{\log_a a^2}$

$\Leftrightarrow 2\log_a(x-1) \geqq \log_a(x+11)$

$\Leftrightarrow \log_a(x-1)^2 \geqq \log_a(x+11) \cdots$ ②

(i) $0<a<1$ のとき
②より
$(x-1)^2 \leqq x+11$
よって
$x^2-3x-10 \leqq 0$
∴ $(x-5)(x+2) \leqq 0$ ∴ $-2 \leqq x \leqq 5$
これと①より
$1 < x \leqq 5$

(ii) $a>1$ のとき
②より
$(x-1)^2 \geqq x+11$
よって
$x^2-3x-10 \geqq 0$
∴ $(x-5)(x+2) \geqq 0$ ∴ $x \leqq -2$, $5 \leqq x$
これと①より $5 \leqq x$
よって $0<a<1$ のとき $1<x \leqq 5$
$a>1$ のとき $5 \leqq x$

(3) 真数は正であるから
$x>0$ かつ $x^2>0$ ∴ $x>0 \cdots$ ①
このとき与式 $\Leftrightarrow (\log_{\frac{1}{3}} x)^2 + 2\log_{\frac{1}{3}} x - 15 \leqq 0$
ここで, $\log_{\frac{1}{3}} x = X$ とおくと
$X^2 + 2X - 15 \leqq 0$
∴ $(X+5)(X-3) \leqq 0$
∴ $-5 \leqq X \leqq 3$
よって $\log_{\frac{1}{3}}\left(\dfrac{1}{3}\right)^{-5} \leqq \log_{\frac{1}{3}} x \leqq \log_{\frac{1}{3}}\left(\dfrac{1}{3}\right)^3$

底は $\dfrac{1}{3}(<1)$ なので

$\left(\dfrac{1}{3}\right)^{-5} \geqq x \geqq \left(\dfrac{1}{3}\right)^3$ (①をみたす)

∴ $\dfrac{1}{27} \leqq x \leqq 243$

058

(1) 常用対数をとって
$\log_{10} 12^{60} = 60\log_{10} 2^2 \cdot 3$
$= 60(2\log_{10} 2 + \log_{10} 3)$
$= 60(2 \times 0.3010 + 0.4771)$
$= 64.746$
よって $64 < \log_{10} 12^{60} < 65$
∴ $\log_{10} 10^{64} < \log_{10} 12^{60} < \log_{10} 10^{65}$
∴ $10^{64} < 12^{60} < 10^{65}$
よって 12^{60} は **65桁**

(2) 12^{60} の最高位の数字を a とおくと，(1)より
12^{60} は 65 桁であるから
$a \times 10^{64} \leqq 12^{60} < (a+1) \times 10^{64} \cdots$ ① をみたす
両辺の常用対数をとると
$\log_{10} a \times 10^{64} \leqq \log_{10} 12^{60} < \log_{10}(a+1) \times 10^{64}$
(1)より
$\log_{10} a + 64 \leqq 64.746 < \log_{10}(a+1) + 64$
∴ $\log_{10} a \leqq 0.746 < \log_{10}(a+1)$
ここで $\log_{10} 5 = \log_{10} \dfrac{10}{2} = 1 - 0.3010 = 0.6990$
$\log_{10} 6 = \log_{10} 2 + \log_{10} 3 = 0.3010 + 0.4771$
$\phantom{\log_{10} 6} = 0.7781$
よって①をみたすのは $a=5$
よって最高位の数字は 5

TRIAL 常用対数をとると
$\log_{10}\left(\dfrac{1}{125}\right)^{20} = 20 \log_{10} 5^{-3} = -60 \log_{10} 5$
$\phantom{\log_{10}\left(\dfrac{1}{125}\right)^{20}} = -60 \log_{10} \dfrac{10}{2}$
$\phantom{\log_{10}\left(\dfrac{1}{125}\right)^{20}} = -60(1 - \log_{10} 2)$
$\phantom{\log_{10}\left(\dfrac{1}{125}\right)^{20}} = -60(1 - 0.3010) = -41.94$
よって $-42 < \log_{10}\left(\dfrac{1}{125}\right)^{20} < -41$
∴ $10^{-42} < \left(\dfrac{1}{125}\right)^{20} < 10^{-41}$
よって $\left(\dfrac{1}{125}\right)^{20}$ は小数第 42 位にはじめて 0 でない数が現れる．

059
$x \geqq 10, \ y \geqq 10, \ xy = 10^3$ より
$\begin{cases} \log_{10} x \geqq \log_{10} 10 \quad \therefore \ \log_{10} x \geqq 1 \\ \log_{10} y \geqq \log_{10} 10 \quad \therefore \ \log_{10} y \geqq 1 \\ \log_{10} xy = \log_{10} 10^3 \quad \therefore \ \log_{10} x + \log_{10} y = 3 \end{cases}$
よって $\log_{10} x = X, \ \log_{10} y = Y \cdots$ ①
とおくと
$\begin{cases} X \geqq 1 \cdots ② \\ Y \geqq 1 \cdots ③ \\ Y = 3 - X \cdots ④ \end{cases}$
よって②③④をみたすときの XY の最大値と最小値を求めればよい．
④より
$XY = X(3-X)$
$ = -X^2 + 3X$
$ = -\left(X - \dfrac{3}{2}\right)^2 + \dfrac{9}{4}$

②③④より X の範囲は $1 \leqq X \leqq 2$
よって $X = \dfrac{3}{2}$ のとき XY の最大値 $\dfrac{9}{4}$
このとき $\log_{10} x = \dfrac{3}{2}$ ∴ $x = 10^{\frac{3}{2}} = 10\sqrt{10}$
このとき $Y = \dfrac{3}{2}$ であるから同様に $y = 10\sqrt{10}$
また $X = 1, \ 2$ のとき XY の最小値 2
このとき
$(X, Y) = (1, 2), \ (2, 1)$
①に代入して
$(x, y) = (10, 100), \ (100, 10)$
以上より
$(x, y) = (10\sqrt{10}, \ 10\sqrt{10})$ のとき最大値 $\dfrac{9}{4}$
$(x, y) = (10, 100), \ (100, 10)$ のとき最小値 2

060
真数と底の条件から
$x > 0, \ x \neq 1, \ y > 0, \ y \neq 1 \cdots$ ①
与式より
$\log_x y > \dfrac{\log_x x}{\log_x y}$
$\log_x y = X$ とおくと $X > \dfrac{1}{X} \cdots$ ②
(i) $X > 0$ のとき
② ⇔ $X^2 > 1$ ⇔ $X > 1$
(ii) $X < 0$ のとき
② ⇔ $X^2 < 1$ ⇔ $-1 < X < 0$
よって $-1 < X < 0$ または $X > 1$
したがって $\log_x x^{-1} < \log_x y < \log_x 1$
または $\log_x y > \log_x x$
$\begin{cases} 0 < x < 1 \text{ のとき } \dfrac{1}{x} > y > 1 \text{ または } y < x \\ x > 1 \text{ のとき } \dfrac{1}{x} < y < 1 \text{ または } y > x \end{cases}$
①のもとでこれを図示すると下のようになる
これと①の共通部分が点 (x, y) の存在する領域である．

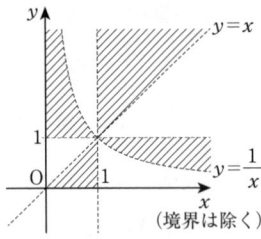

TRIAL 真数と底の条件から
$$x>0,\ x\ne 1,\ y>0,\ y\ne 1\ \cdots ①$$
このとき与式より
$$\frac{\log_2 y}{\log_2 x}+\frac{\log_2 x}{\log_2 y}>2+\left(\frac{\log_2 2}{\log_2 x}\right)\left(\frac{\log_2 2}{\log_2 y}\right)$$
$\log_2 x=X,\ \log_2 y=Y$ とおくと
$$\frac{Y}{X}+\frac{X}{Y}>2+\frac{1}{XY}$$
また①より $X\ne 0,\ Y\ne 0$ であるから $X^2Y^2>0$
よって，両辺に X^2Y^2 をかけて
$$XY(Y^2+X^2-2XY-1)>0$$
$$\therefore\ XY\{(Y-X)^2-1\}>0$$
$$\therefore\ XY(Y-X-1)(Y-X+1)>0\ \cdots ②$$
ここで
$$\begin{cases}X>0\Leftrightarrow x>1\\X<0\Leftrightarrow x<1,\end{cases}\begin{cases}Y>0\Leftrightarrow y>1\\Y<0\Leftrightarrow y<1\end{cases}$$
また
$$Y-X-1>0\Leftrightarrow \log_2 y-\log_2 x-1>0$$
$$\Leftrightarrow \log_2 y>\log_2 2x$$
$$\Leftrightarrow y>2x$$
$Y-X-1<0$ についても同様で
$$\begin{cases}Y-X-1>0\Leftrightarrow y>2x\\Y-X-1<0\Leftrightarrow y<2x\end{cases}$$
$Y-X+1$ についても同様で
$$\begin{cases}Y-X+1>0\Leftrightarrow y>\dfrac{x}{2}\\Y-X+1<0\Leftrightarrow y<\dfrac{x}{2}\end{cases}$$
以上を用いて②の4つの項のうち，正の項と負の項の数がともに偶数個である (x,y) の範囲を図示する．

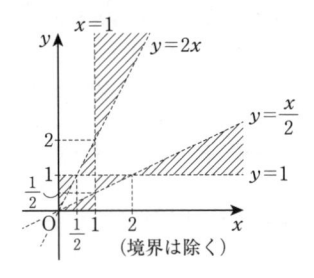

061
$\log_3(x^2-2x+10)=t\ \cdots ①$ とおくと与式は
$$t^2-8t-a+1=0\ \cdots ②$$
また① $\Leftrightarrow \log_3((x-1)^2+9)=t\ \cdots ①'$ であり
$$(x-1)^2+9\geqq 9$$
であるから
$$t\geqq \log_3 9\quad \therefore\ t\geqq 2$$
また①' より
$$(x-1)^2+9=3^t\quad \therefore\ x=\pm\sqrt{3^t-9}+1$$
であるから，与式をみたす実数 x の値は，方程式②をみたす実数 t に対して
$$\begin{cases}t>2\ \text{なるものに対しては2個ずつ}\\t=2\ \text{なるものに対しては1個}\end{cases}$$
対応し，それ以外の t に対しては1個も対応しない．よって与えられた方程式が4個の解をもつ条件は②が $t>2$ をみたす異なる2つの解をもつこと
ここで
$$② \Leftrightarrow t^2-8t+1=a$$
より，$f(t)=t^2-8t+1$ とすると，題意をみたす条件は $y=f(t)$ のグラフと直線 $y=a$ が $t>2$ において2つの共有点をもつことである．
よってグラフより
$$-15<a<-11$$

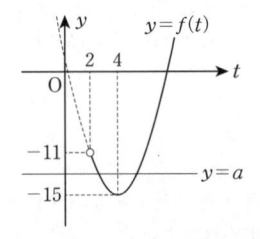

062
(1) $3^x>0,\ 3^{-x}>0$ であるから
相加・相乗平均の関係より
$$t=3^x+3^{-x}\geqq 2\sqrt{3^x\cdot 3^{-x}}=2\quad \therefore\ t\geqq 2\quad \text{終}$$

また $9^x+9^{-x} = 9^x + \dfrac{1}{9^x}$
$= \left(3^x + \dfrac{1}{3^x}\right)^2 - 2 \cdot 3^x \cdot \dfrac{1}{3^x}$
$= t^2 - 2$

(2) 与式より $y = 9^x + 9^{-x} - 9(3^x + 3^{-x}) + 2$
(1)より
$y = (t^2 - 2) - 9t + 2$
$= t^2 - 9t$
$= \left(t - \dfrac{9}{2}\right)^2 - \dfrac{81}{4}$

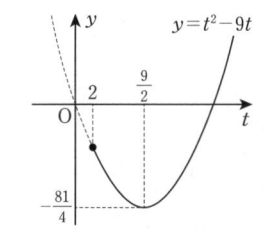

よって
$y \geq -\dfrac{81}{4}$

等号が成り立つのは
$t = \dfrac{9}{2}$ のとき このとき $3^x + 3^{-x} = \dfrac{9}{2}$

$3^x = X \, (X > 0)$ とおくと
$X + \dfrac{1}{X} = \dfrac{9}{2}$
$\therefore 2X^2 - 9X + 2 = 0$
$\therefore X = \dfrac{9 \pm \sqrt{65}}{4}$

よって $x = \log_3 \dfrac{9 \pm \sqrt{65}}{4}$

(よって $t = \dfrac{9}{2}$ となる x がたしかに存在する)

このとき y は最小である。
よって
$x = \log_3 \dfrac{9 \pm \sqrt{65}}{4}$ のとき y の最小値 $-\dfrac{81}{4}$

063

(1) $\log_6 12 > \log_6 1 = 0$ より，$\log_6 12$ は正の数である．$\log_6 12$ が有理数であると仮定すると
$\log_6 12 = \dfrac{p}{q}$ (p, q は自然数)
と表せる．これより

$6^{\frac{p}{q}} = 12$
$\therefore 6^p = 12^q \cdots ①$
$\therefore 2^p \cdot 3^p = 2^{2q} \cdot 3^q$

2 と 3 が互いに素であるから
$p = 2q$ かつ $p = q$

しかしこれをみたす自然数 p, q は存在しない．このことは①が成立することに矛盾する．よって $\log_6 12$ は無理数である． 終

(2) $1 < 2 < 7$ より $0 < \log_7 2 < 1$
であるから
$\dfrac{k}{10} \leq \log_7 2 < \dfrac{k+1}{10} \cdots ①$
(k は整数で $0 \leq k \leq 9$)

と表せる．この k を求めればよい．
① $\Leftrightarrow \log_7 7^{\frac{k}{10}} \leq \log_7 2 < \log_7 7^{\frac{k+1}{10}}$
$\Leftrightarrow 7^{\frac{k}{10}} \leq 2 < 7^{\frac{k+1}{10}}$
$\Leftrightarrow 7^k \leq 2^{10} < 7^{k+1} \cdots ①'$
ここで
$2^{10} = 1024$
$7^3 = 343$, $7^4 = 2401$
より
$k = 3$
よって
$\dfrac{3}{10} \leq \log_7 2 < \dfrac{4}{10}$
よって $\log_7 2$ は小数第1位まで求めると **0.3**

§5 微分法と積分法

064

(1) (i) $x = -1$ を代入して
$\lim_{x \to -1} \dfrac{x^3 + 3}{2x + 1} = \dfrac{-1 + 3}{-2 + 1} = -2$

(ii) $x \neq 3$ より
与式 $= \lim_{x \to 3} \dfrac{x^3 - 27}{x - 3}$
$= \lim_{x \to 3} \dfrac{(x-3)(x^2 + 3x + 9)}{x - 3}$
$= \lim_{x \to 3} (x^2 + 3x + 9) = 9 + 9 + 9 = \mathbf{27}$

(2) $f(x) = x^4$ とおくと，求めるものは $f'(x)$ と表せ
$f'(x) = \lim_{h \to 0} \dfrac{(x + h)^4 - x^4}{h}$

$$= \lim_{h \to 0} \frac{4x^3h + 6x^2h^2 + 4xh^3 + h^4}{h}$$
$$= \lim_{h \to 0} (4x^3 + 6x^2h + 4xh^2 + h^3)$$
$$= 4x^3$$

065

(1) $f'(x) = (3x^3 - x^2 + 7)' = 3(x^3)' - (x^2)' + 7(1)'$
$= 3(3x^2) - (2x) = \boldsymbol{9x^2 - 2x}$
よって
$$f'(-1) = 9 + 2 = \boldsymbol{11}$$

(2) $f'(x) = (-x^4 + 5x^3 + 6x^2 - x - 1)'$
$= -(x^4)' + 5(x^3)' + 6(x^2)' - (x)' - (1)'$
$= -(4x^3) + 5(3x^2) + 6(2x) - 1$
$= \boldsymbol{-4x^3 + 15x^2 + 12x - 1}$
よって
$$f'(0) = \boldsymbol{-1}$$

066

(1) $f(x) = 2x^3 + 5x^2 - 3x + 1$ とおくと
$f'(x) = 6x^2 + 10x - 3$
よって $f'(1) = 13$ であるから,曲線上の点 $(1, 5)$ における接線は,点 $(1, 5)$ を通り傾き 13 の直線で,求める接線の方程式は
$y = 13(x - 1) + 5$ ∴ $\boldsymbol{y = 13x - 8}$

(2) $f(x) = x^3 - 3x + 1$ とおくと $f'(x) = 3x^2 - 3$
よって曲線上の点 $(t, t^3 - 3t + 1)$ での接線の方程式は
$y = (3t^2 - 3)(x - t) + t^3 - 3t + 1$
∴ $y = (3t^2 - 3)x - 2t^3 + 1 \cdots$ ①
この接線が $(1, -2)$ を通る条件は,代入し
$-2 = (3t^2 - 3) \cdot 1 - 2t^3 + 1$
∴ $t^2(2t - 3) = 0$
∴ $t = 0, \dfrac{3}{2}$
①に代入して求める接線の方程式は
$$\boldsymbol{y = -3x + 1, \quad y = \dfrac{15}{4}x - \dfrac{23}{4}}$$

067

(1) $y' = 3x^2 + 2x - 1 = (3x - 1)(x + 1)$
増減表は

x		-1		$\dfrac{1}{3}$	
y'	$+$	0	$-$	0	$+$
y	↗	3	↘	$\dfrac{49}{27}$	↗

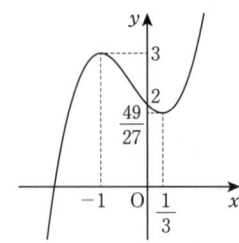

(2) $y' = -2x^2 + 4x - 2 = -2(x - 1)^2$
増減表は

x		1	
y'	$-$	0	$-$
y	↘	$-\dfrac{11}{3}$	↘

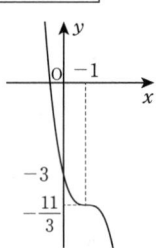

(3) $y' = \dfrac{3}{2}x^2 - 6x + 8 = \dfrac{1}{2}(3x^2 - 12x + 16)$
$= \dfrac{1}{2}\{3(x - 2)^2 + 4\}$

よって,つねに $y' > 0$

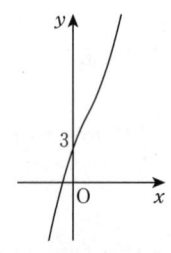

068

(1) $f(x) = 2x^3 - x^2 - 4x - 1$ とおくと
$f'(x) = 6x^2 - 2x - 4 = 2(3x + 2)(x - 1)$

x	$\cdots$	$-\dfrac{2}{3}$	$\cdots$	1	$\cdots$
$f'(x)$	$+$	0	$-$	0	$+$
$f(x)$	↗		↘		↗

よって $x=-\dfrac{2}{3}$ のとき極大となり

極大値 $f\left(-\dfrac{2}{3}\right)=\dfrac{17}{27}$

(2) $f(x)=2x^3-ax^2+x+9$ とおくと
$\quad f'(x)=6x^2-2ax+1$
3次関数が極値をもつのは，極大値と極小値を1つずつもつときで，$f'(x)=0$ が異なる2実数解をもつとき．よって $f'(x)=0$ の判別式を D とすると条件は
$\dfrac{D}{4}=a^2-6>0$ $\therefore a<-\sqrt{6}, \sqrt{6}<a$

(3) $f(x)=x^3-7x^2+ax+4$ とおくと
$\quad f'(x)=3x^2-14x+a$
$x=2$ で極値をもつとき，
$\quad f'(2)=-16+a=0$
$\therefore a=16$
であることが必要．このとき
$\quad f'(x)=3x^2-14x+16=(3x-8)(x-2)$

x	$\cdots$	2	$\cdots$	$\dfrac{8}{3}$	$\cdots$
$f'(x)$	$+$	0	$-$	0	$+$
$f(x)$	↗		↘		↗

増減表よりたしかに $x=2$ のとき極値をもち，（これは極大値である．）
極大値 $f(2)=2a-16=16$
極小値 $f\left(\dfrac{8}{3}\right)=\left(\dfrac{8}{3}\right)^3-7\left(\dfrac{8}{3}\right)^2+16\left(\dfrac{8}{3}\right)+4$
$\qquad =\dfrac{428}{27}$

TRIAL $f(x)=x^3-2x^2-3x+2$ とおくと
$\quad f'(x)=3x^2-4x-3$
ここで $f'(x)=0$ とおくと $x=\dfrac{2\pm\sqrt{13}}{3}$
これを $\alpha,\ \beta\ (\alpha<\beta)$ と表すと，
$x=\alpha$ のとき極大値 $f(\alpha)$ をとり，$x=\beta$ のとき極小値 $f(\beta)$ をとる．

x	$\cdots$	α	$\cdots$	β	$\cdots$
$f'(x)$	$+$	0	$-$	0	$+$
$f(x)$	↗	極大	↘	極小	↗

ここで $f(x)$ を $f'(x)$ で割り算すると
x^3-2x^2-3x+2
$=(3x^2-4x-3)\left(\dfrac{1}{3}x-\dfrac{2}{9}\right)-\dfrac{26}{9}x+\dfrac{4}{3}$
であるから
$f(x)=f'(x)\left(\dfrac{1}{3}x-\dfrac{2}{9}\right)+\dfrac{2}{9}(-13x+6)$
$f'(\beta)=0$ より
極小値 $f(\beta)$
$=f'(\beta)\left(\dfrac{1}{3}\beta-\dfrac{2}{9}\right)+\dfrac{2}{9}(-13\beta+6)$
$=\dfrac{2}{9}(-13\beta+6)=\dfrac{2}{9}\left(-13\cdot\dfrac{2+\sqrt{13}}{3}+6\right)$
$=\dfrac{-2(8+13\sqrt{13})}{27}$

069
(1) $y'=2x^2-10x+8=2(x-1)(x-4)$
$0\leqq x\leqq 6$ における増減表は次の通り

x	0		1		4		6
y'		$+$	0	$-$	0	$+$	
y	1	↗	$\dfrac{14}{3}$	↘	$-\dfrac{13}{3}$	↗	13

よって $x=6$ のとき最大値 13
$\qquad x=4$ のとき最小値 $-\dfrac{13}{3}$

(2) (1)と同様にして増減表は次の通り，

x	-1		1		3
y'		$+$	0	$-$	
y	$-\dfrac{38}{3}$	↗	$\dfrac{14}{3}$	↘	-2

よって $x=1$ のとき最大値 $\dfrac{14}{3}$
$\qquad x=-1$ のとき最小値 $-\dfrac{38}{3}$

070
$f(x)=x^3-3a^2x+a^2$ とおくと

復習の答 35

$f'(x)=3x^2-3a^2=3(x+a)(x-a)$

(i) $0<a<2$ のとき

x		-2		$-a$		a		2
$f'(x)$			$+$	0	$-$	0	$+$	
$f(x)$		$7a^2-8$	↗	$2a^3+a^2$	↘	$-2a^3+a^2$	↗	$-5a^2+8$

よって最大値は $f(-a)$ と $f(2)$ の大きい方．
(等しいときはその等しい値)
最小値は $f(-2)$ と $f(a)$ の小さい方．
(等しいときはその等しい値)
ここで大小を比較すると
$$f(-a)\leqq f(2)\Leftrightarrow 2a^3+a^2\leqq -5a^2+8$$
$$\Leftrightarrow 2a^3+6a^2-8\leqq 0$$
$$\Leftrightarrow a^3+3a^2-4\leqq 0$$
$$\Leftrightarrow (a-1)(a^2+4a+4)\leqq 0$$
$$\Leftrightarrow (a-1)(a+2)^2\leqq 0$$
$$\Leftrightarrow a-1\leqq 0\Leftrightarrow (0<)a\leqq 1$$

よって $0<a\leqq 1$ のとき $f(-a)\leqq f(2)$
同様に $1<a<2$ のとき $f(-a)\geqq f(2)$
したがって

(ア) $0<a\leqq 1$ のとき $x=2$ のとき最大となり
最大値 $f(2)=-5a^2+8$

(イ) $1<a<2$ のとき $x=-a$ のとき最大となり
最大値 $f(-a)=2a^3+a^2$

$f(-2)$ と $f(a)$ についても同様に変形できて
$f(-2)\leqq f(a)\Leftrightarrow 7a^2-8\leqq -2a^3+a^2$
$$\Leftrightarrow 2a^3+6a^2-8\leqq 0$$
$$\Leftrightarrow a-1<0\Leftrightarrow (0<)a\leqq 1$$

よって $0<a\leqq 1$ のとき $f(-2)\leqq f(a)$
同様に $1<a<2$ のとき $f(-2)\geqq f(a)$
したがって

(ア) $0<a\leqq 1$ のとき $x=-2$ のとき最小となり
最小値 $f(-2)=7a^2-8$

(イ) $1<a<2$ のとき $x=a$ のとき最小となり
最小値 $f(a)=-2a^3+a^2$

(ii) $a\geqq 2$ のとき
$-2<x<2$ において $f'(x)<0$
つまり $f(x)$ は減少関数
よって
$x=-2$ のとき最大 $f(-2)=7a^2-8$
$x=2$ のとき最小 $f(2)=-5a^2+8$

以上より

$$\begin{cases} 0<a\leqq 1 \text{ のとき最大値 } -5a^2+8 \\ 1<a<2 \text{ のとき最大値 } 2a^3+a^2 \\ a\geqq 2 \text{ のとき最大値 } 7a^2-8 \end{cases}$$

$$\begin{cases} 0<a\leqq 1 \text{ のとき最小値 } 7a^2-8 \\ 1<a<2 \text{ のとき最小値 } -2a^3+a^2 \\ a\geqq 2 \text{ のとき最小値 } -5a^2+8 \end{cases}$$

071

(1) $x^3-3x^2-24x+1-k=0$
$\Leftrightarrow x^3-3x^2-24x+1=k$
より $f(x)=x^3-3x^2-24x+1$ とおくと，与えられた方程式の実数解は，$y=f(x)$ のグラフと直線 $y=k$ の共有点の x 座標．
したがって，題意をみたす条件は，これらが $-4\leqq x\leqq 8$ で少なくとも1つの共有点をもつこと．

$f'(x)=3x^2-6x-24=3(x+2)(x-4)$

x	-4	⋯	-2	⋯	4	⋯	8
$f'(x)$		$+$	0	$-$	0	$+$	
$f(x)$	-15	↗	29	↘	-79	↗	129

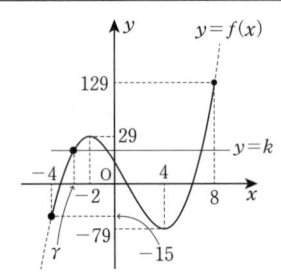

このグラフより $-79\leqq k\leqq 129$

(2) 与式が異なる3つの実数解をもつのは上の2つのグラフが3つの共有点をもつときで
$-15\leqq k<29$ ⋯①
$k=-15$ のとき $\gamma=-4$
①の範囲で k を変化させるとグラフより
$-4\leqq \gamma<-2$

TRIAL $y=x^3-4x^2+6x$ ⋯① $y=x+a$ ⋯②
①と②を連立して y を消去すると
$x^3-4x^2+6x=x+a$ ⋯③
ここで③ $\Leftrightarrow x^3-4x^2+5x=a$
より3次関数①と直線②の共有点の個数と
3次関数 $y=x^3-4x^2+5x$ ⋯④と
直線 $y=a$ ⋯⑤の共有点の個数は一致する．
そこで④と⑤の個数を調べる．

$f(x)=x^3-4x^2+5x$ とおくと
$$f'(x)=3x^2-8x+5=(3x-5)(x-1)$$

x		1		$\dfrac{5}{3}$	
$f'(x)$	$+$	0	$-$	0	$+$
$f(x)$	↗	2	↘	$\dfrac{50}{27}$	↗

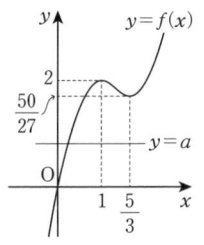

よってグラフより

$$\begin{cases} a<\dfrac{50}{27},\ 2<a \text{ のとき 1 個} \\ a=\dfrac{50}{27},\ 2 \text{ のとき 2 個} \\ \dfrac{50}{27}<a<2 \text{ のとき 3 個} \end{cases}$$

072

$f(x)=x^3+3ax^2-45a^2x-5$ とおくと
$$f'(x)=3x^2+6ax-45a^2$$
$$=3(x-3a)(x+5a)$$
より $f'(x)=0 \Leftrightarrow x=-5a,\ 3a$
いま題意をみたす条件は
(i) $f'(x)$ が極大値と極小値をもち,
(ii) 極大値 $=0$ かまたは極小値 $=0$

(i)は $-5a \neq 3a$ ∴ $a \neq 0 \cdots$ ①
(ii)は $f(-5a)f(3a)=0$
∴ $(7 \cdot 5^2 a^3-5)(-3^4 a^3-5)=0$
∴ $(35a^3-1)(3^4 a^3+5)=0$
∴ $a^3=\dfrac{1}{35},\ -\dfrac{5}{3 \cdot 3^3}$

(i)(ii)より
$$a=\dfrac{1}{\sqrt[3]{35}},\ -\dfrac{1}{3}\sqrt[3]{\dfrac{5}{3}}\quad (\text{①をみたす})$$

073

(1) $f'(x)=3x^2+2ax+b$
$\quad g'(x)=2x+p$
$y=f(x)$ と $y=g(x)$ が 1 点 $A(0,1)$ を共有し,

A において共通の接線をもつ条件は
$$f(0)=g(0)=1,\quad f'(0)=g'(0)$$
∴ $c=q=1,\ b=p$
よって $f(x)=x^3+ax^2+px+1$,
$\quad g(x)=x^2+px+1$

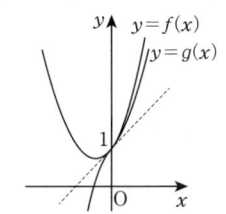

ここで $y=f(x)$ と $y=g(x)$ を連立して y を消去すると
$$f(x)=g(x) \quad ∴\ x^2\{x+(a-1)\}=0$$
∴ $x=0,\ -a+1$
であることから, $y=f(x)$ と $y=g(x)$ の共有点がただ一つである条件は,
$$-a+1=0 \quad ∴\ a=1$$
よって $f'(x)=3x^2+2x+p$
極値をもたないことから
$f'(x)=0$ の判別式を D とすると
$$\dfrac{D}{4}=1-3p \leqq 0 \quad ∴\ p \geqq \dfrac{1}{3}$$

(2) $g(x)=x^2+px+1$ なので
$$g(x)=\left(x+\dfrac{p}{2}\right)^2+1-\dfrac{p^2}{4}$$
よって $y=g(x)$ の頂点を (x,y) とすると,
$$x=-\dfrac{p}{2} \cdots ① \quad y=1-\dfrac{p^2}{4}\left(p \geqq \dfrac{1}{3}\right) \cdots ②$$
①($\Leftrightarrow p=-2x$)を②に代入して
$$y=1-x^2\left(x \leqq -\dfrac{1}{6}\right)$$
これが放物線 $y=g(x)$ の頂点が描く図形の方程式である.

074

$f(x)=x^3+x^2-3x-4$ とする.
曲線 $y=f(x)$ 上の点 $(t,f(t))$ での接線の方程式は $f'(x)=3x^2+2x-3$ より
$$y=(3t^2+2t-3)(x-t)+t^3+t^2-3t-4$$
∴ $y=(3t^2+2t-3)x-2t^3-t^2-4 \cdots ①$
この接線が点 $(0,a)$ を通る条件は, 代入して
$$a=-2t^3-t^2-4 \cdots ②$$
接線が 1 本しか引けない条件は, ②をみたす

実数 t がちょうど1つであること．
$g(t)=-2t^3-t^2-4$ とおくと
$$g'(t)=-6t^2-2t=-2t(3t+1)$$
よって題意をみたす条件は

t		$-\dfrac{1}{3}$		0	
$g'(t)$	$-$	0	$+$	0	$-$
$g(t)$	↘	$-\dfrac{109}{27}$	↗	-4	↘

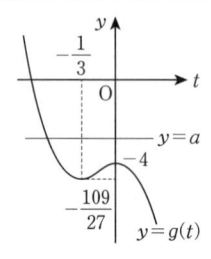

$$a<-\dfrac{109}{27},\ -4<a$$

🅣 $f(x)=x^3+3x^2$ とする
$$f'(x)=3x^2+6x$$
曲線 $y=f(x)$ 上の点 $(t,f(t))$ での接線の方程式は
$$y=(3t^2+6t)(x-t)+t^3+3t^2$$
$$y=(3t^2+6t)x-2t^3-3t^2\ \cdots ①$$
① が点 (a,b) を通る条件は
$$b=(3t^2+6t)a-2t^3-3t^2$$
$$\therefore\ 2t^3-3(a-1)t^2-6at+b=0\ \cdots ③$$
よって③をみたす実数 t がちょうど3個存在する条件を求めればよい．
$$h(t)=2t^3-3(a-1)t^2-6at+b$$
とおくと
$$h'(t)=6t^2-6(a-1)t-6a$$
$$=6(t-a)(t+1)$$
よって $h'(t)=0$ とおくと $t=a,\ -1$ より題意をみたす条件は
$$a\neq -1\ かつ\ h(a)h(-1)<0$$
$$(-a^3-3a^2+b)(3a+b+1)<0$$
またこれより
$$\{b-(a^3+3a^2)\}\{b-(-3a-1)\}<0$$
と表されるので，点 (a,b) の存在範囲を図示すると図の通り．

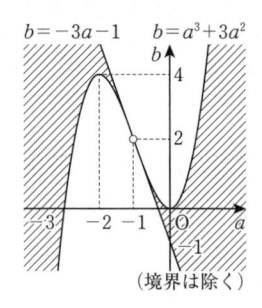

(境界は除く)

075
(1) $f(x)=(3x+18)-(x^3+4x^2)$ とおくと
$$f(x)=-x^3-4x^2+3x+18\ (x\leqq 0)$$
よって
$$f'(x)=-3x^2-8x+3=-(3x-1)(x+3)$$
増減表は次の通り．

x		-3		0
$f'(x)$	$-$	0	$+$	
$f(x)$	↘	0	↗	18

よって $x\leqq 0$ のとき
$$f(x)\geqq 0\ \ \therefore\ x^3+4x^2\leqq 3x+18$$
が成り立つ．　　　　　　　　　　　　　　終

(2) ここで $f(x)=(x^3+32)-px^2$ とおくと
$$f'(x)=3x^2-2px=x(3x-2p)$$

x	0		$\dfrac{2p}{3}$	
$f'(x)$	0	$-$	0	$+$
$f(x)$		↘		↗

よって題意をみたす条件は
$x\geqq 0$ をみたす任意の x に対して $f(x)\geqq 0$ が成り立つこと．よって
$$f\left(\dfrac{2p}{3}\right)=-\dfrac{4}{27}p^3+32\geqq 0$$
$$\therefore\ p^3\leqq 2^3\cdot 3^3\ \ \therefore\ p\leqq 6$$
よって $0<p\leqq 6$

🅣 $f(x)=(x^5-1)-k(x^4-1)$ とおくと
$$f'(x)=5x^4-4kx^3=5x^3\left(x-\dfrac{4}{5}k\right)$$

(i) $k\leqq 0$ のとき
$x>0$ においてつねに $f'(x)>0$
つまり $f(x)$ は増加関数．
またこのとき $f(0)=-1+k<0$
より題意をみたさない．

(ii) $k>0$ のとき増減表は

x	0		$\frac{4}{5}k$	
$f'(x)$		$-$	0	$+$
$f(x)$		↘		↗

このとき $x>0$ において

$f(x)$ の最小値は $f\left(\frac{4}{5}k\right)$

一方 $f(1)=0$ であるから，題意をみたすには

$\frac{4}{5}k=1$ ∴ $k=\frac{5}{4}$

ではなくてはならず，このときたしかに題意をみたす．

(i)(ii)より $k=\frac{5}{4}$

076

半径 R の球の中心を O，正四角錐を P−ABCD（底面の正方形が ABCD）とする．また正方形の1辺の長さを x，底面 ABCD に対する正四角錐の高さを h，正方形 ABCD の中心を Z とする．

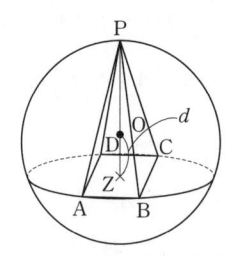

このとき P−ABCD は正四角錐なので P，O，Z は一直線上にあり，OZ⊥平面 ABCD より

$OZ = \sqrt{OA^2 - AZ^2} = \sqrt{R^2 - \left(\frac{x}{\sqrt{2}}\right)^2}$

$= \sqrt{R^2 - \frac{x^2}{2}}$

そこで $OZ=d$ とおくと

$d^2 = R^2 - \frac{x^2}{2}$ ···①

であり，V の最大値を考えるので，P は平面 ABCD に関して点 O と同じ側にあるとしてよく（つまり P，O，Z の順に並んでいるとしてよい）

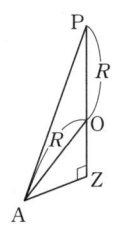

$h=PZ=PO+OZ=R+d$

よって

$V = \frac{1}{3} \times \square ABCD \times h = \frac{1}{3}x^2 \cdot (R+d)$

①より $x^2 = 2(R^2-d^2)$ であるから

$V = \frac{2}{3}(R^2-d^2)(d+R)$

$= \frac{2}{3}(-d^3-Rd^2+R^2d+R^3)$

ここで $f(d) = -d^3-Rd^2+R^2d+R^3$ とおくと

$f'(d) = -3d^2-2Rd+R^2$

$= -(3d-R)(d+R)$

ここで d の範囲は $0 \leq d < R$

d	0		$\frac{R}{3}$		(R)
$f'(d)$		$+$	0	$-$	
$f(d)$		↗		↘	

よって $d=\frac{R}{3}$ のとき V は最大で

最大値 $\frac{2}{3}f\left(\frac{R}{3}\right) = \frac{2}{3}\left(\frac{32}{27}R^3\right) = \frac{64}{81}R^3$

元の球の体積が $\frac{4}{3}\pi R^3$ なので

元の球の体積の $\frac{16}{27\pi}$ 倍

077

(1) $y' = -4x^3+4x^2+12x-12$

$= -4x^2(x-1)+12(x-1)$

$= -4(x-1)(x^2-3)$

$= -4(x-1)(x-\sqrt{3})(x+\sqrt{3})$

x		$-\sqrt{3}$		1		$\sqrt{3}$	
y'	$+$	0	$-$	0	$+$	0	$-$
y	↗	$7+8\sqrt{3}$	↘	$-\frac{23}{3}$	↗	$7-8\sqrt{3}$	↘

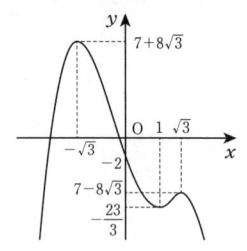

(2) $y'=4x^3+12x^2+12x+4$
$\quad\quad =4(x+1)^3$

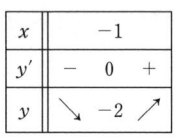

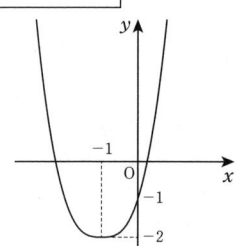

x		-1	
y'	$-$	0	$+$
y	↘	-2	↗

078

(1) $\int\left(-\dfrac{1}{2}x^2+\dfrac{2}{3}x-5\right)dx$
$\quad\quad =-\dfrac{1}{6}x^3+\dfrac{1}{3}x^2-5x+C$

(2) $\int_3^{-2}(5x^2-x-6)dx=\left[\dfrac{5}{3}x^3-\dfrac{1}{2}x^2-6x\right]_3^{-2}$
$\quad =\left\{\dfrac{5}{3}(-2)^3-\dfrac{1}{2}(-2)^2-6(-2)\right\}$
$\quad\quad -\left\{\dfrac{5}{3}\cdot 3^3-\dfrac{1}{2}\cdot 3^2-6\cdot 3\right\}$
$\quad =\left(-\dfrac{40}{3}-2+12\right)-\left(45-\dfrac{9}{2}-18\right)$
$\quad =-\dfrac{155}{6}$

079

(1) $-3x^3+6x$ は奇数次の項の和なので
$\quad \int_{-2}^{2}(-3x^3+6x)dx=0$
$-3x^2-5$ は偶数次の項の和なので
$\quad \int_{-2}^{2}(-3x^2-5)dx=2\int_0^2(-3x^2-5)dx$
よって

与式 $=2\int_0^2(-3x^2-5)dx=2\left[-x^3-5x\right]_0^2$
$\quad =2\cdot(-18)=-36$

(2) 与式 $=\int_{-2}^{1}(x^2-5x+2)dx$
$\quad\quad\quad +\int_0^{-2}(x^2-5x+2)dx$
$\quad =\int_0^{-2}(x^2-5x+2)dx$
$\quad\quad\quad +\int_{-2}^{1}(x^2-5x+2)dx$
$\quad =\int_0^1(x^2-5x+2)dx$
$\quad =\left[\dfrac{1}{3}x^3-\dfrac{5}{2}x^2+2x\right]_0^1$
$\quad =\left(\dfrac{1}{3}-\dfrac{5}{2}+2\right)=-\dfrac{1}{6}$

080

(1) $\int_{-2}^{1}tf(t)dt$ は定数であるから
$\quad \int_{-2}^{1}tf(t)dt=A$ （A は実数）
とおくと
$\quad f(x)=4x+A$
よって
$\quad A=\int_{-2}^{1}tf(t)dt=\int_{-2}^{1}t(4t+A)dt$
$\quad\quad =\int_{-2}^{1}(4t^2+At)dt=\left[\dfrac{4}{3}t^3+\dfrac{1}{2}At^2\right]_{-2}^{1}$
$\quad\quad =-\dfrac{3}{2}A+12$
$\therefore \dfrac{5}{2}A=12 \quad \therefore A=\dfrac{24}{5}$
よって $f(x)=4x+\dfrac{24}{5}$

(2) $\int_a^x f(t)dt=2x^3-a^2x^2-8x+4a-1$ …①
①の両辺を x で微分すると
$\quad f(x)=6x^2-2a^2x-8$
また①に $x=2$ を代入すると
$\quad 0=-4a^2+4a-1$
$\therefore (2a-1)^2=0 \quad \therefore a=\dfrac{1}{2}$
よって
$\quad f(x)=6x^2-\dfrac{1}{2}x-8$

081

(1) $y=-x^2+2x-1=-(x-1)^2$

面積 $=\int_{-3}^{1}(-1)(-x^2+2x-1)dx$

$=-\left[-\dfrac{1}{3}x^3+x^2-x\right]_{-3}^{1}$

$=-\left\{\left(-\dfrac{1}{3}\right)-21\right\}$

$=\dfrac{64}{3}$

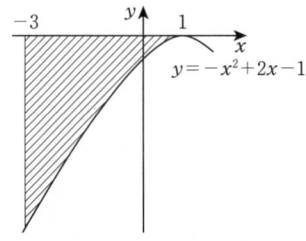

(2) 放物線 $y=x^2$ と放物線 $y=-x^2+4x+6$ の交点の x 座標を求める．$y=x^2$ と $y=-x^2+4x+6$ を連立して y を消去すると

$x^2=-x^2+4x+6$

∴ $2(x^2-2x-3)=0$

∴ $(x+1)(x-3)=0$

よって2つの放物線の交点の x 座標は $x=-1$, 3 であるから図より

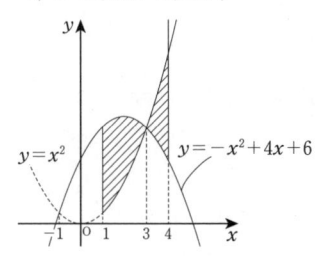

面積 $=\int_{1}^{3}\{(-x^2+4x+6)-x^2\}dx$

$\quad +\int_{3}^{4}\{x^2-(-x^2+4x+6)\}dx$

$=\int_{1}^{3}(-2x^2+4x+6)dx$

$\quad +\int_{3}^{4}(2x^2-4x-6)dx$

$=\left[-\dfrac{2}{3}x^3+2x^2+6x\right]_{1}^{3}+\left[\dfrac{2}{3}x^3-2x^2-6x\right]_{3}^{4}$

$=(-18+18+18)-\left(-\dfrac{2}{3}+2+6\right)$

$\quad +\left(\dfrac{128}{3}-32-24\right)-(18-18-18)$

$=\dfrac{46}{3}$

TRIAL 面積 $=\int_{0}^{3}xdy=\int_{0}^{3}\dfrac{1}{9}y^2 dy=\left[\dfrac{1}{27}y^3\right]_{0}^{3}=1$

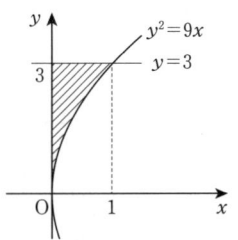

082

(1) $\int_{-3}^{1}|x+2|dx$

$=\int_{-3}^{-2}(-1)(x+2)dx+\int_{-2}^{1}(x+2)dx$

$=-\left[\dfrac{1}{2}x^2+2x\right]_{-3}^{-2}+\left[\dfrac{1}{2}x^2+2x\right]_{-2}^{1}$

$=-\left\{-2-\left(-\dfrac{3}{2}\right)\right\}+\left\{\dfrac{5}{2}-(-2)\right\}=5$

(2) 関数 $y=|(x-1)(x-2)|$ は

$x\leqq 1$, $2\leqq x$ のとき

$\quad y=(x-1)(x-2)$

$1\leqq x\leqq 2$ のとき

$\quad y=-(x-1)(x-2)$

であるから

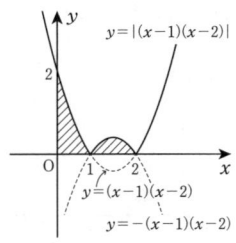

$\int_{0}^{2}|(x-1)(x-2)|dx$

$=\int_{0}^{1}(x^2-3x+2)dx$

$\quad +\int_{1}^{2}\{-(x^2-3x+2)\}dx$

$=\left[\dfrac{1}{3}x^3-\dfrac{3}{2}x^2+2x\right]_{0}^{1}$

$$-\left[\frac{1}{3}x^3-\frac{3}{2}x^2+2x\right]_1^2$$
$$=\left(\frac{1}{3}-\frac{3}{2}+2\right)-\left(\frac{8}{3}-6+4\right)+\left(\frac{1}{3}-\frac{3}{2}+2\right)$$
$$=1$$

(3) (i) $a\leqq 0$ のとき

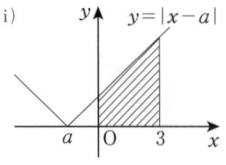

(i) $y=|x-a|$ のグラフ

$$\int_0^3 |x-a|dx=\int_0^3 (x-a)dx=\left[\frac{1}{2}x^2-ax\right]_0^3$$
$$=-3a+\frac{9}{2}$$

(ii) $0\leqq a\leqq 3$ のとき

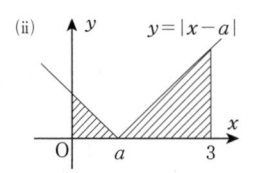

(ii) $y=|x-a|$ のグラフ

$$\int_0^3 |x-a|dx$$
$$=\int_0^a (-1)(x-a)dx+\int_a^3 (x-a)dx$$
$$=-\left[\frac{1}{2}x^2-ax\right]_0^a+\left[\frac{1}{2}x^2-ax\right]_a^3$$
$$=(-2)\left(-\frac{1}{2}a^2\right)+\left(\frac{9}{2}-3a\right)$$
$$=a^2-3a+\frac{9}{2}$$

(iii) $a\geqq 3$ のとき

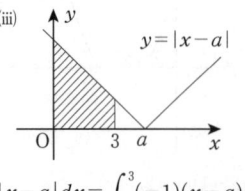

(iii) $y=|x-a|$ のグラフ

$$\int_0^3 |x-a|dx=\int_0^3 (-1)(x-a)dx$$
$$=-\left[\frac{1}{2}x^2-ax\right]_0^3=3a-\frac{9}{2}$$

083

(1) $y=-x^2+2x-2$ と $y=4x-5$ を連立して

y を消去すると
$$-x^2+2x-2=4x-5$$
$$\therefore x^2+2x-3=0$$
$$\therefore (x+3)(x-1)=0$$
$$\therefore x=-3,\ 1$$

よって
$$面積=\int_{-3}^1 \{(-x^2+2x-2)-(4x-5)\}dx$$
$$=\int_{-3}^1 (-1)(x+3)(x-1)dx$$
$$=\frac{\{1-(-3)\}^3}{6}=\frac{32}{3}$$

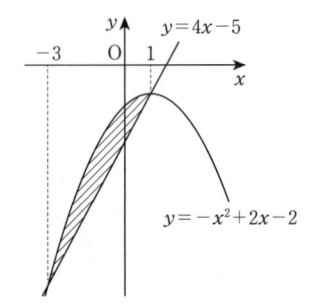

グラフ：$y=4x-5$, $y=-x^2+2x-2$, 交点 -3, 1

(2) $y=2x^2+x+4$ と $y=-x^2+6x+6$ を連立して y を消去すると
$$2x^2+x+4=-x^2+6x+6$$
$$\therefore 3x^2-5x-2=0$$
$$\therefore (x-2)(3x+1)=0$$
$$\therefore x=2,\ -\frac{1}{3}$$

よって
$$面積=\int_{-\frac{1}{3}}^2 \{(-x^2+6x+6)-(2x^2+x+4)\}dx$$
$$=\int_{-\frac{1}{3}}^2 (-3)\left(x+\frac{1}{3}\right)(x-2)dx$$
$$=3\cdot\frac{\left\{2-\left(-\frac{1}{3}\right)\right\}^3}{6}=\frac{1}{2}\cdot\frac{7^3}{3^3}=\frac{343}{54}$$

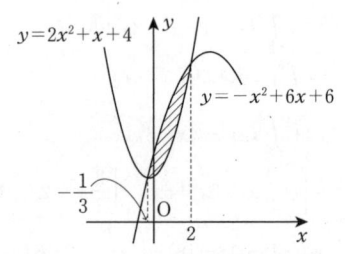

グラフ：$y=2x^2+x+4$, $y=-x^2+6x+6$, 交点 $-\frac{1}{3}$, 2

(3) 曲線 $y=x^3+x^2-x\cdots$ ① を x 軸方向に -2

だけ平行移動した曲線は
$$y=(x+2)^3+(x+2)^2-(x+2)$$
$$\therefore y=x^3+7x^2+15x+10 \cdots ②$$
①と②を連立して y を消去すると
$$x^3+x^2-x=x^3+7x^2+15x+10$$
$$\therefore 6x^2+16x+10=0$$
$$\therefore 3x^2+8x+5=0$$
$$\therefore (3x+5)(x+1)=0$$
$$\therefore x=-\frac{5}{3},\ -1$$
よって
$$面積=\int_{-\frac{5}{3}}^{-1}\{(x^3+x^2-x)-(x^3+7x^2+15x+10)\}dx$$
$$=\int_{-\frac{5}{3}}^{-1}(-6)\left(x+\frac{5}{3}\right)(x+1)dx$$
$$=6\cdot\frac{\left\{(-1)-\left(-\frac{5}{3}\right)\right\}^3}{6}=\frac{8}{27}$$

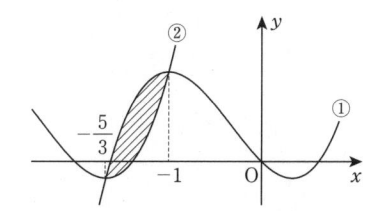

084
P, Q は放物線 $y=x^2$ 上なので $P(p, p^2)$, $Q(q, q^2)$ ($p<q$) と表してよい．PQ=1 より
$$(p-q)^2+(p^2-q^2)^2=1^2$$
$$\therefore (p-q)^2\{1+(p+q)^2\}=1 \cdots ①$$

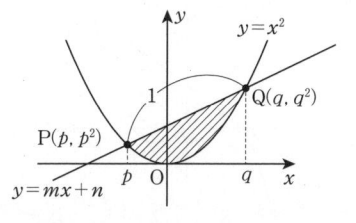

ここで直線PQの方程式を $y=mx+n$ と表す．
このとき P と Q は放物線 $y=x^2$ と
直線 $y=mx+n$ の交点なので，p と q は 2 式
を連立した方程式
$$x^2=mx+n \quad \therefore x^2-(mx+n)=0$$
の 2 解である．よって因数定理より
$$x^2-(mx+n)=(x-p)(x-q)$$

と表される．よって問題の面積を S とすると
$$S=\int_p^q\{(mx+n)-x^2\}dx$$
$$=\int_p^q(-1)(x-p)(x-q)dx$$
$$=\frac{(q-p)^3}{6}$$

ここで①より $(p-q)^2=\frac{1}{1+(p+q)^2}$ であるから
$$S=\frac{1}{6}\{(p-q)^2\}^{\frac{3}{2}}=\frac{1}{6}\left(\frac{1}{1+(p+q)^2}\right)^{\frac{3}{2}}$$

よって
$p+q=0$ のとき S は最大で　S の最大値 $\frac{1}{6}$

085
(1) $f(x)=x^2$ とする．
$A(\alpha, \alpha^2)$ における $y=x^2$ の接線は
$f'(x)=2x$ より
$$y=2\alpha(x-\alpha)+\alpha^2 \quad \therefore y=2\alpha x-\alpha^2 \cdots ①$$

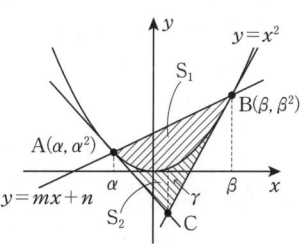

同様に $B(\beta, \beta^2)$ における $y=x^2$ の接線は
$$y=2\beta x-\beta^2 \cdots ②$$
①②を連立して y を消去すると
$$2\alpha x-\alpha^2=2\beta x-\beta^2$$
$$\therefore 2(\beta-\alpha)x=\beta^2-\alpha^2$$
$\beta-\alpha \neq 0$ より
$$x=\frac{\alpha+\beta}{2}$$
交点が $C(\gamma, \delta)$ であるから
$$\gamma=\frac{\alpha+\beta}{2} \cdots ③ \quad\quad 終$$

(2) 直線 AB の方程式を $y=mx+n$ とすると
A と B は $y=x^2$ と $y=mx+n$ の交点なので
α と β は 2 式を連立した方程式
$$x^2=mx+n \quad \therefore x^2-(mx+n)=0$$
の 2 解である．よって因数定理より
$$x^2-(mx+n)=(x-\alpha)(x-\beta)$$
と表される．よって

$$S_1 = \int_\alpha^\beta \{(mx+n)-x^2\}dx$$
$$= \int_\alpha^\beta (-1)(x-\alpha)(x-\beta)dx = \frac{(\beta-\alpha)^3}{6}$$

また
$$S_2 = \int_\alpha^\gamma \{x^2-(2\alpha x-\alpha^2)\}dx$$
$$\quad + \int_\gamma^\beta \{x^2-(2\beta x-\beta^2)\}dx$$
$$= \int_\alpha^\gamma (x-\alpha)^2 dx + \int_\gamma^\beta (x-\beta)^2 dx$$
$$= \left[\frac{1}{3}(x-\alpha)^3\right]_\alpha^\gamma + \left[\frac{1}{3}(x-\beta)^3\right]_\gamma^\beta$$
$$= \frac{1}{3}(\gamma-\alpha)^3 - \frac{1}{3}(\gamma-\beta)^3$$
$$= \frac{1}{3}\left\{\left(\frac{\alpha+\beta}{2}-\alpha\right)^3 - \left(\frac{\alpha+\beta}{2}-\beta\right)^3\right\}$$
$$= \frac{1}{3}\left\{\left(\frac{\beta-\alpha}{2}\right)^3 - \left(\frac{\alpha-\beta}{2}\right)^3\right\}$$
$$= \frac{1}{3}\cdot 2\cdot\frac{(\beta-\alpha)^3}{8}$$
$$= \frac{1}{12}(\beta-\alpha)^3$$

(③) より

よって, $S_1:S_2 = 2:1$

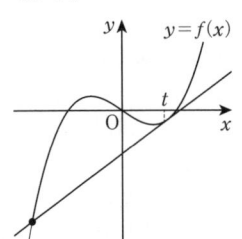

086

(1) $f'(x) = 3x^2 + a$

(t, t^3+at) における $y=f(x)$ の接線の式は
$$y = (3t^2+a)(x-t)+t^3+at$$
$$y = (3t^2+a)x-2t^3 \cdots ①$$

これと $y=f(x)$ を連立して y を消去すると
$$x^3+ax = (3t^2+a)x-2t^3$$
$$x^3-3t^2x+2t^3 = 0$$

①と $y=f(x)$ は $x=t$ で接するので, この方程式は $x=t$ を解にもつ.
よって因数定理より
$$(x-t)(x^2+tx-2t^2) = 0$$
$$\therefore (x-t)(x-t)(x+2t) = 0$$

$$\therefore (x-t)^2(x+2t) = 0$$
$$\therefore x = t, -2t$$

よって交点の x 座標は $-2t$
交点は $(-2t, -8t^3-2at)$

(2) (i) $t>0$ のとき
$$\text{面積} = \int_{-2t}^{t}\{(x^3+ax)-((3t^2+a)x-2t^3)\}dx$$
$$= \int_{-2t}^{t}(x-t)^2(x+2t)dx$$
$$= \int_{-2t}^{t}(x-t)^2\{(x-t)+3t\}dx$$
$$= \int_{-2t}^{t}\{(x-t)^3+3t(x-t)^2\}dx$$
$$= \left[\frac{1}{4}(x-t)^4+t(x-t)^3\right]_{-2t}^{t}$$
$$= -\left\{\frac{1}{4}(-3t)^4+t(-3t)^3\right\}$$
$$= \frac{27}{4}t^4$$

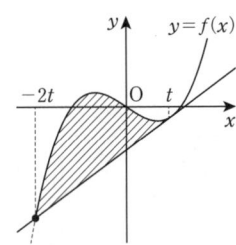

(ii) $t<0$ のとき
$$\text{面積} = \int_{t}^{-2t}\{((3t^2+a)x-2t^3)$$
$$\quad -(x^3+ax)\}dx$$
$$= \int_{-2t}^{t}(x-t)^2(x+2t)dx$$

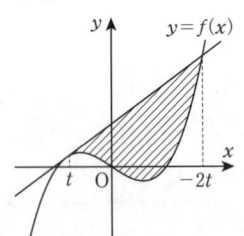

よって(i)と同じ式で表される.
よって(i)(ii)のいずれにおいても
$$\text{面積} = \frac{27}{4}t^4$$

§6 ベクトル

087

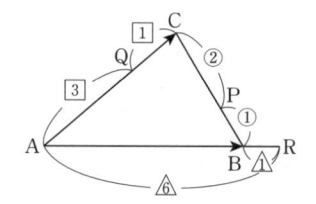

(1) 正八角形 ABCDEFGH の中心を O とすると
$$\vec{a}-\vec{b}=\overrightarrow{AB}-\overrightarrow{AH}=\overrightarrow{HB}$$

ここで $\angle AOB=\angle AOH=\dfrac{\pi}{4}$ より

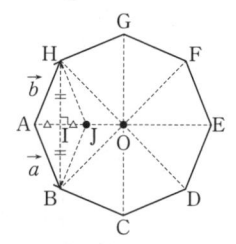

$$\angle BOH=\dfrac{\pi}{2}$$

OB=OH=1 より HB=$\sqrt{2}$

よって $|\vec{a}-\vec{b}|=|\overrightarrow{HB}|=HB=\sqrt{2}$

次に BH の中点を I, AI を 2:1 に外分する点を J とすると, $|\vec{a}|=|\vec{b}|$ より

$$|\vec{a}+\vec{b}|=|\overrightarrow{AJ}|=2\mathrm{AI}$$
$$=2(\mathrm{OA}-\mathrm{OI})=2\left(1-\dfrac{1}{\sqrt{2}}\right)$$
$$=2-\sqrt{2}$$

(2) AE=2 であり, $\overrightarrow{AE}$ と $\overrightarrow{AJ}$ は同じ方向なので,

$$|\overrightarrow{AJ}|=|\vec{a}+\vec{b}|=2-\sqrt{2}$$

であるから

$$\overrightarrow{AE}=\dfrac{2}{2-\sqrt{2}}\overrightarrow{AJ}=\dfrac{2}{2-\sqrt{2}}(\vec{a}+\vec{b})$$
$$=(2+\sqrt{2})(\vec{a}+\vec{b})\cdots ①$$

また $\overrightarrow{AD}=\overrightarrow{AB}+\overrightarrow{BD}$

ここで $\overrightarrow{BD}$ と $\overrightarrow{AE}$ は同じ方向であり

BD=BH=$\sqrt{2}$, AE=2

であるから, ① より

$$\overrightarrow{BD}=\dfrac{\sqrt{2}}{2}\overrightarrow{AE}=\dfrac{\sqrt{2}}{2}(2+\sqrt{2})(\vec{a}+\vec{b})$$
$$=(1+\sqrt{2})(\vec{a}+\vec{b})$$

よって

$$\overrightarrow{AD}=\overrightarrow{AB}+\overrightarrow{BD}=\vec{a}+(1+\sqrt{2})(\vec{a}+\vec{b})$$
$$=(2+\sqrt{2})\vec{a}+(1+\sqrt{2})\vec{b}\cdots ②$$

(3) $(1+\sqrt{2})\times①-(2+\sqrt{2})\times②$ より

$$(1+\sqrt{2})\overrightarrow{AE}-(2+\sqrt{2})\overrightarrow{AD}$$
$$=-(2+\sqrt{2})\vec{a}$$

$$\therefore\ \vec{a}=\overrightarrow{AD}-\dfrac{\sqrt{2}}{2}\overrightarrow{AE}$$

088

(1)

BP:PC=1:2 より $\overrightarrow{AP}=\dfrac{2\overrightarrow{AB}+\overrightarrow{AC}}{3}$

AQ:QC=3:1 より $\overrightarrow{AQ}=\dfrac{3}{4}\overrightarrow{AC}$

AR:RB=6:1 より $\overrightarrow{AR}=\dfrac{6}{5}\overrightarrow{AB}$

(2) (1) より

$$\overrightarrow{QP}=\overrightarrow{AP}-\overrightarrow{AQ}$$
$$=\dfrac{2\overrightarrow{AB}+\overrightarrow{AC}}{3}-\dfrac{3}{4}\overrightarrow{AC}$$
$$=\dfrac{2}{3}\overrightarrow{AB}-\dfrac{5}{12}\overrightarrow{AC}$$
$$=\dfrac{1}{12}\left(8\overrightarrow{AB}-5\overrightarrow{AC}\right)$$

$$\overrightarrow{QR}=\overrightarrow{AR}-\overrightarrow{AQ}$$
$$=\dfrac{6}{5}\overrightarrow{AB}-\dfrac{3}{4}\overrightarrow{AC}$$
$$=\dfrac{3}{20}\left(8\overrightarrow{AB}-5\overrightarrow{AC}\right)$$

よって $\overrightarrow{QR}=\dfrac{9}{5}\overrightarrow{QP}$ であるから,

3点 P, Q, R は一直線上にある. 終

089

$\overrightarrow{OA}=\vec{a}$, $\overrightarrow{OB}=\vec{b}$, $\overrightarrow{OC}=\vec{c}$ とおくと,

G は △ABC の重心なので

$$\overrightarrow{OG}=\dfrac{\vec{a}+\vec{b}+\vec{c}}{3}$$

また D は △ABG の重心なので

$$\overrightarrow{OD}=\dfrac{\overrightarrow{OA}+\overrightarrow{OB}+\overrightarrow{OG}}{3}$$

$$= \frac{\vec{a}+\vec{b}+\frac{\vec{a}+\vec{b}+\vec{c}}{3}}{3}=\frac{4\vec{a}+4\vec{b}+\vec{c}}{9}$$

同様にEは△BCGの重心なので

$$\overrightarrow{OE}=\frac{\overrightarrow{OB}+\overrightarrow{OC}+\overrightarrow{OG}}{3}$$

$$=\frac{\vec{b}+\vec{c}+\frac{\vec{a}+\vec{b}+\vec{c}}{3}}{3}=\frac{\vec{a}+4\vec{b}+4\vec{c}}{9}$$

Fは△CAGの重心なので

$$\overrightarrow{OF}=\frac{\overrightarrow{OC}+\overrightarrow{OA}+\overrightarrow{OG}}{3}$$

$$=\frac{\vec{c}+\vec{a}+\frac{\vec{a}+\vec{b}+\vec{c}}{3}}{3}=\frac{4\vec{a}+\vec{b}+4\vec{c}}{9}$$

よって

$$\overrightarrow{DE}=\overrightarrow{OE}-\overrightarrow{OD}$$

$$=\frac{\vec{a}+4\vec{b}+4\vec{c}}{9}-\frac{4\vec{a}+4\vec{b}+\vec{c}}{9}$$

$$=\frac{3}{9}(\vec{c}-\vec{a})=\frac{1}{3}\overrightarrow{AC}=-\frac{1}{3}\overrightarrow{CA}\cdots①$$

$$\overrightarrow{DF}=\overrightarrow{OF}-\overrightarrow{OD}$$

$$=\frac{4\vec{a}+\vec{b}+4\vec{c}}{9}-\frac{4\vec{a}+4\vec{b}+\vec{c}}{9}$$

$$=\frac{3}{9}(\vec{c}-\vec{b})=\frac{1}{3}\overrightarrow{BC}=-\frac{1}{3}\overrightarrow{CB}\cdots②$$

①②より

∠EDF=∠ACB

DE:CA=DF:CB=1:3

よって

△ABC∽△EFD

であり，相似比は3:1

よって面積比は **9:1**

090

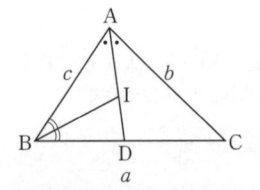

∠Aの2等分線とBCの交点をDとすると
BD:DC=AB:AC=$c:b\cdots$①
よって，DはBCを$c:b$に内分する点であるから

$$\overrightarrow{OD}=\frac{b\overrightarrow{OB}+c\overrightarrow{OC}}{c+b}\cdots②$$

また①より BD=$\frac{c}{c+b}$BC=$\frac{ca}{c+b}$

内心Iは∠Bの2等分線とADの交点であるから

$$AI:ID=BA:BD=c:\frac{ca}{c+b}=(c+b):a$$

よってIはADを$(c+b):a$に内分する点なので

$$\overrightarrow{OI}=\frac{a\overrightarrow{OA}+(c+b)\overrightarrow{OD}}{(c+b)+a}$$

②を代入して

$$\overrightarrow{OI}=\frac{a}{a+b+c}\overrightarrow{OA}+\frac{b}{a+b+c}\overrightarrow{OB}$$
$$+\frac{c}{a+b+c}\overrightarrow{OC}$$

TRIAL Iは∠AOBの2等分線上にあるので

$$\overrightarrow{OI}=t\left(\frac{1}{OA}\overrightarrow{OA}+\frac{1}{OB}\overrightarrow{OB}\right)\quad(t:実数)$$

$$=\frac{t}{2}\overrightarrow{OA}+\frac{t}{4}\overrightarrow{OB}\cdots①$$

と表せる．またIは∠OABの2等分線上にあるので

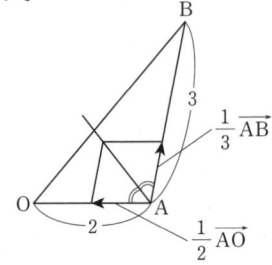

$$\overrightarrow{AI}=u\left(\frac{1}{AO}\overrightarrow{AO}+\frac{1}{AB}\overrightarrow{AB}\right)\quad(u:実数)$$

$$=\frac{u}{2}\overrightarrow{AO}+\frac{u}{3}\overrightarrow{AB}$$

$$=\frac{u}{2}(-\overrightarrow{OA})+\frac{u}{3}(\overrightarrow{OB}-\overrightarrow{OA})$$

$$=-\frac{5u}{6}\overrightarrow{OA}+\frac{u}{3}\overrightarrow{OB}$$

と表せるから

$$\overrightarrow{OI}=\overrightarrow{OA}+\overrightarrow{AI}$$

$$=\overrightarrow{OA}+\left(-\frac{5u}{6}\overrightarrow{OA}+\frac{u}{3}\overrightarrow{OB}\right)$$

$$=\left(1-\frac{5u}{6}\right)\overrightarrow{OA}+\frac{u}{3}\overrightarrow{OB}\cdots②$$

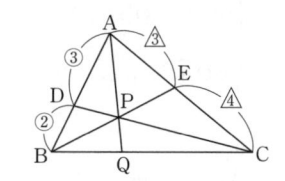

$\overrightarrow{OA} \neq \vec{0}$, $\overrightarrow{OB} \neq \vec{0}$, $\overrightarrow{OA} \not\parallel \overrightarrow{OB}$ であるから，
①②より
$$\begin{cases} \dfrac{t}{2} = 1 - \dfrac{5u}{6} \\ \dfrac{t}{4} = \dfrac{u}{3} \end{cases} \cdots (*) \quad \therefore \quad t = \dfrac{8}{9}, \quad u = \dfrac{2}{3}$$

よって $\overrightarrow{OI} = \dfrac{4}{9}\overrightarrow{OA} + \dfrac{2}{9}\overrightarrow{OB}$

(注) $(*)$ において P99 の《係数の条件》を用いている．

(注) 例題 090 のようにしても結果の式は得られる．

091
(1) $k\overrightarrow{AP} + 5\overrightarrow{BP} + 3\overrightarrow{CP} = \vec{0}$ ……①

①より
$k\overrightarrow{AP} + 5(\overrightarrow{AP} - \overrightarrow{AB}) + 3(\overrightarrow{AP} - \overrightarrow{AC}) = \vec{0}$
$(k+8)\overrightarrow{AP} = 5\overrightarrow{AB} + 3\overrightarrow{AC}$

$\therefore \quad \overrightarrow{AP} = \dfrac{1}{k+8}(5\overrightarrow{AB} + 3\overrightarrow{AC})$ ……②

$\phantom{\therefore \quad \overrightarrow{AP}} = \dfrac{5}{k+8}\overrightarrow{AB} + \dfrac{3}{k+8}\overrightarrow{AC}$

(2) D は BC を 3:5 に内分する点なので
$\overrightarrow{AD} = \dfrac{5\overrightarrow{AB} + 3\overrightarrow{AC}}{3+5} = \dfrac{1}{8}(5\overrightarrow{AB} + 3\overrightarrow{AC})$ ……③

②③より $\overrightarrow{AP} = \dfrac{8}{k+8}\overrightarrow{AD}$ ……④

よって 3 点 A, P, D は一直線上にある． 終

(3) △ABP と △BDP において，底辺をそれぞれ AP, DP とすると，高さは等しい．
よって
$S_1 : S_2 = AP : DP = 8 : k$ ……⑤

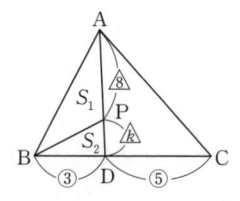

(4) △ABC の面積を S，△CDP の面積を S_3 とすると
$S_3 = \dfrac{DC}{BC}\triangle PBC = \dfrac{5}{8}\triangle PBC$
$ = \dfrac{5}{8} \cdot \dfrac{PD}{AD} \cdot \triangle ABC = \dfrac{5}{8} \cdot \dfrac{k}{k+8}S$

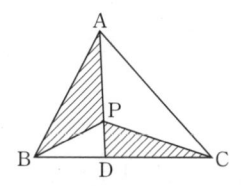

また⑤より
$S_1 = \dfrac{8}{k+8} \cdot \triangle ABD = \dfrac{8}{k+8} \cdot \dfrac{BD}{BC}\triangle ABC$
$ = \dfrac{8}{k+8} \cdot \dfrac{3}{8}S = \dfrac{3}{k+8}S$

$S_1 = S_3 \times \dfrac{6}{5}$ のとき
$\dfrac{3}{k+8}S = \dfrac{5k}{8(k+8)}S \times \dfrac{6}{5}$

$\therefore \quad k = 4$

092
(1)
$\overrightarrow{AD} = \dfrac{3}{5}\overrightarrow{AB}, \quad \overrightarrow{AE} = \dfrac{3}{7}\overrightarrow{AC}$

点 P は BE 上より
$\overrightarrow{AP} = (1-t)\overrightarrow{AB} + t\overrightarrow{AE}$ $(t:$実数$)$
$\phantom{\overrightarrow{AP}} = (1-t)\overrightarrow{AB} + \dfrac{3}{7}t\overrightarrow{AC}$ ……①

と表される．また，点 P は CD 上より，
$\overrightarrow{AP} = (1-u)\overrightarrow{AC} + u\overrightarrow{AD}$ $(u:$実数$)$
$\phantom{\overrightarrow{AP}} = \dfrac{3}{5}u\overrightarrow{AB} + (1-u)\overrightarrow{AC}$ ……②

と表される．いま $\overrightarrow{AB} \neq \vec{0}$, $\overrightarrow{AC} \neq \vec{0}$, $\overrightarrow{AB} \not\parallel \overrightarrow{AC}$ であるから，①と②より
$$\begin{cases} 1-t = \dfrac{3}{5}u \\ \dfrac{3}{7}t = 1-u \end{cases} \quad \therefore \quad t = \dfrac{7}{13}, \quad u = \dfrac{10}{13}$$

$\therefore \quad \overrightarrow{AP} = \dfrac{6}{13}\overrightarrow{AB} + \dfrac{3}{13}\overrightarrow{AC}$

(2) Q は直線 AP 上より $\overrightarrow{AQ} = k\overrightarrow{AP}$ $(k:$実数$)$
と表され
$\overrightarrow{AQ} = k\left(\dfrac{6}{13}\overrightarrow{AB} + \dfrac{3}{13}\overrightarrow{AC}\right)$

$$= \frac{6}{13}k\overrightarrow{AB} + \frac{3}{13}k\overrightarrow{AC}$$

またQはBC上より

$$\frac{6}{13}k + \frac{3}{13}k = 1 \quad \therefore \quad k = \frac{13}{9}$$

$$\therefore \quad \overrightarrow{AQ} = \frac{2}{3}\overrightarrow{AB} + \frac{1}{3}\overrightarrow{AC}$$

093

(1) $\cos\angle AOB = \dfrac{\overrightarrow{OA}\cdot\overrightarrow{OB}}{|\overrightarrow{OA}||\overrightarrow{OB}|} = \dfrac{4}{2\cdot 5} = \dfrac{2}{5}$

(2) CはABを2:1に内分する点なので

$$\overrightarrow{OC} = \frac{\overrightarrow{OA} + 2\overrightarrow{OB}}{3}$$

よって

$$|\overrightarrow{OC}|^2 = \left|\frac{\overrightarrow{OA} + 2\overrightarrow{OB}}{3}\right|^2$$
$$= \frac{1}{3^2}(\overrightarrow{OA} + 2\overrightarrow{OB})\cdot(\overrightarrow{OA} + 2\overrightarrow{OB})$$
$$= \frac{1}{9}(|\overrightarrow{OA}|^2 + 4\overrightarrow{OA}\cdot\overrightarrow{OB} + 4|\overrightarrow{OB}|^2)$$
$$= \frac{1}{9}(2^2 + 4\cdot 4 + 4\cdot 5^2) = \frac{120}{9}$$

$$\therefore \quad OC = \frac{\sqrt{120}}{3} = \frac{2\sqrt{30}}{3}$$

また

$$\overrightarrow{OA}\cdot\overrightarrow{OC} = \overrightarrow{OA}\cdot\left(\frac{\overrightarrow{OA} + 2\overrightarrow{OB}}{3}\right)$$
$$= \frac{1}{3}(|\overrightarrow{OA}|^2 + 2\overrightarrow{OA}\cdot\overrightarrow{OB})$$
$$= \frac{1}{3}(2^2 + 2\cdot 4) = 4$$

よって

$$\cos\angle AOC = \frac{\overrightarrow{OA}\cdot\overrightarrow{OC}}{|\overrightarrow{OA}||\overrightarrow{OC}|} = \frac{4}{2\cdot\dfrac{2\sqrt{30}}{3}}$$
$$= \frac{3}{\sqrt{30}} = \frac{\sqrt{30}}{10}$$

094

(1) $|\vec{a}| = 2, \quad |\vec{b}| = 1 \cdots ①$

$|\vec{a} + 3\vec{b}| = 3$ より

$|\vec{a} + 3\vec{b}|^2 = 3^2$

$\therefore \quad |\vec{a}|^2 + 6\vec{a}\cdot\vec{b} + 9|\vec{b}|^2 = 9$

①を代入して

$2^2 + 6\vec{a}\cdot\vec{b} + 9\cdot 1^2 = 9$

$\therefore \quad \vec{a}\cdot\vec{b} = -\dfrac{2}{3} \cdots ②$

(2) $k\vec{a} - \vec{b}$ と $\vec{a} + k\vec{b}$ が垂直となる条件は

$(k\vec{a} - \vec{b})\cdot(\vec{a} + k\vec{b}) = 0$

$\therefore \quad k|\vec{a}|^2 + (k^2-1)\vec{a}\cdot\vec{b} - k|\vec{b}|^2 = 0$

①②を代入して

$$k\cdot 2^2 + (k^2-1)\left(-\frac{2}{3}\right) - k\cdot 1^2 = 0$$

$\therefore \quad 2k^2 - 9k - 2 = 0$

$\therefore \quad k = \dfrac{9\pm\sqrt{97}}{4}$

(3) $L = |x\vec{a} + (1-x)\vec{b}|$ とおくと, ①②より

$L^2 = |x\vec{a} + (1-x)\vec{b}|^2$
$= x^2|\vec{a}|^2 + 2x(1-x)(\vec{a}\cdot\vec{b}) + (1-x)^2|\vec{b}|^2$
$= 4x^2 - \dfrac{4}{3}x(1-x) + (1-x)^2$
$= \dfrac{19}{3}x^2 - \dfrac{10}{3}x + 1$
$= \dfrac{19}{3}\left(x - \dfrac{5}{19}\right)^2 + \dfrac{32}{57}$

L^2 が最小のときLも最小となる.

よって$x = \dfrac{5}{19}$ のときLは最小となる.

095

$\vec{a} = (-1, -1), \quad \vec{b} = (1, -2)$ より

$\vec{c} = \vec{a} - \vec{b} = (-1, -1) - (1, -2) = (-2, 1)$

$\vec{d} = \vec{a} + t\vec{b} = (-1, -1) + t(1, -2)$
$\quad = (t-1, -2t-1)$

(1) $\vec{d}$ と $\vec{e}$ が平行となる条件は

$\vec{d} = k\vec{e}$ (kは実数)$\cdots ①$

と表されることである. ①より

$\therefore \quad (t-1, -2t-1) = k(3, 4)$

$t - 1 = 3k, \quad -2t - 1 = 4k$

$\therefore \quad 4(t-1) = 3(-2t-1) \quad \therefore \quad t = \dfrac{1}{10}$

(2) $\vec{c}$ と $\vec{d}$ が垂直となる条件は $\vec{c}\cdot\vec{d} = 0$

$\vec{c}\cdot\vec{d} = (-2, 1)\cdot(t-1, -2t-1)$
$= (-2)(t-1) + (-2t-1) = -4t + 1$

より $t = \dfrac{1}{4}$

(3) $\vec{c}$ と $\vec{d}$ のなす角が $\dfrac{\pi}{4}$ である条件は

$\vec{c}\cdot\vec{d} = |\vec{c}||\vec{d}|\cos\dfrac{\pi}{4}$

$$\therefore \ -4t+1$$
$$=\sqrt{(-2)^2+1^2}\sqrt{(t-1)^2+(-2t-1)^2}\cdot\frac{1}{\sqrt{2}}$$
$$\therefore \ \sqrt{2}(-4t+1)=\sqrt{5}\sqrt{5t^2+2t+2}$$
よって $-4t+1\geqq 0$ $\therefore \ t\leqq \dfrac{1}{4}$ …②

であり，このとき
$$2(-4t+1)^2=5(5t^2+2t+2)$$
$$\therefore \ 7t^2-26t-8=0$$
$$\therefore \ (7t+2)(t-4)=0$$
②より
$$t=-\frac{2}{7}$$

096

(1) $\vec{AB}\cdot\vec{AC}=|\vec{AB}||\vec{AC}|\cos\angle BAC$
$$=5\cdot 3\cdot\cos 60°=\frac{15}{2}$$

(2)

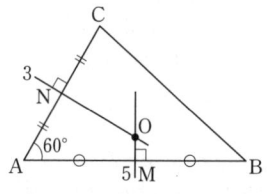

$\vec{AO}=p\vec{AB}+q\vec{AC}$ とおく．AB，AC の中点をそれぞれ M，N とすると
MO⊥AB, NO⊥AC
$\vec{MO}=\vec{AO}-\vec{AM}$
$$=(p\vec{AB}+q\vec{AC})-\frac{1}{2}\vec{AB}$$
$$=\left(p-\frac{1}{2}\right)\vec{AB}+q\vec{AC}$$

より
$$\vec{MO}\cdot\vec{AB}=\left\{\left(p-\frac{1}{2}\right)\vec{AB}+q\vec{AC}\right\}\cdot\vec{AB}=0$$
$$\therefore \ \left(p-\frac{1}{2}\right)|\vec{AB}|^2+q(\vec{AC}\cdot\vec{AB})=0$$

AB=5 と(1)の結果を代入して
$$5^2\left(p-\frac{1}{2}\right)+\frac{15}{2}q=0$$
$$\therefore \ 10p+3q=5\ \cdots ①$$

同様に
$$\vec{NO}\cdot\vec{AC}=\left\{p\vec{AB}+\left(q-\frac{1}{2}\right)\vec{AC}\right\}\cdot\vec{AC}=0$$

$$\therefore \ \frac{15}{2}p+9\left(q-\frac{1}{2}\right)=0$$
$$\therefore \ 5p+6q=3\ \cdots ②$$
①②より $p=\dfrac{7}{15}$, $q=\dfrac{1}{9}$
$$\vec{AO}=\frac{7}{15}\vec{AB}+\frac{1}{9}\vec{AC}$$

(3) 条件より $|\vec{AB}|=5$, $|\vec{AC}|=3$

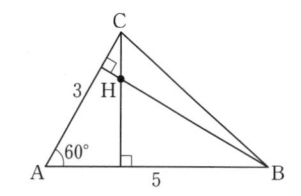

いま $\vec{AH}=r\vec{AB}+s\vec{AC}$ (p, q は実数)とすると
BH⊥CA より
$\vec{BH}\cdot\vec{CA}=0$
$$\therefore \ (\vec{AH}-\vec{AB})\cdot\vec{CA}$$
$$=(r\vec{AB}+s\vec{AC}-\vec{AB})(-\vec{AC})=0$$
$$\therefore \ -(r-1)\vec{AB}\cdot\vec{AC}-s|\vec{AC}|^2=0$$
よって
$$-\frac{15}{2}(r-1)-9s=0$$
$$\therefore \ 5r+6s=5\ \cdots ③$$

CH⊥AB より
$\vec{CH}\cdot\vec{AB}=0$
$$\therefore \ (\vec{AH}-\vec{AC})\cdot\vec{AB}$$
$$=(r\vec{AB}+s\vec{AC}-\vec{AC})\cdot\vec{AB}=0$$
$$\therefore \ r|\vec{AB}|^2+(s-1)\vec{AB}\cdot\vec{AC}=0$$
よって
$$25r+\frac{15}{2}(s-1)=0$$
$$\therefore \ 10r+3s=3\ \cdots ④$$
③④より $r=\dfrac{1}{15}$, $s=\dfrac{7}{9}$
よって
$$\vec{AH}=\frac{1}{15}\vec{AB}+\frac{7}{9}\vec{AC}$$

097
$\vec{OP}=s\vec{OA}+t\vec{OB}$ …①

(1) $2s+t=1$ …②

①より $\vec{OP}=2s\left(\dfrac{1}{2}\vec{OA}\right)+t\vec{OB}$ …①′

ここで $\dfrac{1}{2}\vec{OA}=\vec{OA'}$ をみたす点 A′ をとると

(A′は OA の中点)

①′より $\vec{OP}=(2s)\vec{OA'}+t\vec{OB}$

よって②より点Pの存在範囲は直線A′B

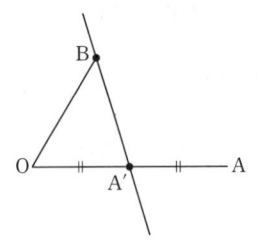

(2) $2s+t=3$ …③より

$\dfrac{2s}{3}+\dfrac{t}{3}=1$ …③′

①より $\vec{OP}=\dfrac{2s}{3}\left(\dfrac{3}{2}\vec{OA}\right)+\dfrac{t}{3}(3\vec{OB})$

ここで $\dfrac{3}{2}\vec{OA}=\vec{OA_1}$, $3\vec{OB}=\vec{OB_1}$ とすると

(A_1 は OA を 3:1 に外分する点, B_1 は OB を 3:2 に外分する点)

$\vec{OP}=\dfrac{2s}{3}(\vec{OA_1})+\dfrac{t}{3}(\vec{OB_1})$ …①″

このとき③′より点Pの存在範囲は直線A_1B_1である.

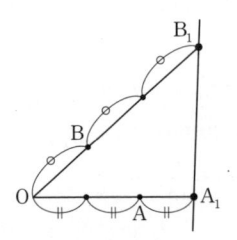

(3) $2s+t\leqq 3$, $s\geqq 0$, $t\geqq 0$ …④より

$\dfrac{2s}{3}+\dfrac{t}{3}\leqq 1$, $\dfrac{2s}{3}\geqq 0$, $\dfrac{t}{3}\geqq 0$

これと①″と例題097(3)の結果より点Pの存在範囲は三角形OA_1B_1の周および内部である.

$OA_1=\dfrac{3}{2}OA$, $OB_1=3OB$ であり,

三角形 OAB の面積を 1 とするので, 点Pの存在範囲の面積は

$OA:OA_1=2:3$, $OB:OB_1=1:3$ より

$\dfrac{3}{2}\times 3=\dfrac{9}{2}$

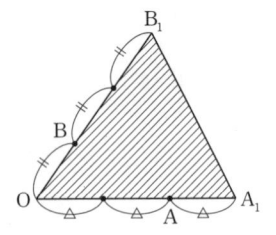

098
(1) l の方向ベクトルは $\vec{AB}$ で
$\vec{AB}=\vec{OB}-\vec{OA}=(0,2)-(-4,-1)$
$=(4,3)$

m の方向ベクトルは $\vec{CD}$ で
$\vec{CD}=\vec{OD}-\vec{OC}$
$=(a,-a+2)-(1,0)$
$=(a-1,-a+2)$

l と m が平行となるのは, $\vec{AB}/\!/\vec{CD}$ のときで
$(a-1,-a+2)=t(4,3)$ …① (t:実数)
と表されるとき.

①より
$a-1=4t$, $-a+2=3t$

∴ $7t=1$ ∴ $t=\dfrac{1}{7}$

∴ $a=\dfrac{11}{7}$

l と m が垂直となるのは, $\vec{AB}\perp\vec{CD}$ のときで
$(4,3)\cdot(a-1,-a+2)=0$

∴ $4(a-1)+3(-a+2)=0$

∴ $a=-2$

(2)

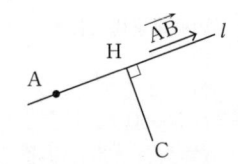

直線 l のベクトル方程式は
$\vec{p}=\vec{OA}+u\vec{AB}$ (u:実数)
$=(-4,-1)+u(4,3)$

$$=(4u-4, 3u-1)$$

と表せる．ここでHはl上にあるので
$$\overrightarrow{OH}=(4u-4, 3u-1)\ (u:実数)\cdots ②$$
と表せ
$$\overrightarrow{CH}=\overrightarrow{OH}-\overrightarrow{OC}$$
$$=(4u-4, 3u-1)-(1, 0)$$
$$=(4u-5, 3u-1)$$

また$CH\perp l$より $\overrightarrow{CH}\perp\overrightarrow{AB}$ であるから
$$\overrightarrow{CH}\cdot\overrightarrow{AB}=0$$
$$\therefore (4u-5, 3u-1)\cdot(4, 3)=0$$
$$\therefore 4(4u-5)+3(3u-1)=0$$
$$\therefore u=\frac{23}{25}$$

②より $\overrightarrow{OH}=\left(-\frac{8}{25}, \frac{44}{25}\right)$

$$\therefore H\left(-\frac{8}{25}, \frac{44}{25}\right)$$

099

(1) 与式より
$$\left|\overrightarrow{OP}+\frac{1}{3}\overrightarrow{OA}\right|=\frac{1}{3}OA$$

$-\frac{1}{3}\overrightarrow{OA}=\overrightarrow{OA'}$ をみたす点A′(OAを1:4に外分する点)をとると
$$|\overrightarrow{OP}-\overrightarrow{OA'}|=\frac{1}{3}OA$$

よって点Pが描く図形は点A′を中心とする半径$\frac{1}{3}OA$の円

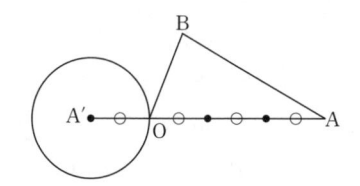

(2) 与式より
$$|3(\overrightarrow{OA}-\overrightarrow{OP})+2(\overrightarrow{OB}-\overrightarrow{OP})|=AB$$
$$\therefore |5\overrightarrow{OP}-(3\overrightarrow{OA}+2\overrightarrow{OB})|=AB$$
$$\therefore \left|\overrightarrow{OP}-\frac{3\overrightarrow{OA}+2\overrightarrow{OB}}{5}\right|=\frac{1}{5}AB\cdots①$$

ここでABを2:3に内分する点をCとすると
$$\overrightarrow{OC}=\frac{3\overrightarrow{OA}+2\overrightarrow{OB}}{5}$$
であるから，①は

$$|\overrightarrow{OP}-\overrightarrow{OC}|=\frac{1}{5}AB$$

と表される．よって点Pが描く図形は
中心C 半径$\frac{1}{5}AB$の円

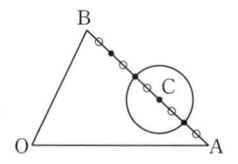

(3) 与式より
$$\{(\overrightarrow{OP}-\overrightarrow{OA})+(\overrightarrow{OP}-\overrightarrow{OB})\}$$
$$\cdot\{2(\overrightarrow{OP}-\overrightarrow{OA})+(\overrightarrow{OP}-\overrightarrow{OB})\}=0$$
$$\therefore \{2\overrightarrow{OP}-(\overrightarrow{OA}+\overrightarrow{OB})\}\{3\overrightarrow{OP}-(2\overrightarrow{OA}+\overrightarrow{OB})\}=0$$
$$\therefore \left(\overrightarrow{OP}-\frac{\overrightarrow{OA}+\overrightarrow{OB}}{2}\right)\cdot\left(\overrightarrow{OP}-\frac{2\overrightarrow{OA}+\overrightarrow{OB}}{3}\right)=0$$

ここでABの中点をE，ABを1:2に内分する点をFとすると
$$(\overrightarrow{OP}-\overrightarrow{OE})\cdot(\overrightarrow{OP}-\overrightarrow{OF})=0$$
つまり $\overrightarrow{EP}\cdot\overrightarrow{FP}=0$

$$\therefore EP\perp FP$$

またはP=EまたはP=F
となり点Pが描く図形はE，Fを直径の両端とする円

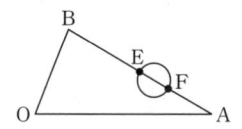

100

(1) $3\overrightarrow{OA}+4\overrightarrow{OB}+5\overrightarrow{OC}=\vec{0}\cdots①$

3点A，B，Cは原点Oを中心とする半径1の円周上にあるので
$$|\overrightarrow{OA}|=|\overrightarrow{OB}|=|\overrightarrow{OC}|=1\cdots②$$

①より
$$3\overrightarrow{OA}+4\overrightarrow{OB}=-5\overrightarrow{OC}\cdots①'$$
よって
$$|3\overrightarrow{OA}+4\overrightarrow{OB}|^2=|-5\overrightarrow{OC}|^2$$
$$\therefore 9|\overrightarrow{OA}|^2+24\overrightarrow{OA}\cdot\overrightarrow{OB}$$
$$+16|\overrightarrow{OB}|^2=25|\overrightarrow{OC}|^2$$

②を代入して
$$9+24\overrightarrow{OA}\cdot\overrightarrow{OB}+16=25$$
$$\therefore \overrightarrow{OA}\cdot\overrightarrow{OB}=0$$

よって $|\overrightarrow{OA}| \neq 0$, $|\overrightarrow{OB}| \neq 0$ より $\angle AOB = \dfrac{\pi}{2}$

(2) ①' より $\overrightarrow{OC} = -\left(\dfrac{3}{5}\overrightarrow{OA} + \dfrac{4}{5}\overrightarrow{OB}\right)$ であり，右辺の $\overrightarrow{OA}$，$\overrightarrow{OB}$ の係数は負であるから点Cは図の斜線部分にある．

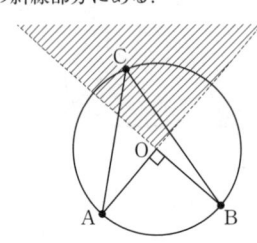

よって円周角 $\angle ACB$ に対する中心角は $\dfrac{\pi}{2}$ である．$\left(\dfrac{3}{2}\pi\text{ の方ではない}\right)$ したがって
$$\angle ACB = \dfrac{1}{2} \times \dfrac{\pi}{2} = \dfrac{\pi}{4}$$

101

(1) $\overrightarrow{AC} = \overrightarrow{AF} + \overrightarrow{FC} = \vec{b} + 2\vec{a}$ … ①
$\overrightarrow{AI} = \overrightarrow{AG} + \overrightarrow{GI} = \overrightarrow{AG} + \overrightarrow{AC} = \vec{c} + (2\vec{a} + \vec{b})$
∴ $\overrightarrow{AI} = 2\vec{a} + \vec{b} + \vec{c}$ … ②
$\overrightarrow{AJ} = \overrightarrow{AD} + \overrightarrow{DJ} = (\overrightarrow{AC} + \overrightarrow{CD}) + \overrightarrow{AG}$
$= (\overrightarrow{AC} + \overrightarrow{AF}) + \overrightarrow{AG}$
$= (2\vec{a} + \vec{b}) + \vec{b} + \vec{c}$
∴ $\overrightarrow{AJ} = 2\vec{a} + 2\vec{b} + \vec{c}$ … ③

③ − ② より $\vec{b}$ を $\overrightarrow{AI}$，$\overrightarrow{AJ}$ で表すと
$\vec{b} = \overrightarrow{AJ} - \overrightarrow{AI}$ … ④

④を①に代入して
$$\vec{a} = \dfrac{1}{2}\overrightarrow{AC} + \dfrac{1}{2}\overrightarrow{AI} - \dfrac{1}{2}\overrightarrow{AJ}$$

(2) $\overrightarrow{OE} = t\overrightarrow{OA} = t(1, 2, 3) = (t, 2t, 3t)$
$\overrightarrow{OF} = \overrightarrow{OB} + u\overrightarrow{OC}$
$= (2, -1, 3) + u(1, -3, 1)$
$= (u+2, -3u-1, u+3)$

よって
$\overrightarrow{DE} = \overrightarrow{OE} - \overrightarrow{OD}$
$= (t, 2t, 3t) - (1, 1, 1)$
$= (t-1, 2t-1, 3t-1)$
$\overrightarrow{DF} = \overrightarrow{OF} - \overrightarrow{OD}$
$= (u+2, -3u-1, u+3) - (1, 1, 1)$
$= (u+1, -3u-2, u+2)$

3点D，E，Fが1直線上となる条件は
$\overrightarrow{DF} = k\overrightarrow{DE}$ (k:実数)
∴ $(u+1, -3u-2, u+2) = k(t-1, 2t-1, 3t-1)$
∴ $\begin{cases} u+1 = k(t-1) \cdots ① \\ -3u-2 = k(2t-1) \cdots ② \\ u+2 = k(3t-1) \cdots ③ \end{cases}$

をみたす実数 t, u, k が存在することである．
$2 \times ① - ②$ より $5u + 4 = -k$
$3 \times ① - ③$ より $2u + 1 = -2k$
よって
$$u = -\dfrac{7}{8}, \quad k = \dfrac{3}{8}$$
①に代入して $t = \dfrac{4}{3}$

102

(1) l の方向ベクトルを $\vec{l}$ とすると
$\vec{l} = \overrightarrow{OA} = (1, 1, 1)$
H は l 上なので
$\overrightarrow{OH} = (t, t, t)$ (t:実数) … ①
と表せる．このとき
$\overrightarrow{BH} = \overrightarrow{OH} - \overrightarrow{OB}$
$= (t, t, t) - (0, 1, 2) = (t, t-1, t-2)$
$BH \perp l$ より
$\overrightarrow{BH} \cdot \vec{l} = (t, t-1, t-2) \cdot (1, 1, 1) = 0$
$t + (t-1) + (t-2) = 0$ ∴ $t = 1$
①に代入して $\overrightarrow{OH} = (1, 1, 1)$ ∴ $H(1, 1, 1)$

(2) m の方向ベクトルを $\vec{m}$ とすると
$\vec{m} = \overrightarrow{BC} = \overrightarrow{OC} - \overrightarrow{OB}$
$= (a, a+2, 2a) - (0, 1, 2) = (a, a+1, 2a-2)$
l と m が垂直となる条件は
$\vec{l} \cdot \vec{m} = (1, 1, 1) \cdot (a, a+1, 2a-2) = 0$
∴ $a + (a+1) + (2a-2) = 0$ ∴ $a = \dfrac{1}{4}$

(3) $l : (x, y, z) = t(1, 1, 1)$ … ② (t:実数)
$m : (x, y, z) = (0, 1, 2) + u\vec{m}$
$= (0, 1, 2)$
$+ u(a, a+1, 2a-2)$ … ③
(u:実数)

l と m が交点をもつ条件は，②③ より
$t(1, 1, 1) = (0, 1, 2) + u(a, a+1, 2a-2)$
∴ $\begin{cases} t = au \cdots ④ \\ t = 1 + (a+1)u \cdots ⑤ \\ t = 2 + (2a-2)u \cdots ⑥ \end{cases}$

をみたす実数 t, u が存在すること
⑤－④より $u+1=0$ ∴ $u=-1$
$2\times$④－⑥より $t=2u-2$ ∴ $t=-4$
④に代入して
$$a=4$$

103

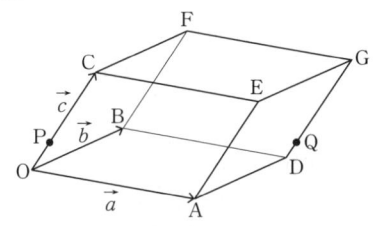

条件より $\overrightarrow{\text{OP}}=\dfrac{1}{6}\vec{c}$

$\overrightarrow{\text{OD}}=\overrightarrow{\text{OA}}+\overrightarrow{\text{OB}}=\vec{a}+\vec{b}$

$\overrightarrow{\text{DQ}}=\dfrac{1}{4}\overrightarrow{\text{DG}}$ より

$\overrightarrow{\text{OQ}}-\overrightarrow{\text{OD}}=\dfrac{1}{4}\overrightarrow{\text{OC}}$

∴ $\overrightarrow{\text{OQ}}=\overrightarrow{\text{OD}}+\dfrac{1}{4}\overrightarrow{\text{OC}}$

$=\vec{a}+\vec{b}+\dfrac{1}{4}\vec{c}$

R は線分 PQ 上より
$\overrightarrow{\text{OR}}=(1-k)\overrightarrow{\text{OP}}+k\overrightarrow{\text{OQ}}$ (k は実数)

$=(1-k)\dfrac{1}{6}\vec{c}+k\left(\vec{a}+\vec{b}+\dfrac{1}{4}\vec{c}\right)$

$=k\vec{a}+k\vec{b}+\left(\dfrac{k}{12}+\dfrac{1}{6}\right)\vec{c}\cdots$①

と表される.また R は平面 ABC 上なので
$\overrightarrow{\text{OR}}=\alpha\vec{a}+\beta\vec{b}+\gamma\vec{c}\cdots$②
$(\alpha+\beta+\gamma=1\cdots$③$)$

と表される.OABC は四面体をなすので
①と②より
$$k=\alpha,\ k=\beta,\ \dfrac{k}{12}+\dfrac{1}{6}=\gamma$$

③に代入して
$$k+k+\left(\dfrac{k}{12}+\dfrac{1}{6}\right)=1\ \ \therefore\ k=\dfrac{2}{5}$$

よって $\alpha=\dfrac{2}{5}$, $\beta=\dfrac{2}{5}$, $\gamma=\dfrac{1}{5}$

②より
$$\overrightarrow{\text{OR}}=\dfrac{2}{5}\vec{a}+\dfrac{2}{5}\vec{b}+\dfrac{1}{5}\vec{c}$$

104

(1) M は AB の中点なので
$$\overrightarrow{\text{OM}}=\dfrac{\vec{a}+\vec{b}}{2}$$

P は辺 OC を $1:2$ に内分する点なので
$$\overrightarrow{\text{OP}}=\dfrac{1}{3}\vec{c}$$

よって
$\overrightarrow{\text{MP}}=\overrightarrow{\text{OP}}-\overrightarrow{\text{OM}}=\dfrac{1}{3}\vec{c}-\dfrac{\vec{a}+\vec{b}}{2}$

$=-\dfrac{1}{2}\vec{a}-\dfrac{1}{2}\vec{b}+\dfrac{1}{3}\vec{c}$

(2) $\text{OA}=\text{OB}=\text{OC}=2$,
$\angle\text{AOB}=\angle\text{AOC}=\dfrac{\pi}{3}$,
$\angle\text{BOC}=\dfrac{\pi}{2}$
より
$|\vec{a}|=|\vec{b}|=|\vec{c}|=2$
$\vec{a}\cdot\vec{b}=\vec{a}\cdot\vec{c}=2\cdot2\cdot\cos\dfrac{\pi}{3}=2$
$\vec{b}\cdot\vec{c}=2\cdot2\cdot\cos\dfrac{\pi}{2}=0$

よって
$\overrightarrow{\text{AB}}\cdot\overrightarrow{\text{MP}}=(\vec{b}-\vec{a})\cdot\left(-\dfrac{1}{2}\vec{a}-\dfrac{1}{2}\vec{b}+\dfrac{1}{3}\vec{c}\right)$

$=(\vec{a}-\vec{b})\cdot\left(\dfrac{1}{2}\vec{a}+\dfrac{1}{2}\vec{b}-\dfrac{1}{3}\vec{c}\right)$

$=\dfrac{1}{2}|\vec{a}|^2-\dfrac{1}{2}|\vec{b}|^2-\dfrac{1}{3}\vec{a}\cdot\vec{c}+\dfrac{1}{3}\vec{b}\cdot\vec{c}$

$=\dfrac{1}{2}\cdot2^2-\dfrac{1}{2}\cdot2^2-\dfrac{1}{3}\cdot2+0$

$=-\dfrac{2}{3}$

(3) また
$|\overrightarrow{\text{AB}}|^2=|\vec{b}-\vec{a}|^2=|\vec{b}|^2-2(\vec{a}\cdot\vec{b})+|\vec{a}|^2$
$=2^2-2\cdot2+2^2=4$

$|\overrightarrow{\text{MP}}|^2=\left|-\dfrac{1}{2}\vec{a}-\dfrac{1}{2}\vec{b}+\dfrac{1}{3}\vec{c}\right|^2$

$=\dfrac{1}{4}|\vec{a}|^2+\dfrac{1}{4}|\vec{b}|^2+\dfrac{1}{9}|\vec{c}|^2$
$\qquad+\dfrac{1}{2}\vec{a}\cdot\vec{b}-\dfrac{1}{3}\vec{b}\cdot\vec{c}-\dfrac{1}{3}\vec{c}\cdot\vec{a}$

$=\dfrac{1}{4}\cdot2^2+\dfrac{1}{4}\cdot2^2+\dfrac{1}{9}\cdot2^2+\dfrac{1}{2}\cdot2-0-\dfrac{1}{3}\cdot2$

$=\dfrac{25}{9}$

よって
$$\cos\theta = \frac{\overrightarrow{AB}\cdot\overrightarrow{MP}}{|\overrightarrow{AB}||\overrightarrow{MP}|} = \frac{-\frac{2}{3}}{\sqrt{4}\sqrt{\frac{25}{9}}} = -\frac{1}{5}$$

(注) ABについては，OA=OB=2，$\angle AOB = \frac{\pi}{3}$ より △OABは正三角形なので これよりAB=2としてもよい．

105

(1) $\overrightarrow{OA}$ と $\overrightarrow{OB}$ が垂直であるのは
$\overrightarrow{OA}\cdot\overrightarrow{OB} = (1, 2, -2)\cdot(-4, t+1, 2) = 0$
∴ $1\cdot(-4) + 2(t+1) + (-2)\cdot 2 = 0$
∴ $2t - 6 = 0$ ∴ $t = 3$
よって $\overrightarrow{OB} = (-4, 4, 2)$ であるから
$|\overrightarrow{OB}|^2 = |(-4, 4, 2)|^2 = |2(-2, 2, 1)|^2$
$= 4\{(-2)^2 + 2^2 + 1^2\} = 36$
また $|\overrightarrow{OA}|^2 = |(1, 2, -2)|^2$
$= 1^2 + 2^2 + (-2)^2 = 9$ …①
このとき OA⊥OB であるから
△OABの面積は
$\frac{1}{2}\cdot OA\cdot OB = \frac{1}{2}|\overrightarrow{OA}||\overrightarrow{OB}| = \frac{1}{2}\sqrt{9}\sqrt{36} = \mathbf{9}$

(2) $|\overrightarrow{OC}|^2 = |(1, -2, 3)|^2$
$= 1^2 + (-2)^2 + 3^2 = 14$
$\overrightarrow{OA}\cdot\overrightarrow{OC} = (1, 2, -2)\cdot(1, -2, 3)$
$= 1\cdot 1 + 2\cdot(-2) + (-2)\cdot 3 = -9$
これと①より
$$\cos\theta = \frac{\overrightarrow{OA}\cdot\overrightarrow{OC}}{|\overrightarrow{OA}||\overrightarrow{OC}|} = \frac{-9}{\sqrt{9}\cdot\sqrt{14}} = -\frac{3\sqrt{14}}{14}$$
また $\overrightarrow{OA}$ と $\overrightarrow{OB}$ のなす角と $\overrightarrow{OB}$ と $\overrightarrow{OC}$ のなす角をそれぞれ α, β とすると，$\alpha = \beta$ となる条件は
$\cos\alpha = \cos\beta$
∴ $\frac{\overrightarrow{OA}\cdot\overrightarrow{OB}}{|\overrightarrow{OA}||\overrightarrow{OB}|} = \frac{\overrightarrow{OB}\cdot\overrightarrow{OC}}{|\overrightarrow{OB}||\overrightarrow{OC}|}$
∴ $|\overrightarrow{OC}|(\overrightarrow{OA}\cdot\overrightarrow{OB}) = |\overrightarrow{OA}|(\overrightarrow{OB}\cdot\overrightarrow{OC})$ …①
ここで
$\overrightarrow{OB}\cdot\overrightarrow{OC} = (-4, t+1, 2)\cdot(1, -2, 3)$
$= (-4)\cdot 1 + (t+1)\cdot(-2) + 2\cdot 3$
$= -2t$
これと上で求めた値を代入すると①は
$\sqrt{14}(2t-6) = 3(-2t)$

∴ $(\sqrt{14}+3)t = 3\sqrt{14}$
∴ $t = \frac{3\sqrt{14}}{\sqrt{14}+3} = \frac{3(14-3\sqrt{14})}{5}$

(3) $\overrightarrow{OA}$, $\overrightarrow{OC}$ の2つのベクトルと垂直なベクトルを $\vec{p} = (x, y, z)$ とすると $\vec{p}\perp\overrightarrow{OA}$, $\vec{p}\perp\overrightarrow{OC}$ より
$\vec{p}\cdot\overrightarrow{OA} = (x, y, z)\cdot(1, 2, -2) = 0$
∴ $x + 2y - 2z = 0$ …②
$\vec{p}\cdot\overrightarrow{OC} = (x, y, z)\cdot(1, -2, 3) = 0$
∴ $x - 2y + 3z = 0$ …③
②+③より $2x + z = 0$ ∴ $2x = -z$
②−③より $4y - 5z = 0$ ∴ $4y = 5z$
よって $z = -4$ とおくと $\vec{p} = (2, -5, -4)$
これは $\overrightarrow{OA}$, $\overrightarrow{OC}$ と垂直なベクトル．
したがって求めるベクトルは
$\pm\frac{1}{|\vec{p}|}\vec{p} = \pm\frac{1}{\sqrt{2^2+(-5)^2+(-4)^2}}(2, -5, -4)$
$= \pm\frac{\sqrt{5}}{15}(2, -5, -4)$

106

(1) $\overrightarrow{AB} = \overrightarrow{OB} - \overrightarrow{OA} = (-3, 0, -4) - (3, 0, 4)$
$= (-6, 0, -8)$
$\overrightarrow{AC} = \overrightarrow{OC} - \overrightarrow{OA} = (0, 10, 0) - (3, 0, 4)$
$= (-3, 10, -4)$
よって
$|\overrightarrow{AB}|^2 = (-6)^2 + (-8)^2 = 100$
$|\overrightarrow{AC}|^2 = (-3)^2 + 10^2 + (-4)^2 = 125$
$\overrightarrow{AB}\cdot\overrightarrow{AC} = (-6)(-3) + 0\cdot 10 + (-8)(-4)$
$= 50$
よって
$\triangle ABC = \frac{1}{2}\sqrt{|\overrightarrow{AB}|^2|\overrightarrow{AC}|^2 - (\overrightarrow{AB}\cdot\overrightarrow{AC})^2}$
$= \frac{1}{2}\sqrt{100\cdot 125 - 50^2} = \mathbf{50}$

(2) Hは平面ABC上なので
$\overrightarrow{AH} = s\overrightarrow{AB} + t\overrightarrow{AC}$ (s, t は実数)
∴ $\overrightarrow{OH} = \overrightarrow{OA} + s\overrightarrow{AB} + t\overrightarrow{AC}$
$= (3, 0, 4) + s(-6, 0, -8)$
$+ t(-3, 10, -4)$
$= (3-6s-3t, 10t, 4-8s-4t)$ …①
と表される．このとき
$\overrightarrow{DH} = \overrightarrow{OH} - \overrightarrow{OD}$

$= (3-6s-3t, 10t, 4-8s-4t)$
$\qquad -(-8, 5, 6)$
$= (11-6s-3t, -5+10t,$
$\qquad -2-8s-4t)$

ここで $DH \perp AB$, $DH \perp AC$ より
$\overrightarrow{DH} \cdot \overrightarrow{AB} = 0$

$\therefore (11-6s-3t, -5+10t,$
$\qquad -2-8s-4t) \cdot (-6, 0, -8) = 0$
$\therefore -6(11-6s-3t) +$
$\qquad (-8)(-2-8s-4t) = 0$
$\therefore 3(-11+6s+3t) + 4(2+8s+4t) = 0$
$\therefore 50s + 25t = 25$ $\therefore 2s+t=1$ …②
$\overrightarrow{DH} \cdot \overrightarrow{AC} = 0$
$\therefore (11-6s-3t, -5+10t, -2-8s-4t)$
$\qquad \cdot (-3, 10, -4) = 0$
$\therefore -3(11-6s-3t) + 10(-5+10t)$
$\qquad + (-4)(-2-8s-4t) = 0$
$\therefore 50s + 125t = 75$ $\therefore 2s+5t=3$ …③

②③より $t=\dfrac{1}{2}$, $s=\dfrac{1}{4}$

①に代入して $\overrightarrow{OH} = (0, 5, 0)$
$\therefore$ **H(0, 5, 0)**

(3) $\overrightarrow{DH} = \overrightarrow{OH} - \overrightarrow{OD} = (8, 0, -6)$
よって
$|\overrightarrow{DH}|^2 = |(8, 0, -6)|^2 = 8^2 + (-6)^2 = 100$
よって
$V = \dfrac{1}{3} \triangle ABC \times |\overrightarrow{DH}| = \dfrac{1}{3} \cdot 50 \cdot 10$
$= \dfrac{\mathbf{500}}{\mathbf{3}}$

107

(1) 直線 l の方向ベクトルは
$\overrightarrow{AB} = \overrightarrow{OB} - \overrightarrow{OA} = (0, 1, 2) - (1, 0, 0)$
$= (-1, 1, 2)$
よって l のベクトル方程式は
$(x, y, z) = (1, 0, 0)$
$\qquad + t(-1, 1, 2)$ …① (t :実数)
同様に, 直線 m のベクトル方程式は,
方向ベクトルが
$\overrightarrow{CD} = (1, 1, 0) - (0, 0, 1) = (1, 1, -1)$
であるから

$(x, y, z) = (0, 0, 1) + u(1, 1, -1)$ …② (u :実数)
l と m が共有点をもつ条件は, ①②より
$(1, 0, 0) + t(-1, 1, 2)$
$\qquad = (0, 0, 1) + u(1, 1, -1)$ …③
をみたす実数 t, u が存在すること.
③ $\Leftrightarrow (-t+1, t, 2t) = (u, u, -u+1)$
$\Leftrightarrow \begin{cases} -t+1 = u \cdots ④ \\ t = u \cdots ⑤ \\ 2t = -u+1 \cdots ⑥ \end{cases}$

④と⑤より $t = u = \dfrac{1}{2}$ となるが, これは⑥を
みたさないので, ③をみたす実数 t, u は存在しない.
よって l と m は共有点をもたない.

(2) 直線 l 上の点 P, 直線 m 上の点 Q は①②より
$P(-t+1, t, 2t)$, $Q(u, u, -u+1)$
と表せる. このとき
$\overrightarrow{PQ} = \overrightarrow{OQ} - \overrightarrow{OP}$
$= (u, u, -u+1) - (-t+1, t, 2t)$
$= (t+u-1, -t+u, -2t-u+1)$
であるから
$PQ^2 = |\overrightarrow{PQ}|^2$
$= (t+u-1)^2 + (-t+u)^2 + (-2t-u+1)^2$
$= 6t^2 + 3u^2 + 4tu - 6t - 4u + 2$
$= 3u^2 + 4(t-1)u + 6t^2 - 6t + 2$
$= 3\left\{u + \dfrac{2}{3}(t-1)\right\}^2 - \dfrac{4}{3}(t-1)^2 + 6t^2 - 6t + 2$
$= 3\left\{u + \dfrac{2}{3}(t-1)\right\}^2 + \dfrac{14}{3}t^2 - \dfrac{10}{3}t + \dfrac{2}{3}$
$= 3\left\{u + \dfrac{2}{3}(t-1)\right\}^2 + \dfrac{14}{3}\left(t - \dfrac{5}{14}\right)^2 + \dfrac{1}{14}$

よって $u + \dfrac{2}{3}(t-1) = 0$ かつ $t - \dfrac{5}{14} = 0$

$\therefore t = \dfrac{5}{14}$, $u = \dfrac{3}{7}$

のとき PQ は最小となり, 求める最小値は
$\sqrt{\dfrac{1}{14}} = \dfrac{\sqrt{\mathbf{14}}}{\mathbf{14}}$

(注) 例題 107Assist にあるように, PQ が最小となるのは
$PQ \perp l$ かつ $PQ \perp m$
のときであるから, 上にあるように
$\overrightarrow{PQ} = (t+u-1, -t+u, -2t-u+1)$
と表し

$\vec{PQ} \cdot \vec{AB} = 0 \cdots (*)$
かつ $\vec{PQ} \cdot \vec{CD} = 0 \cdots (**)$
より
$(*) \Leftrightarrow (t+u-1, -t+u,$
$\qquad -2t-u+1) \cdot (-1, 1, 2) = 0$
$\Leftrightarrow -(t+u-1) + (-t+u)$
$\qquad + 2(-2t-u+1) = 0$
$\Leftrightarrow 6t + 2u = 3 \cdots (*)'$
$(**) \Leftrightarrow (t+u-1, -t+u,$
$\qquad -2t-u+1) \cdot (1, 1, -1) = 0$
$\Leftrightarrow (t+u-1) + (-t+u)$
$\qquad -(-2t-u+1) = 0$
$\Leftrightarrow 2t + 3u = 2 \cdots (**)'$
$(*)' (**)'$ より $t = \dfrac{5}{14}, \ u = \dfrac{3}{7}$
こうしてPQの最小値を求めてもよい．

108

(1) $\vec{OA} = (2, 0, 1), \ \vec{OB} = (0, 3, -1)$
ベクトル$\vec{OA}, \vec{OB}$の両方と垂直なベクトルを$\vec{\alpha} = (x, y, z)$とすると
$\vec{\alpha} \cdot \vec{OA} = (x, y, z) \cdot (2, 0, 1) = 2x + z = 0$
$\therefore \ 2x = -z$
$\vec{\alpha} \cdot \vec{OB} = (x, y, z) \cdot (0, 3, -1)$
$\qquad = 3y - z = 0$
$\therefore \ 3y = z$
よって$z = -6$とおくと$x = 3, \ y = -2$
$\therefore \ \vec{\alpha} = (3, -2, -6)$
これは$\vec{OA}, \vec{OB}$の両方と垂直なベクトルである．

(2)

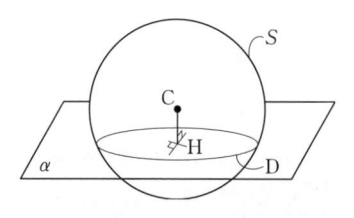

点Cを中心とした半径$10\sqrt{2}$の球面をS，Sと平面αとが交わってできる交円をDとするとDの中心は，Sの中心Cから平面αにおろした垂線と平面の交点Hである．ここでCH $\parallel \vec{\alpha}$より
$\vec{CH} = k\vec{\alpha}$ (k:実数)
$\therefore \ \vec{OH} - \vec{OC} = k\vec{\alpha}$

$\therefore \ \vec{OH} = \vec{OC} + k\vec{\alpha}$
$\qquad = (0, 7, 14) + k(3, -2, -6)$
$\qquad = (3k, -2k+7, -6k+14) \cdots ①$
と表せる．またHは平面α上より
$\vec{OH} = p\vec{OA} + q\vec{OB}$
$\qquad = p(2, 0, 1) + q(0, 3, -1)$
$\qquad = (2p, 3q, p-q) \cdots ②$
①と②より
$(3k, -2k+7, -6k+14) = (2p, 3q, p-q)$
$3k = 2p, \ -2k+7 = 3q, \ -6k+14 = p-q$
$\therefore \ k = 2, \ p = 3, \ q = 1$
$\therefore \ H(6, 3, 2)$
円Dの半径をrとすると三平方の定理より
$(10\sqrt{2})^2 = CH^2 + r^2$
$\therefore \ r^2 = 200 - |k\vec{\alpha}|^2$
$\qquad = 200 - 2^2\{3^2 + (-2)^2 + (-6)^2\}$
$\qquad = 4$
$\therefore \ r = 2$

§7 数列

109

(1) 初項をa，公差をdとおくと
$a_2 + a_4 + a_6 = 453$ より
$(a+d) + (a+3d) + (a+5d) = 453$
$\therefore \ a + 3d = 151 \cdots ①$
また$a_3 + a_7 = 296$ より
$(a+2d) + (a+6d) = 296$
$\therefore \ a + 4d = 148 \cdots ②$
①と②を解くと
$a = 160, \ d = -3$
よって
$a_n = 160 + (n-1)(-3) = \boldsymbol{-3n + 163}$

(2) $a_n > 0$ を解くと $n < \dfrac{163}{3} (= 54.33\cdots)$
nは自然数だから
$a_n > 0 \Leftrightarrow n \leqq 54$
同様にして
$a_n < 0 \Leftrightarrow n \geqq 55$
以上よりS_nは$n = \boldsymbol{54}$のとき最大となり，最大値は
$S_{54} = \dfrac{54\{2 \cdot 160 + (54-1)(-3)\}}{2} = \boldsymbol{4347}$

TRIAL 復習109の(1)より

$$S_n = \frac{n}{2}\{160+(-3n+163)\}$$
$$= -\frac{3}{2}\left(n-\frac{323}{3}\right)n \cdots ①$$

よって

$$S_n > 0 \Leftrightarrow n < \frac{323}{3} \Leftrightarrow n \leq 107$$

$$S_n < 0 \Leftrightarrow n > \frac{323}{3} \Leftrightarrow n \geq 108$$

以上より

$$160 = S_1 < S_2 < S_3 < \cdots < S_{54} < S_{55} > \cdots$$
$$\cdots > S_{107} > 0 > S_{108} > S_{109} > \cdots$$

ここで

$$S_{107} = 107, \quad S_{108} = -54$$

より $n=108$ のとき $|S_n|$ は最小で

最小値 54

110

初項を a,公比を r,初項から第 n 項までの和を S_n とおくと,条件より

$$S_n = 240 \cdots ① \quad S_{2n} = 300 \cdots ②$$

(i) $r=1$ のとき

①,②より $an=240$ かつ $2an=300$
となり不適

(ii) $r \neq 1$ のとき

①,②より $\dfrac{a(r^n-1)}{r-1} = 240 \cdots ③$

$$\dfrac{a(r^{2n}-1)}{r-1} = 300 \cdots ④$$

④÷③より $\dfrac{r^{2n}-1}{r^n-1} = \dfrac{300}{240}$

$\therefore r^n+1 = \dfrac{5}{4}$ $\therefore r^n = \dfrac{1}{4}$

このとき③④をみたす a は一つに定まる.
よって

$$S_{3n} = \frac{a(r^{3n}-1)}{r-1} = \frac{a(r^n-1)(r^{2n}+r^n+1)}{r-1}$$
$$= 240 \times \left\{\left(\frac{1}{4}\right)^2 + \frac{1}{4} + 1\right\} = \mathbf{315}$$

TRIAL 一般に,1回の積立金 a 円は k 年後に元利合計が $a(1+r)^k$ 円になる.よって,毎年度初めに積み立てる a 円の n 年度末の元利合計を考えると,

1年度初めの a 円の元利合計は $a(1+r)^n$ 円
2年度初めの a 円の元利合計は $a(1+r)^{n-1}$ 円
3年度初めの a 円の元利合計は $a(1+r)^{n-2}$ 円
$\vdots$

n 年度初めの a 円の元利合計は $a(1+r)$ 円
よって求める元利合計は

$$a(1+r)^n + a(1+r)^{n-1} + a(1+r)^{n-1} + \cdots + a(1+r)$$

これは

$$a(1+r) + a(1+r)^2 + a(1+r)^3 + \cdots + a(1+r)^n$$

と等しく,初項 $a(1+r)$,公比 $1+r$,項数 n の等比数列の和であるから

$$\frac{a(1+r)\{(1+r)^n-1\}}{(1+r)-1} = \boldsymbol{\frac{a(1+r)\{(1+r)^n-1\}}{r}} \text{(円)}$$

111

(1) $\displaystyle\sum_{k=5}^{24}(7k-40) = \frac{(-5+128)\cdot 20}{2} = \mathbf{1230}$

(2) $\displaystyle\sum_{k=4}^{12} 2^{k-2} = \frac{2^2(2^9-1)}{2-1} = 2^{11}-2^2$
$= 2048-4 = \mathbf{2044}$

(3) $\displaystyle\sum_{k=1}^{n} k(k+1)(k+2) = \sum_{k=1}^{n}(k^3+3k^2+2k)$

$$= \sum_{k=1}^{n} k^3 + 3\sum_{k=1}^{n} k^2 + 2\sum_{k=1}^{n} k$$

$$= \left\{\frac{1}{2}n(n+1)\right\}^2 + 3\cdot\frac{1}{6}n(n+1)(2n+1)$$
$$+ 2\cdot\frac{1}{2}n(n+1)$$

$$= \frac{1}{4}n(n+1)\{n(n+1)+2(2n+1)+4\}$$

$$= \boldsymbol{\frac{1}{4}n(n+1)(n+2)(n+3)}$$

(4) $1\cdot(n+1)+2\cdot(n+2)+3\cdot(n+3)+\cdots+n\cdot 2n$

$$= \sum_{k=1}^{n} k(n+k) = \sum_{k=1}^{n}(k^2+nk) = \sum_{k=1}^{n} k^2 + n\sum_{k=1}^{n} k$$

$$= \frac{1}{6}n(n+1)(2n+1) + n\cdot\frac{1}{2}n(n+1)$$

$$= \frac{1}{6}n(n+1)\{(2n+1)+3n\}$$

$$= \boldsymbol{\frac{1}{6}n(n+1)(5n+1)}$$

TRIAL 与式 $=(2^2-1^2)+(4^2-3^2)+\cdots+$
$(50^2-49^2) = \displaystyle\sum_{k=1}^{25}\{(2k)^2-(2k-1)^2\}$

$$= \sum_{k=1}^{25}(4k-1) = 4\sum_{k=1}^{25} k - \sum_{k=1}^{25} 1$$

$$=4\cdot\frac{25\cdot 26}{2}-25=\mathbf{1275}$$

112

(1) 数列 $\{a_n\}$ の階差数列を $\{b_n\}$ とすると,
$\{b_n\}$ は
$$2,\ 4,\ 8,\ 16,\ \cdots\cdots$$
であり, $b_n=2^n$
$n\geq 2$ のとき
$$a_n=1+\sum_{k=1}^{n-1}2^k=1+\frac{2(2^{n-1}-1)}{2-1}=2^n-1$$
これは $n=1$ のときも成り立つ.
よって $\boldsymbol{a_n=2^n-1}$

(2) 数列 $\{a_n\}$ の階差数列を $\{b_n\}$ とすると,
$\{b_n\}$ は
$$-2,\ -1,\ -4,\ 5,\ -22,\ 59,\ \cdots\cdots$$
数列 $\{b_n\}$ の階差数列を $\{c_n\}$ とすると, $\{c_n\}$ は
$$1,\ -3,\ 9,\ -27,\ 81,\ \cdots\cdots$$
であるから $c_n=(-3)^{n-1}$
$n\geq 2$ のとき
$$b_n=-2+\sum_{k=1}^{n-1}(-3)^{k-1}=-2+\frac{1\cdot\{1-(-3)^{n-1}\}}{1-(-3)}$$
$$=-\frac{7}{4}-\frac{1}{4}(-3)^{n-1}$$
これは $n=1$ のときも成り立つ.
よって $b_n=-\dfrac{7}{4}-\dfrac{1}{4}(-3)^{n-1}$
$n\geq 2$ のとき
$$a_n=1+\sum_{k=1}^{n-1}\left\{-\frac{7}{4}-\frac{1}{4}(-3)^{k-1}\right\}$$
$$=1-\frac{7}{4}(n-1)-\frac{1}{4}\cdot\frac{1-(-3)^{n-1}}{1-(-3)}$$
$$=\frac{43}{16}-\frac{7}{4}n+\frac{1}{16}(-3)^{n-1}$$
これは $n=1$ のときも成り立つ.
よって $\boldsymbol{a_n=\dfrac{43}{16}-\dfrac{7}{4}n+\dfrac{1}{16}(-3)^{n-1}}$

TRIAL $c_n=a_n+b_n$ とおくと $\{c_n\}$ の階差数列が初項4公比3の等比数列なので
$$c_{n+1}-c_n=4\cdot 3^{n-1}$$
よって
$$c_n=c_1+\sum_{k=1}^{n-1}(c_{k+1}-c_k)$$
$$=(a_1+b_1)+\sum_{k=1}^{n-1}4\cdot 3^{k-1}$$
$$=(3+1)+4\cdot\frac{3^{n-1}-1}{3-1}$$
$$=4+2(3^{n-1}-1)=2\cdot 3^{n-1}+2$$
(この式は $n=1$ においても成り立つ)
よって
$$a_n+b_n=2\cdot 3^{n-1}+2\cdots ①$$
$d_n=a_n-b_n$ とおくと $\{d_n\}$ の階差数列が初項6, 公差4の等差数列なので
$$d_{n+1}-d_n=6+(n-1)4=4n+2$$
よって
$$d_n=d_1+\sum_{k=1}^{n-1}(d_{k+1}-d_k)$$
$$=(a_1-b_1)+\sum_{k=1}^{n-1}(4k+2)$$
$$=(3-1)+\frac{n-1}{2}[6+\{4(n-1)+2\}]$$
$$=2n^2$$
(この式は $n=1$ でも成り立つ)
よって
$$a_n-b_n=2n^2\cdots ②$$
$\dfrac{①+②}{2}$ より $\boldsymbol{a_n=3^{n-1}+n^2+1}$
$\dfrac{①-②}{2}$ より $\boldsymbol{b_n=3^{n-1}-n^2+1}$

113

(1) $$\sum_{k=3}^{20}\frac{1}{(3k-1)(3k+2)}$$
$$=\sum_{k=3}^{20}\frac{1}{3}\left(\frac{1}{3k-1}-\frac{1}{3k+2}\right)$$
$$=\frac{1}{3}\left\{\left(\frac{1}{8}-\frac{1}{11}\right)+\left(\frac{1}{11}-\frac{1}{14}\right)\right.$$
$$\left.+\left(\frac{1}{14}-\frac{1}{17}\right)+\cdots+\left(\frac{1}{59}-\frac{1}{62}\right)\right\}$$
$$=\frac{1}{3}\left(\frac{1}{8}-\frac{1}{62}\right)=\boldsymbol{\dfrac{9}{248}}$$

(2) $$\sum_{k=1}^{n}\frac{1}{k(k+3)}=\frac{1}{3}\sum_{k=1}^{n}\left(\frac{1}{k}-\frac{1}{k+3}\right)$$
$$=\frac{1}{3}\left\{\left(\frac{1}{1}-\frac{1}{4}\right)+\left(\frac{1}{2}-\frac{1}{5}\right)+\left(\frac{1}{3}-\frac{1}{6}\right)\right.$$
$$+\left(\frac{1}{4}-\frac{1}{7}\right)+\cdots\cdots+\left(\frac{1}{n-2}-\frac{1}{n+1}\right)$$
$$\left.+\left(\frac{1}{n-1}-\frac{1}{n+2}\right)+\left(\frac{1}{n}-\frac{1}{n+3}\right)\right\}$$
$$=\frac{1}{3}\left(\frac{1}{1}+\frac{1}{2}+\frac{1}{3}-\frac{1}{n+1}-\frac{1}{n+2}-\frac{1}{n+3}\right)$$

$$=\frac{1}{3}\left(\frac{11}{6}-\frac{1}{n+1}-\frac{1}{n+2}-\frac{1}{n+3}\right)$$

(3) $\sum_{k=1}^{n}\frac{1}{\sqrt{k+2}+\sqrt{k}}$

$$=\sum_{k=1}^{n}\frac{\sqrt{k+2}-\sqrt{k}}{(\sqrt{k+2}+\sqrt{k})(\sqrt{k+2}-\sqrt{k})}$$

$$=-\frac{1}{2}\sum_{k=1}^{n}(\sqrt{k}-\sqrt{k+2})$$

$$=-\frac{1}{2}\{(\sqrt{1}-\sqrt{3})+(\sqrt{2}-\sqrt{4})+(\sqrt{3}-\sqrt{5})$$
$$+\cdots\cdots+(\sqrt{n-2}-\sqrt{n})+(\sqrt{n-1}-\sqrt{n+1})$$
$$+(\sqrt{n}-\sqrt{n+2})\}$$

$$=-\frac{1}{2}(\sqrt{1}+\sqrt{2}-\sqrt{n+1}-\sqrt{n+2})$$

$$=\frac{1}{2}(\sqrt{n+1}+\sqrt{n+2}-1-\sqrt{2})$$

TRIAL

(1) $\sum_{k=1}^{n}\frac{1}{k(k+1)(k+2)}$

$$=\sum_{k=1}^{n}\frac{1}{2}\left(\frac{1}{k(k+1)}-\frac{1}{(k+1)(k+2)}\right)$$

$$=\frac{1}{2}\left\{\left(\frac{1}{1\cdot2}-\frac{1}{2\cdot3}\right)+\left(\frac{1}{2\cdot3}-\frac{1}{3\cdot4}\right)\right.$$
$$+\left(\frac{1}{3\cdot4}-\frac{1}{4\cdot5}\right)$$
$$+\cdots\cdots+\left(\frac{1}{(n-1)n}-\frac{1}{n(n+1)}\right)$$
$$\left.+\left(\frac{1}{n(n+1)}-\frac{1}{(n+1)(n+2)}\right)\right\}$$

$$=\frac{1}{2}\left(\frac{1}{1\cdot2}-\frac{1}{(n+1)(n+2)}\right)$$

$$=\frac{n(n+3)}{4(n+1)(n+2)}$$

(2) $\sum_{k=1}^{n}k(k+1)(k+2)(k+3)$

$$=\sum_{k=1}^{n}\frac{1}{5}\{k(k+1)(k+2)(k+3)(k+4)$$
$$-(k-1)k(k+1)(k+2)(k+3)\}$$

$$=\frac{1}{5}\{(1\cdot2\cdot3\cdot4\cdot5-0\cdot1\cdot2\cdot3\cdot4)$$
$$+(2\cdot3\cdot4\cdot5\cdot6-1\cdot2\cdot3\cdot4\cdot5)$$
$$+\cdots+(n(n+1)(n+2)(n+3)(n+4)$$
$$-(n-1)n(n+1)(n+2)(n+3))\}$$

$$=\frac{1}{5}\{-0\cdot1\cdot2\cdot3\cdot4+n(n+1)(n+2)(n+3)(n+4)\}$$

$$=\frac{1}{5}n(n+1)(n+2)(n+3)(n+4)$$

114

$S=\sum_{k=1}^{n}kr^{k-1}$ より

$S=1+2\cdot r+3\cdot r^2$
$$+\cdots+(n-1)\cdot r^{n-2}+n\cdot r^{n-1}\cdots\text{①}$$

$rS=1\cdot r+2\cdot r^2+3\cdot r^3$
$$+\cdots+(n-2)\cdot r^{n-2}+(n-1)\cdot r^{n-1}+n\cdot r^n\cdots\text{②}$$

①−② より

$(1-r)S=1+r+r^2+r^3$
$$+\cdots\cdots+r^{n-1}-n\cdot r^n$$

(i) $r \neq 1$ のとき

$$(1-r)S=\frac{1-r^n}{1-r}-nr^n$$

$$=\frac{1-r^n-nr^n(1-r)}{1-r}$$

$$\therefore\ S=\frac{1-(1+n)r^n+nr^{n+1}}{(1-r)^2}$$

(ii) $r=1$ のとき

$S=1+2+3+\cdots\cdots+(n-1)+n=\frac{1}{2}n(n+1)$

(i)(ii)より

$$S=\begin{cases}\dfrac{1-(1+n)r^n+nr^{n+1}}{(1-r)^2}\ (r\neq1)\\ \dfrac{1}{2}n(n+1)\ (r=1)\end{cases}$$

115

(1) 第 n 群の項数は $2n$ だから，第 n 群の末項は一番はじめから数えて

$2+4+6+8$
$$+\cdots\cdots+2n=2\cdot\frac{1}{2}n(n+1)=n(n+1)$$

番目である．一方，数列 $1, 3, 5, 7, 9, 11\cdots\cdots$ の k 項目は $1+(k-1)\cdot 2=2k-1$ であるから，第 n 群の末項は $k=n(n+1)$ を代入して $2n(n+1)-1(=2n^2+2n-1)$ となる．

これより，第 n 群の初項は第 $n-1$ 群の末項に 2 を加えたものであるから

$\{2(n-1)-1\}+2=2n^2-2n+1$

（これは $n=1$ でも成り立つ）

第 n 群の総和は

$$\frac{2n\{(2n^2-2n+1)+(2n^2+2n-1)\}}{2}=4n^3$$

(2) 2017が第n群であるとすると，第n群，第$n-1$群の末項に着目して
$$2(n-1)n-1<2017\leq 2n(n+1)-1$$
$$\therefore 2(n-1)n<2018\leq 2n(n+1)$$
$$\therefore (n-1)n<1009\leq n(n+1) \cdots ①$$
ここで$31\cdot 32=992$，$32\cdot 33=1056$であるから①をみたす自然数nは32
つまり第32群．
いま31群の末項は$2\cdot 31\cdot 32-1=1983$で
$$\frac{2017-1983}{2}=17 \text{であるから}$$
2017は第**32**群の**17**番目である．

TRIAL

(1) 分母がnとなる項の集まりを第n群とすると，第n群にはn個の項を含む．よって第n群の末項は，一番はじめから数えると，
$$1+2+3+\cdots+n=\frac{n(n+1)}{2}$$
より，$\frac{n(n+1)}{2}$番目である．ここで$\frac{99}{100}$は第100群の99番目であり，これは第100群の末項の一つ前であるから，はじめから数えると
$$\frac{100(100+1)}{2}-1=5049$$
より，第**5049**項．

(2) 第2005項が第n群にあるとすると，第$n-1$群，第n群の末項までの項数に着目して，
$$\frac{(n-1)n}{2}<2005\leq \frac{n(n+1)}{2}$$
$$\therefore (n-1)n<4010\leq n(n+1)$$
ここで$62\cdot 63=3906$，$63\cdot 64=4032$であるから
$$n=63$$
よって第2005項は第63群．第62群の末項まではじめから数えて
$$\frac{62\cdot 63}{2}=1953 \text{番目}$$
なので，第2005項は第63群の
$$2005-1953=52 \text{番目}$$
よって，第2005項は$\dfrac{52}{63}$

116

(1) $a_n=5+(n-1)\cdot 4=\mathbf{4n+1}$

(2) $a_n=6\cdot 2^{n-1}=\mathbf{3\cdot 2^n}$

(3) $n\geq 2$のとき
$$a_n=1+\sum_{k=1}^{n-1}(2^k-3)$$
$$=1+\frac{2(2^{n-1}-1)}{2-1}-3(n-1)$$
$$=2^n-3n+2$$
これは$n=1$のときも成り立つ
よって $a_n=\mathbf{2^n-3n+2}$

117

(1) $a_{n+1}=\dfrac{1}{2}a_n+2$を変形すると
(a_n，a_{n+1}をともにαとおくと
$$\alpha=\frac{1}{2}\alpha+2 \quad \therefore \alpha=4)$$
$$a_{n+1}-4=\frac{1}{2}(a_n-4)$$
よって$\{a_n-4\}$は初項$a_1-4(=2-4=-2)$公比$\dfrac{1}{2}$の等比数列であるから
$$a_n-4=-2\left(\frac{1}{2}\right)^{n-1}$$
$$\therefore a_n=\mathbf{4-\left(\frac{1}{2}\right)^{n-2}}$$

(2) 与式は
$$a_{n+1}+1=\frac{a_n+1}{5(a_n+1)+2}\cdots ①$$
と表され，$a_1+1=3>0$であるから，任意の自然数nに対して$a_n+1>0$
よって①の両辺の逆数をとって
$$\frac{1}{a_{n+1}+1}=\frac{5(a_n+1)+2}{a_n+1}$$
$$\therefore \frac{1}{a_{n+1}+1}=5+\frac{2}{a_n+1}$$
ここで$b_n=\dfrac{1}{a_n+1}\cdots ②$とおくと
$$b_{n+1}=2b_n+5$$
(b_n，b_{n+1}をともにαとおくと$\alpha=2\alpha+5$
$\therefore \alpha=-5$) 変形すると
$$b_{n+1}+5=2(b_n+5)$$
よって
$$b_n+5=2^{n-1}(b_1+5)$$
$b_1=\dfrac{1}{a_1+1}=\dfrac{1}{3}$より
$$b_n=\frac{16}{3}\cdot 2^{n-1}-5=\frac{1}{3}\cdot 2^{n+3}-5$$

②より $\dfrac{1}{b_n}=a_n+1$ ∴ $a_n=\dfrac{1}{b_n}-1$
よって
$$a_n=\dfrac{1}{\dfrac{1}{3}\cdot 2^{n+3}-5}-1=\dfrac{3}{2^{n+3}-15}-1$$

118
$$a_{n+1}=2a_n+3^n\cdots①$$
両辺を 3^{n+1} で割ると
$$\dfrac{a_{n+1}}{3^{n+1}}=\dfrac{2a_n}{3\cdot 3^n}+\dfrac{3^n}{3^{n+1}}$$
∴ $\dfrac{a_{n+1}}{3^{n+1}}=\dfrac{2}{3}\cdot\dfrac{a_n}{3^n}+\dfrac{1}{3}$

$b_n=\dfrac{a_n}{3^n}\cdots②$ とおくと
$$b_{n+1}=\dfrac{2}{3}b_n+\dfrac{1}{3}$$
これを変形すると $b_{n+1}-1=\dfrac{2}{3}(b_n-1)$
よって数列 $\{b_n-1\}$ は
初項 $b_1-1\left(=\dfrac{a_1}{3^1}-1=\dfrac{1}{3}-1=-\dfrac{2}{3}\right)$,
公比 $\dfrac{2}{3}$ の等比数列だから
$$b_n-1=-\dfrac{2}{3}\cdot\left(\dfrac{2}{3}\right)^{n-1}=-\left(\dfrac{2}{3}\right)^n$$
∴ $b_n=1-\left(\dfrac{2}{3}\right)^n$

②より $a_n=3^n\cdot b_n=\boldsymbol{3^n-2^n}$
(別解1) ①の両辺を 2^{n+1} で割ると
$$\dfrac{a_{n+1}}{2^{n+1}}=\dfrac{2a_n}{2\cdot 2^n}+\dfrac{3^n}{2^{n+1}}$$
∴ $\dfrac{a_{n+1}}{2^{n+1}}-\dfrac{a_n}{2^n}=\dfrac{1}{2}\left(\dfrac{3}{2}\right)^n$
よって，$n\geqq 2$ のとき
$$\dfrac{a_n}{2^n}=\dfrac{a_1}{2^1}+\sum_{k=1}^{n-1}\left(\dfrac{a_{k+1}}{2^{k+1}}-\dfrac{a_k}{2^k}\right)$$
$$=\dfrac{1}{2}+\sum_{k=1}^{n-1}\dfrac{1}{2}\left(\dfrac{3}{2}\right)^k$$
$$=\dfrac{1}{2}+\left(\dfrac{1}{2}\cdot\dfrac{3}{2}\right)\dfrac{\left(\dfrac{3}{2}\right)^{n-1}-1}{\dfrac{3}{2}-1}$$
$$=\left(\dfrac{3}{2}\right)^n-1$$
この式は $n=1$ でも成り立つ．よって

$$a_n=2^n\left\{\left(\dfrac{3}{2}\right)^n-1\right\}=\boldsymbol{3^n-2^n}$$
(別解2) まず $a_{n+1}-\alpha\cdot 3^{n+1}=2(a_n-\alpha\cdot 3^n)\cdots③$
をみたすような α を求める．
①－③より $\alpha\cdot 3^{n+1}=3^n+2\alpha\cdot 3^n$
∴ $3^n(\alpha-1)=0$ ∴ $\alpha=1$
よって①は
$$a_{n+1}-3^{n+1}=2(a_n-3^n)$$
と表され，数列 $\{a_n-3^n\}$ は
初項 $a_1-3^1(=1-3=-2)$ 公比 2 の等比数列だから
$$a_n-3^n=(-2)2^{n-1}$$
∴ $\boldsymbol{a_n=3^n-2^n}$

119
$$a_{n+1}=3a_n+8n\cdots①$$
$$a_{n+1}-\{\alpha(n+1)+\beta\}=3\{a_n-(\alpha n+\beta)\}\cdots②$$
をみたす実数の組 $(\alpha,\ \beta)$ を 1 つ求める．
②⇔ $a_{n+1}=3a_n-2\alpha n+\alpha-2\beta\cdots②'$
①と②' の右辺の n の式の係数を比較して
$$8=-2\alpha,\ \ 0=\alpha-2\beta$$
∴ $\alpha=-4,\ \beta=-2$
②に代入して
$$a_{n+1}-\{-4(n+1)-2\}$$
$$=3\{a_n-(-4n-2)\}$$
∴ $a_{n+1}+\{4(n+1)+2\}$
$$=3\{a_n+(4n+2)\}$$
よって $\{a_n+(4n+2)\}$ は公比 3 の等比数列であり
$$a_n+(4n+2)=3^{n-1}\{a_1+(4\cdot 1+2)\}$$
$a_1=-2$ より
$$\boldsymbol{a_n=4\cdot 3^{n-1}-4n-2}$$

TRIAL
(1) $a_{n+1}-\{\alpha(n+1)^2+\beta(n+1)+\gamma\}$
$$=2\{a_n-(\alpha n^2+\beta n+\gamma)\}$$
より
$$a_{n+1}=2a_n-2(\alpha n^2+\beta n+\gamma)$$
$$\qquad+\alpha(n+1)^2+\beta(n+1)+\gamma$$
$$=2a_n-\alpha n^2+(2\alpha-\beta)n+\alpha+\beta-\gamma$$
これと $a_{n+1}=2a_n+n^2$ の係数を比較して
$$-\alpha=1,\ 2\alpha-\beta=0,\ \alpha+\beta-\gamma=0$$
∴ $\alpha=-1,\ \beta=-2,\ \gamma=-3$
(2) (1)より $a_{n+1}=2a_n+n^2$ は

$a_{n+1}+(n+1)^2+2(n+1)+3$
$\quad = 2(a_n+n^2+2n+3)$
と変形できる．よって数列 $\{a_n+n^2+2n+3\}$ は初項 $a_1+1^2+2\cdot1+3(=0+6=6)$
公比 2 の等比数列だから
$\quad a_n+n^2+2n+3=6\cdot2^{n-1}=3\cdot2^n$
∴ $a_n=3\cdot2^n-n^2-2n-3$

120
(1) $n\geqq2$ のとき
$\quad a_n=S_n-S_{n-1}$
$\quad\quad = n(n+1)(n+2)-(n-1)n(n+1)$
$\quad\quad = 3n(n+1)$ …①
一方 $a_1=S_1=1\cdot2\cdot3=6$ であり，①は $n=1$ のときも成り立つ．
よって $\quad a_n=3n(n+1)$

(2) $2S_n=n+1-a_n$ …①
n を $n+1$ に置き換えて
$\quad 2S_{n+1}=(n+1)+1-a_{n+1}$ …②
②−① より
$\quad 2(S_{n+1}-S_n)=1-a_{n+1}+a_n$
$\quad\therefore 2a_{n+1}=1-a_{n+1}+a_n$
$\quad\therefore a_{n+1}=\dfrac{1}{3}a_n+\dfrac{1}{3}$ …③
また①に $n=1$ を代入すると $2S_1=1+1-a_1$
$\quad\therefore 2a_1=2-a_1 \quad\therefore a_1=\dfrac{2}{3}$
③を変形すると $a_{n+1}-\dfrac{1}{2}=\dfrac{1}{3}\left\{a_n-\dfrac{1}{2}\right\}$
数列 $\left\{a_n-\dfrac{1}{2}\right\}$ は
初項 $a_1-\dfrac{1}{2}\left(=\dfrac{2}{3}-\dfrac{1}{2}=\dfrac{1}{6}\right)$
公比 $\dfrac{1}{3}$ の等比数列だから
$\quad a_n-\dfrac{1}{2}=\dfrac{1}{6}\cdot\left(\dfrac{1}{3}\right)^{n-1}=\dfrac{1}{2}\cdot\left(\dfrac{1}{3}\right)^n$
$\quad\therefore a_n=\dfrac{1}{2}\left\{1+\left(\dfrac{1}{3}\right)^n\right\}$

121
(1) $5a_{n+2}=8a_{n+1}-3a_n$ を変形すると
$\begin{cases}a_{n+2}-\dfrac{3}{5}a_{n+1}=a_{n+1}-\dfrac{3}{5}a_n\cdots① \\ a_{n+2}-a_{n+1}=\dfrac{3}{5}(a_{n+1}-a_n)\cdots②\end{cases}$

$\left(5t^2=8t-3\text{ を解いて}(\alpha,\beta)=\left(1,\dfrac{3}{5}\right),\left(\dfrac{3}{5},1\right)\right)$

①より数列 $\left\{a_{n+1}-\dfrac{3}{5}a_n\right\}$ は
初項 $a_2-\dfrac{3}{5}a_1\left(=2-\dfrac{3}{5}\cdot1=\dfrac{7}{5}\right)$ の定数の数列だから
$\quad a_{n+1}-\dfrac{3}{5}a_n=\dfrac{7}{5}$ …③
②より数列 $\{a_{n+1}-a_n\}$ は
初項 $a_2-a_1(=2-1=1)$
公比 $\dfrac{3}{5}$ の等比数列だから
$\quad a_{n+1}-a_n=1\cdot\left(\dfrac{3}{5}\right)^{n-1}$ …④
③−④より $\dfrac{2}{5}a_n=\dfrac{7}{5}-\left(\dfrac{3}{5}\right)^{n-1}$
$\quad\therefore a_n=\dfrac{7}{2}-\dfrac{5}{2}\left(\dfrac{3}{5}\right)^{n-1}$

(2) $a_{n+2}-4a_{n+1}+4a_n=0$ を変形すると
$\quad a_{n+2}-2a_{n+1}=2(a_{n+1}-2a_n)$
数列 $\{a_{n+1}-2a_n\}$ は
初項 $a_2-2a_1(=3-2\cdot1=1)$
公比 2 の等比数列だから
$\quad a_{n+1}-2a_n=1\cdot2^{n-1}=2^{n-1}$
両辺を 2^{n+1} で割ると
$\quad \dfrac{a_{n+1}}{2^{n+1}}-\dfrac{a_n}{2^n}=\dfrac{1}{4}$
よって数列 $\left\{\dfrac{a_n}{2^n}\right\}$ は初項 $\dfrac{a_1}{2^1}\left(=\dfrac{1}{2^1}\right)$ 公差 $\dfrac{1}{4}$ の等差数列で
$\quad \dfrac{a_n}{2^n}=\dfrac{1}{2}+(n-1)\dfrac{1}{4}=\dfrac{n+1}{4}$
$\quad\therefore a_n=2^n\cdot\dfrac{n+1}{4}=(n+1)\cdot2^{n-2}$

122
(1) $a_{n+1}=-3a_n+b_n$ …①
$\quad b_{n+1}=a_n-3b_n$ …②
①+② より
$\quad a_{n+1}+b_{n+1}=-2a_n-2b_n$
$\quad\quad\quad\quad\quad\quad =-2(a_n+b_n)$
よって $\{a_n+b_n\}$ は初項 $a_1+b_1(=2+1=3)$
公比 -2 の等比数列であるから
$\quad a_n+b_n=3(-2)^{n-1}$ …③
①−②より

$$a_{n+1} - b_{n+1} = -4a_n + 4b_n$$
$$= -4(a_n - b_n)$$

よって $\{a_n - b_n\}$ は初項 $a_1 - b_1 (= 2 - 1 = 1)$
公比 -4 の等比数列であるから
$$a_n - b_n = (-4)^{n-1} \cdots ④$$

$\dfrac{③+④}{2}$ より
$$a_n = \dfrac{1}{2}\{3(-2)^{n-1} + (-4)^{n-1}\}$$

$\dfrac{③-④}{2}$ より
$$b_n = \dfrac{1}{2}\{3(-2)^{n-1} - (-4)^{n-1}\}$$

(2) $a_{n+1} = \dfrac{4a_n + b_n}{6} \cdots ①$

$b_{n+1} = \dfrac{-a_n + 2b_n}{6} \cdots ②$

①+② より
$$a_{n+1} + b_{n+1} = \dfrac{4a_n + b_n}{6} + \dfrac{-a_n + 2b_n}{6}$$

$\therefore\ a_{n+1} + b_{n+1} = \dfrac{1}{2}(a_n + b_n)$

よって $\{a_n + b_n\}$ は初項 $a_1 + b_1 (= 1 - 2 = -1)$
公比 $\dfrac{1}{2}$ の等比数列であるから
$$a_n + b_n = -\left(\dfrac{1}{2}\right)^{n-1}$$

$\therefore\ b_n = -a_n - \left(\dfrac{1}{2}\right)^{n-1} \cdots ③$

①に代入して
$$a_{n+1} = \dfrac{1}{6}\left\{4a_n + \left(-a_n - \left(\dfrac{1}{2}\right)^{n-1}\right)\right\}$$

$\therefore\ a_{n+1} = \dfrac{1}{2}a_n - \dfrac{1}{3}\left(\dfrac{1}{2}\right)^n$

両辺 2^{n+1} 倍して
$$2^{n+1}a_{n+1} = 2^n a_n - \dfrac{2}{3}$$

$c_n = 2^n a_n \cdots ④$ とおくと
$$c_{n+1} = c_n - \dfrac{2}{3}$$

よって $\{c_n\}$ は公差 $-\dfrac{2}{3}$ の等差数列であるから
$$c_n = c_1 + (n-1)\left(-\dfrac{2}{3}\right)$$

$c_1 = 2^1 a_1 = 2$ より

$$c_n = -\dfrac{2}{3}n + \dfrac{8}{3}$$

よって④より
$$a_n = \dfrac{c_n}{2^n} = \dfrac{-n+4}{3 \cdot 2^{n-1}}$$

よって③より
$$b_n = \dfrac{n-4}{3 \cdot 2^{n-1}} - \left(\dfrac{1}{2}\right)^{n-1} = \dfrac{n-7}{3 \cdot 2^{n-1}}$$

TRIAL

$a_{n+1} = -a_n - 6b_n,\ b_{n+1} = a_n + 4b_n$ を
$a_{n+1} + \alpha b_{n+1} = \beta(a_n + \alpha b_n)$
に代入すると
$(-a_n - 6b_n) + \alpha(a_n + 4b_n) = \beta(a_n + \alpha b_n)$
$\therefore\ (-1+\alpha)a_n + (-6+4\alpha)b_n = \beta a_n + \alpha\beta b_n$
係数を比較して
$-1 + \alpha = \beta,\ -6 + 4\alpha = \alpha\beta$
$\therefore\ (\alpha, \beta) = (2, 1),\ (3, 2)$

$(\alpha, \beta) = (2, 1)$ のとき
$$a_{n+1} + 2b_{n+1} = a_n + 2b_n$$
数列 $\{a_n + 2b_n\}$ は
初項 $a_1 + 2b_1 (= 4 + 2 \cdot (-1) = 2)$ で定数の数列だから
$$a_n + 2b_n = 2 \cdots ①$$

$(\alpha, \beta) = (3, 2)$ のとき
$$a_{n+1} + 3b_{n+1} = 2(a_n + 3b_n)$$
数列 $\{a_n + 3b_n\}$ は
初項 $a_1 + 3b_1 (= 4 + 3 \cdot (-1) = 1)$
公比 2 の等比数列だから
$$a_n + 3b_n = 1 \cdot 2^{n-1} \cdots ②$$

①と②より
$$a_n = 6 - 2^n,\ b_n = 2^{n-1} - 2$$

123

$$a_{n+1} = \dfrac{2 - a_n}{3 - 2a_n} \cdots ①$$

(1) $a_2 = \dfrac{2 - a_1}{3 - 2a_1} = \dfrac{2 - \dfrac{2}{3}}{3 - 2 \cdot \dfrac{2}{3}} = \dfrac{4}{5}$

$a_3 = \dfrac{2 - a_2}{3 - 2a_2} = \dfrac{2 - \dfrac{4}{5}}{3 - 2 \cdot \dfrac{4}{5}} = \dfrac{6}{7}$

(2) (1)より $a_n = \dfrac{2n}{2n+1} \cdots ②$

と推定できるのでこれを証明する.

(i) $n=1$ のとき

$a_1 = \dfrac{2}{3}$ だから②は成り立つ

(ii) $n=k$ のとき②が成り立つと仮定すると

$a_k = \dfrac{2k}{2k+1} \cdots ③$

このとき①より $a_{k+1} = \dfrac{2-a_k}{3-2a_k}$

③を代入して

$a_{k+1} = \dfrac{2-\dfrac{2k}{2k+1}}{3-2\cdot\dfrac{2k}{2k+1}} = \dfrac{2(2k+1)-2k}{3(2k+1)-4k}$

$= \dfrac{2k+2}{2k+3} = \dfrac{2(k+1)}{2(k+1)+1}$

よって $n=k+1$ のときにも②が成り立つ.

(i)(ii)から数学的帰納法によりすべての自然数 n に対して②は成り立つ. 終

TRIAL

$\dfrac{1}{1^2} + \dfrac{1}{2^2} + \cdots + \dfrac{1}{n^2} < 2 - \dfrac{1}{n} \cdots ①$

(i) $n=2$ のとき

(左辺) $= \dfrac{1}{1^2} + \dfrac{1}{2^2} = \dfrac{5}{4}$

(右辺) $= 2 - \dfrac{1}{2} = \dfrac{3}{2}$

$\dfrac{5}{4} < \dfrac{3}{2}$ だから①は成り立つ.

(ii) $n=k$ のとき $(k \geq 2)$

①が成り立つと仮定すると

$\dfrac{1}{1^2} + \dfrac{1}{2^2} + \cdots + \dfrac{1}{k^2} < 2 - \dfrac{1}{k}$

両辺に $\dfrac{1}{(k+1)^2}$ を足すと

$\dfrac{1}{1^2} + \dfrac{1}{2^2} + \cdots + \dfrac{1}{k^2} + \dfrac{1}{(k+1)^2}$

$< 2 - \dfrac{1}{k} + \dfrac{1}{(k+1)^2} \cdots ②$

ここで

$2 - \dfrac{1}{k} + \dfrac{1}{(k+1)^2} - \left(2 - \dfrac{1}{k+1}\right)$

$= -\dfrac{1}{k} + \dfrac{1}{(k+1)^2} + \dfrac{1}{k+1}$

$= -\dfrac{1}{k(k+1)^2} < 0$

だから

$2 - \dfrac{1}{k} + \dfrac{1}{(k+1)^2} < 2 - \dfrac{1}{k+1} \cdots ③$

②, ③より

$\dfrac{1}{1^2} + \dfrac{1}{2^2} + \cdots + \dfrac{1}{k^2} + \dfrac{1}{(k+1)^2} < 2 - \dfrac{1}{k+1}$

よって $n=k+1$ のときにも①が成り立つ.

(i)(ii)から数学的帰納法により 2 以上の自然数 n に対して①は成り立つ. 終

124

$x=k$ $(k=0, 1, 2, \ldots, n)$ のときの格子点の個数を a_k とおくと直線 $x=k$ 上の格子点は (k, k), $(k, k+1)$, $(k, k+2)$, ……, $(k, k \cdot 2^k)$ であるから

$a_k = k \cdot 2^k - k + 1$ (個)

よって

$S = \displaystyle\sum_{k=0}^{n} a_k = \sum_{k=0}^{n}(k \cdot 2^k - k + 1)$

$= \displaystyle\sum_{k=1}^{n} k \cdot 2^k - \sum_{k=1}^{n} k + \sum_{k=0}^{n} 1$

$= \displaystyle\sum_{k=1}^{n} k \cdot 2^k - \dfrac{1}{2} n(n+1) + (n+1)$

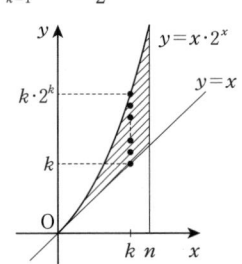

ここで $T = \displaystyle\sum_{k=1}^{n} k \cdot 2^k$ とおくと

$T = 1 \cdot 2 + 2 \cdot 2^2 + 3 \cdot 2^3 + \cdots$
$\qquad + (n-1) \cdot 2^{n-1} + n \cdot 2^n \cdots ①$

$2T = 1 \cdot 2^2 + 2 \cdot 2^3 + 3 \cdot 2^4 + \cdots$
$\qquad + (n-1) \cdot 2^n + n \cdot 2^{n+1} \cdots ②$

①−②より

$-T = 2 + 2^2 + 2^3 + 2^4 + \cdots + 2^n - n \cdot 2^{n+1}$

$\therefore \ -T = \dfrac{2(2^n - 1)}{2-1} - n \cdot 2^{n+1}$

$\qquad = 2^{n+1} - 2 - n \cdot 2^{n+1}$

$\therefore \ T = (n-1)2^{n+1} + 2$

よって

$S = (n-1)2^{n+1} + 2 - \dfrac{1}{2}n(n+1) + (n+1)$

$$= (n-1)2^{n+1} - \frac{1}{2}n^2 + \frac{1}{2}n + 3$$

125
(1) $n+1$ 回の試行後に1枚目のカードの数字が1であるのは，次のいずれかの場合である．
  (i) n 回の試行後に1枚目のカードの数字が1であるとき，$n+1$回目は2枚目から10枚目の9枚の中から2枚のカードを抜き出し，入れ換える．
  (ii) n 回の試行後に1枚目のカードの数字が1でないとき，$n+1$回目は1枚目と数字が1のカードを抜き出し，入れ換える．
  (i)(ii)より
$$p_{n+1} = p_n \cdot \frac{{}_9C_2}{{}_{10}C_2} + (1-p_n) \cdot \frac{1}{{}_{10}C_2}$$
$$\therefore p_{n+1} = \frac{4}{5}p_n + \frac{1}{45}(1-p_n)$$
$$\therefore p_{n+1} = \frac{7}{9}p_n + \frac{1}{45} \cdots ①$$

(2) はじめに1枚目のカードの数字は1であるから $p_0 = 1$ とすると，①は
$n = 0, 1, 2, 3, \cdots\cdots$ で成り立つ．

①を変形すると $p_{n+1} - \frac{1}{10} = \frac{7}{9}\left(p_n - \frac{1}{10}\right)$

数列 $\left\{p_n - \frac{1}{10}\right\}$ は初項 $p_0 - \frac{1}{10}\left(= 1 - \frac{1}{10} = \frac{9}{10}\right)$

公比 $\frac{7}{9}$ の等比数列だから

$$p_n - \frac{1}{10} = \frac{9}{10}\left(\frac{7}{9}\right)^n$$

$$\therefore p_n = \frac{9}{10}\left(\frac{7}{9}\right)^n + \frac{1}{10}$$

(注) 操作を1回行ったとき，順に並べてある1枚目のカードの数字が1であるのは，抜き出す2枚のカードの数字がともに1以外のときで

$$p_1 = \frac{{}_9C_2}{{}_{10}C_2} = \frac{9 \cdot 8}{10 \cdot 9} = \frac{4}{5}$$

よって初項を $n=1$ のときとすると

$$p_1 - \frac{1}{10} = \frac{4}{5} - \frac{1}{10} = \frac{7}{10}$$ であるから

$$p_n - \frac{1}{10} = \frac{7}{10}\left(\frac{7}{9}\right)^{n-1}$$

$$\therefore p_n = \frac{7}{10}\left(\frac{7}{9}\right)^{n-1} + \frac{1}{10}$$

と表せる．（上の答と等しい）